数 学 分 析
(下册)

石洛宜　黄毅青　编著

科 学 出 版 社

北 京

内 容 简 介

本书分上、下两册. 上册内容包括实数集及其性质、函数、数列、函数极限、连续函数、微分、微分学的应用、不定积分、定积分；下册内容包括函数列与函数级数、简易多元微分学、简易多元积分学以及两个附录.

本书可作为普通高等院校数学类各专业的数学分析教材，也可作为工科类及经济管理类对数学要求较高专业的数学分析教材或辅导书.

图书在版编目(CIP)数据

数学分析：上下册/石洛宜，黄毅青编著. —北京：科学出版社，2020.12
ISBN 978-7-03-066903-2

Ⅰ. ①数… Ⅱ. ①石…②黄… Ⅲ. ①数学分析-高等学校-教材 Ⅳ. ①O17

中国版本图书馆 CIP 数据核字 (2020) 第 223716 号

责任编辑：王胡权 王 静 李 萍/责任校对：杨聪敏
责任印制：张 伟/封面设计：陈 敬

科 学 出 版 社 出版
北京东黄城根北街 16 号
邮政编码：100717
http://www.sciencep.com
北京虎彩文化传播有限公司 印刷
科学出版社发行 各地新华书店经销
*
2020 年 12 月第 一 版 开本：720×1000 B5
2022 年 12 月第四次印刷 印张：37
字数：746 000
定价：109.00 元 (上、下册)
(如有印装质量问题，我社负责调换)

目　　录

（下册）

第 10 章　函数列与函数级数

10.1　无 穷 级 数

给定一数列 $\{a_k\}_k$, 由此而得一无穷级数 (infinite series):

$$a_1 + a_2 + a_3 + \cdots + a_k + \cdots. \tag{10.1.1}$$

通常我们将 (10.1.1) 记为 $\sum\limits_{k=1}^{\infty} a_k$, 并且称其中的 a_k 为此级数的第 k 项. 级数 $\sum\limits_{k=1}^{\infty} a_k$ 的部分和(partial sum) S_n 定义如下:

$$S_1 = a_1,$$
$$S_2 = a_1 + a_2,$$
$$\cdots\cdots$$
$$S_n = a_1 + a_2 + \cdots + a_n = \sum_{k=1}^{n} a_k.$$

定义 10.1.1　若部分和 $S_n = \sum\limits_{k=1}^{n} a_k$ 收敛到有限数 S, 则称级数 $\sum\limits_{k=1}^{\infty} a_k$ 收敛, 且记其和为 $\sum\limits_{k=1}^{\infty} a_k = S$; 否则, 称级数 $\sum\limits_{k=1}^{\infty} a_k$ 发散.

例 10.1.1　级数 $\sum\limits_{k=0}^{\infty} \dfrac{1}{2^k}$ 收敛, 且 $\sum\limits_{k=0}^{\infty} \dfrac{1}{2^k} = 2$.

解　对于公比为 $r \neq 1$ 的等比级数

$$S_n = 1 + r + r^2 + \cdots + r^n,$$

我们考虑

$$rS_n = r + r^2 + \cdots + r^n + r^{n+1}.$$

两式相减, 得

$$(1 - r)S_n = 1 - r^{n+1}.$$

由此,

$$S_n = \frac{1 - r^{n+1}}{1 - r} = \frac{1}{1 - r} - \frac{r^{n+1}}{1 - r}.$$

于是, 当 $r = 1/2$ 时,

$$S_n = \sum_{k=0}^{n} \left(\frac{1}{2} \right)^k = 1 + \frac{1}{2} + \frac{1}{2^2} + \cdots + \frac{1}{2^n}$$

$$= \frac{1}{1 - \dfrac{1}{2}} - \frac{\left(\dfrac{1}{2} \right)^{n+1}}{1 - \dfrac{1}{2}}.$$

所以

$$\sum_{k=0}^{\infty} \frac{1}{2^k} = \lim_{n \to \infty} S_n = 2.$$

一般地,

$$\sum_{k=0}^{\infty} r^k = \lim_{n \to \infty} \left(\frac{1}{1 - r} - \frac{r^{n+1}}{1 - r} \right) = \frac{1}{1 - r}, \quad \text{当 } |r| < 1.$$

如果 $|r| \geqslant 1$, 易见 $\sum\limits_{k=0}^{\infty} r^k$ 发散. □

例 10.1.2　假设 $|r| < 1$. 混合等比级数 $\sum\limits_{k=1}^{\infty} k r^k$ 收敛到和 $\dfrac{r}{(1-r)^2}$.

解　令

$$S_n = r + 2r^2 + 3r^3 + \cdots + n r^n.$$

我们考虑

$$r S_n = r^2 + 2r^3 + \cdots + (n-1)r^n + n r^{n+1}.$$

两式相减, 得

$$(1 - r) S_n = r + r^2 + r^3 + \cdots + r^n - n r^{n+1} = \frac{r(1 - r^n)}{1 - r} - n r^{n+1},$$

$$S_n = \frac{r}{(1-r)^2} - \frac{r^{n+1}}{(1-r)^2} - \frac{n r^{n+1}}{1 - r}.$$

由于 $|r| < 1$, 应用洛必达法则可得

$$\lim_{n \to \infty} n r^{n+1} = \lim_{n \to \infty} \frac{n}{r^{-n-1}} = \lim_{n \to \infty} \frac{1}{-r^{-n-1} \ln r} = 0.$$

所以

$$\sum_{k=1}^{\infty} kr^k = \lim_{n\to\infty} S_n = \lim_{n\to\infty} \left[\frac{r}{(1-r)^2} - \frac{r^{n+1}}{(1-r)^2} - \frac{nr^{n+1}}{1-r} \right] = \frac{r}{(1-r)^2}. \qquad \square$$

例 10.1.3 $\displaystyle\sum_{k=1}^{\infty} \frac{1}{k(k+1)} = 1.$

解 因为

$$S_n = \sum_{k=1}^{n} \frac{1}{k(k+1)} = \sum_{k=1}^{n} \left(\frac{1}{k} - \frac{1}{k+1} \right)$$

$$= \left(1 - \frac{1}{2}\right) + \left(\frac{1}{2} - \frac{1}{3}\right) + \left(\frac{1}{3} - \frac{1}{4}\right) + \cdots + \left(\frac{1}{n} - \frac{1}{n+1}\right)$$

$$= 1 - \frac{1}{n+1},$$

所以

$$\sum_{k=1}^{\infty} \frac{1}{k(k+1)} = \lim_{n\to\infty} S_n = 1. \qquad \square$$

定理 10.1.4 (发散级数判别法(divergent test)) 若级数 $\displaystyle\sum_{k=1}^{\infty} a_k$ 收敛, 则 $\displaystyle\lim_{k\to\infty} a_k = 0.$ 反过来说,

$$\lim_{k\to\infty} a_k \neq 0 \Longrightarrow \sum_{k=1}^{\infty} a_k \ \text{发散}.$$

证明 设 $S_n = \displaystyle\sum_{k=1}^{n} a_k.$ 若 $\{S_n\}_{n\geqslant 1}$ 收敛, 则 $\{S_n\}_{n\geqslant 1}$ 为柯西列. 因此, $\forall \varepsilon > 0,$ $\exists N > 0,$ 使得

$$n, m > N \Longrightarrow |S_n - S_m| < \varepsilon.$$

特别地,

$$n > N + 1 \Longrightarrow |S_n - S_{n-1}| < \varepsilon$$

$$\Longrightarrow |a_n| = \left| \sum_{k=1}^{n} a_k - \sum_{k=1}^{n-1} a_k \right| < \varepsilon.$$

所以

$$\lim_{k\to\infty} a_k = 0. \qquad \square$$

例 10.1.5 因为 $\displaystyle\lim_{n\to\infty} \frac{n}{n+1} = 1 \neq 0,$ 级数 $\displaystyle\sum_{n=1}^{\infty} \frac{n}{n+1}$ 发散. $\qquad \square$

例 10.1.6　级数 $\sum\limits_{n=1}^{\infty} \dfrac{1}{n}$ 发散. $\left(\text{注意: 此时 } \lim\limits_{n\to\infty} \dfrac{1}{n} = 0.\right)$

解　因为

$$\sum_{n=1}^{\infty} \frac{1}{n} = 1 + \frac{1}{2} + \underbrace{\left(\frac{1}{3}+\frac{1}{4}\right)}_{>2\left(\frac{1}{4}\right)=\frac{1}{2}} + \underbrace{\left(\frac{1}{5}+\frac{1}{6}+\frac{1}{7}+\frac{1}{8}\right)}_{>4\left(\frac{1}{8}\right)=\frac{1}{2}} + \underbrace{\left(\frac{1}{9}+\frac{1}{10}+\cdots+\frac{1}{16}\right)}_{>8\left(\frac{1}{16}\right)=\frac{1}{2}} + \cdots,$$

当 $n \geqslant 2^k$ 时, 我们可得

$$S_n > \frac{k}{2}.$$

所以, $\lim\limits_{n\to\infty} S_n = +\infty$. 因此, $\sum\limits_{n=1}^{\infty} \dfrac{1}{n}$ 发散.　□

以下, 我们介绍几种判别级数收敛的方法.

10.1.1　正项级数收敛判别法

定理 10.1.7(有界正项级数收敛定理(bounded positive series converge theorem))
设 $a_n \geqslant 0$, $n = 1, 2, \cdots$. 正项级数

$$\sum_{n=1}^{\infty} a_n \text{ 收敛} \Longleftrightarrow \text{存在 } M > 0 \text{ 使得 } \sum_{n=1}^{N} a_n \leqslant M, \forall N \geqslant 1.$$

注意　在右边的条件常常被写成 $\sum\limits_{n=1}^{\infty} a_n < +\infty$.

证明　令 $S_n = \sum\limits_{k=1}^{n} a_k$. 观察:

$$S_{n+1} = S_n + a_{n+1} \geqslant S_n,$$

所以, 数列 $\{S_n\}_{n\geqslant 1}$ 单调上升. 若存在上界 $M > 0$, 使得

$$S_n \leqslant M, \quad \forall n = 1, 2, \cdots,$$

则 $\{S_n\}_{n\geqslant 1}$ 有极限 S (推论 3.4.5). 此时

$$\sum_{n=1}^{\infty} a_n = \lim_{n\to\infty} S_n = S.$$

反之, 若 $\sum\limits_{n=1}^{\infty} a_n$ 存在, 则 $M = \sum\limits_{n=1}^{\infty} a_n$ 为 $\{S_n\}_{n\geqslant 1}$ 的一个上界, 即级数的所有部分和

$$S_N = \sum_{k=1}^{N} a_k \leqslant \sum_{k=1}^{N} a_k + \sum_{k>N} a_k = M.　□$$

注意　我们以后常常会写出等价条件 $\sum\limits_{n=1}^{\infty} a_n < +\infty$, 以用来表示正项级数 $\sum\limits_{n=1}^{\infty} a_n$ 收敛.

定理 10.1.8 (**比较判别法**(comparison test))　假设

$$0 \leqslant a_n \leqslant b_n, \quad n = 1, 2, \cdots,$$

则

$$\sum_{n=1}^{\infty} b_n \ \text{收敛} \Longrightarrow \sum_{n=1}^{\infty} a_n \ \text{收敛}.$$

证明　由于

$$\sum_{n=1}^{N} a_n \leqslant \sum_{n=1}^{N} b_n \leqslant \sum_{n=1}^{\infty} b_n < +\infty, \quad N = 1, 2, \cdots,$$

所以, 由定理 10.1.7, $\sum\limits_{n=1}^{\infty} a_n$ 收敛.　　　　　　　　　　　　　□

定理 10.1.9 (**极限比较判别法**(limit comparison test))　设 $\sum\limits_{n=1}^{\infty} a_n$ 与 $\sum\limits_{n=1}^{\infty} b_n$ 皆为正项级数. 若

$$0 < \lim_{n \to \infty} \frac{b_n}{a_n} = c < +\infty,$$

则 $\sum\limits_{n=1}^{\infty} a_n$ 与 $\sum\limits_{n=1}^{\infty} b_n$ 同时收敛或同时发散.

证明　因为

$$0 < \lim_{n \to \infty} \frac{b_n}{a_n} = c < +\infty,$$

若 $0 < s < c < r < +\infty$, 则存在 $N > 0$, 使得 $a_n \neq 0$ 及

$$s \leqslant \frac{b_n}{a_n} \leqslant r, \quad \forall n \geqslant N.$$

由此

$$s a_n \leqslant b_n \leqslant r a_n, \quad \forall n \geqslant N.$$

于是

$$s \sum_{n=N}^{\infty} a_n \leqslant \sum_{n=N}^{\infty} b_n \leqslant r \sum_{n=N}^{\infty} a_n.$$

假设级数 $\sum\limits_{n=1}^{\infty} a_n$ 收敛 $\left(\text{即} \sum\limits_{n=1}^{\infty} a_n < +\infty \right)$. 由此推出

$$\sum_{n=1}^{\infty} b_n = \sum_{n=1}^{N-1} b_n + \sum_{n=N}^{\infty} b_n \leqslant \sum_{n=1}^{N-1} b_n + r \sum_{n=N}^{\infty} a_n < +\infty.$$

换句话说, $\sum\limits_{n=1}^{\infty} b_n$ 收敛. 另一方面, 若 $\sum\limits_{n=1}^{\infty} a_n$ 发散 $\left(\text{即 } \sum\limits_{n=1}^{\infty} a_n = +\infty\right)$, 则

$$\sum_{n=1}^{\infty} b_n = \sum_{n=1}^{N-1} b_n + \sum_{n=N}^{\infty} b_n \geqslant \sum_{n=1}^{N-1} b_n + s \sum_{n=N}^{\infty} a_n = +\infty.$$

换句话说, $\sum\limits_{n=1}^{\infty} b_n$ 发散. 所以, $\sum\limits_{n=1}^{\infty} a_n$ 与 $\sum\limits_{n=1}^{\infty} b_n$ 同时收敛或发散.   □

例 10.1.10   级数 $\sum\limits_{n=1}^{\infty} \dfrac{2n+1}{(n+1)^2} = \dfrac{3}{4} + \dfrac{5}{9} + \dfrac{7}{16} + \dfrac{9}{25} + \cdots$ 发散.

解   令 $a_n = \dfrac{2n+1}{(n+1)^2}$, $b_n = \dfrac{1}{n}$. 观察

$$\lim_{n \to \infty} \frac{a_n}{b_n} = \lim_{n \to \infty} \frac{\dfrac{2n+1}{(n+1)^2}}{\dfrac{1}{n}} = \lim_{n \to \infty} \frac{2 + \dfrac{1}{n}}{\left(1 + \dfrac{1}{n}\right)^2} = 2.$$

因为 $\sum\limits_{n=1}^{\infty} \dfrac{1}{n}$ 发散, 所以原级数发散.   □

例 10.1.11   级数 $\sum\limits_{n=1}^{\infty} \dfrac{1}{n^2}$ 收敛.

解   令 $a_n = \dfrac{1}{n^2}$, $b_n = \dfrac{1}{n(n+1)}$. 则

$$\lim_{n \to \infty} \frac{a_n}{b_n} = \lim_{n \to \infty} \frac{\dfrac{1}{n^2}}{\dfrac{1}{n(n+1)}} = \lim_{n \to \infty} \frac{n(n+1)}{n^2} = 1.$$

因为 $\sum\limits_{n=1}^{\infty} \dfrac{1}{n(n+1)}$ 收敛, 故原级数收敛.   □

定理 10.1.12 (比值判别法(ratio test))   设 $\sum\limits_{n=1}^{\infty} a_n$ 为一正项级数.

(1) 若 $\lim\limits_{n \to \infty} \dfrac{a_{n+1}}{a_n} < 1$, 则 $\sum\limits_{n=1}^{\infty} a_n$ 收敛.

(2) 若 $\lim\limits_{n \to \infty} \dfrac{a_{n+1}}{a_n} > 1$, 则 $\sum\limits_{n=1}^{\infty} a_n$ 发散.

证明   我们可以假设: 对于足够大的 n, 总有 $a_n > 0$.

(1) 设 $\lim\limits_{n \to \infty} \dfrac{a_{n+1}}{a_n} = \rho < 1$. 令 $\rho < r < 1$. 因为

$$\lim_{n \to \infty} \frac{a_{n+1}}{a_n} = \rho < r,$$

所以存在 $N > 0$, 使得

$$n \geqslant N \Longrightarrow \frac{a_{n+1}}{a_n} < r.$$

于是, 从 $n = N$ 开始,

$$a_{N+1} \leqslant r a_N,$$
$$a_{N+2} \leqslant r a_{N+1} \leqslant r^2 a_N,$$
$$\cdots\cdots$$
$$a_{N+k} \leqslant r^k a_N, \quad k = 1, 2, \cdots,$$

因此

$$\sum_{k=1}^{\infty} a_{N+k} \leqslant a_N \sum_{k=1}^{\infty} r^k = a_N \left(\frac{r}{1-r} \right) < +\infty.$$

所以

$$\sum_{n=1}^{\infty} a_n = \sum_{n=1}^{N} a_n + \sum_{n=N+1}^{\infty} a_n = \sum_{n=1}^{N} a_n + \sum_{k=1}^{\infty} a_{N+k} < +\infty.$$

(2) 设 $\lim\limits_{n \to \infty} \dfrac{a_{n+1}}{a_n} = \rho > 1$. 令 $\rho > s > 1$. 因为

$$\lim_{n \to \infty} \frac{a_{n+1}}{a_n} = \rho > s,$$

所以存在 $N > 0$, 使得

$$\frac{a_{n+1}}{a_n} > s > 1, \quad \forall n \geqslant N.$$

由此, 得

$$a_{N+k} > s a_{N+k-1} > \cdots > s^k a_N, \quad k = 1, 2, \cdots,$$

于是

$$\lim_{n \to \infty} a_n = \lim_{k \to \infty} a_{N+k} \geqslant a_N \lim_{k \to \infty} s^k = +\infty.$$

所以, 由发散级数判别法, $\sum\limits_{n=1}^{\infty} a_n$ 发散. $\qquad\square$

注意 当 $\lim\limits_{n \to \infty} \dfrac{a_{n+1}}{a_n} = 1$ 时, $\sum\limits_{n=1}^{\infty} a_n$ 可能收敛也可能发散. 例如 $\sum\limits_{n=1}^{\infty} \dfrac{1}{n}$ 发散, 但是 $\sum\limits_{n=1}^{\infty} \dfrac{1}{n^2}$ 收敛.

例 10.1.13 $\sum\limits_{n=1}^{\infty} \dfrac{2^n + 5}{3^n}$ 收敛.

解　令 $a_n = \dfrac{2^n + 5}{3^n}$, 则

$$\lim_{n \to \infty} \frac{a_{n+1}}{a_n} = \lim_{n \to \infty} \frac{2}{3} \cdot \frac{1 + \dfrac{5}{2^{n+1}}}{1 + \dfrac{5}{2^n}} = \frac{2}{3} < 1.$$

所以, 级数收敛.　　　　　　　　　　　　　　　　　　　　　　　　　　□

定理 10.1.14 (根式判别法(root test))　设 $\sum\limits_{n=1}^{\infty} a_n$ 为一正项级数, 并且

$$\lim_{n \to \infty} \sqrt[n]{a_n} = \rho.$$

(1) 若 $\rho < 1$, 则 $\sum\limits_{n=1}^{\infty} a_n$ 收敛.

(2) 若 $\rho > 1$, 则 $\sum\limits_{n=1}^{\infty} a_n$ 发散.

证明留作习题 (见习题 10.1 第 13 题). (提示: 参考定理 10.1.12 的证明.)　　　□

注意　类似于比值判别法, 当 $\lim\limits_{n \to \infty} \sqrt[n]{a_n} = 1$ 时, $\sum\limits_{n=1}^{\infty} a_n$ 可能收敛也可能发散.

例 10.1.15　级数 $\sum\limits_{n=1}^{\infty} \dfrac{n^2}{2^n}$ 收敛.

解　事实上, 应用洛必达法则, 我们得到

$$\lim_{n \to \infty} \sqrt[n]{\frac{n^2}{2^n}} = \lim_{n \to \infty} \frac{\sqrt[n]{n^2}}{2} = \frac{1}{2} < 1.$$

所以, 由根式判别法, 原级数收敛.　　　　　　　　　　　　　　　　□

定理 10.1.16 (积分判别法(integral test))　　设 $\sum\limits_{n=1}^{\infty} a_n$ 为正项级数. 假设函数 f 在 $[1, +\infty)$ 上单调下降, 并且

$$f(n) = a_n, \quad n = 1, 2, \cdots,$$

则

$$\sum_{n=1}^{\infty} a_n \text{ 收敛} \Longleftrightarrow \int_1^{+\infty} f(x)\,\mathrm{d}x \text{ 收敛}.$$

证明　由于 f 下降, f 在 $[n, n+1]$ 上的最大值为 $f(n)$, 最小值为 $f(n+1)$. 因此

$$a_{n+1} = f(n+1) \leqslant \int_n^{n+1} f(x)\,\mathrm{d}x \leqslant f(n) = a_n.$$

如图 10.1 所示.

于是

$$\sum_{n=1}^{\infty} a_{n+1} \leqslant \int_{1}^{+\infty} f(x)\,\mathrm{d}x \leqslant \sum_{n=1}^{\infty} a_n.$$

因此

$$\sum_{n=1}^{\infty} a_n < +\infty \Longleftrightarrow \int_{1}^{+\infty} f(x)\,\mathrm{d}x < +\infty.$$

换句话说,

$$\sum_{n=1}^{\infty} a_n \ \text{收敛} \Longleftrightarrow \int_{1}^{+\infty} f(x)\,\mathrm{d}x \ \text{收敛}. \quad \Box$$

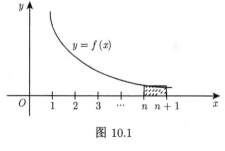

图 10.1

例 10.1.17 证明:

(1) $\displaystyle\sum_{n=2}^{\infty} \frac{1}{n \ln n}$ 发散.

(2) $\displaystyle\sum_{n=2}^{\infty} \frac{1}{n(\ln n)^2}$ 收敛.

证明 (1) 设 $f(x) = \dfrac{1}{x \ln x}$. 由于 $\dfrac{1}{f(x)} = x \ln x$ 在 $[2, +\infty)$ 上随着 x 增大而增大, f 在 $[2, +\infty)$ 上单调下降. 由积分判别法及

$$\int_{2}^{+\infty} \frac{1}{x \ln x}\,\mathrm{d}x = \lim_{B \to +\infty} \int_{2}^{B} \frac{1}{\ln x}\,\mathrm{d}\ln x = \lim_{B \to +\infty} \left(\ln \ln x \,\big|_{2}^{B}\right) = +\infty,$$

我们得到结论:

$$\sum_{n=2}^{\infty} \frac{1}{n \ln n} \ \text{发散}.$$

(2) 设 $g(x) = \dfrac{1}{x(\ln x)^2}$. 由于 $\dfrac{1}{g(x)} = x(\ln x)^2$ 在 $[2, +\infty)$ 上单调上升, g 在 $[2, +\infty)$ 上单调下降. 计算

$$\int_{2}^{+\infty} \frac{1}{x(\ln x)^2}\,\mathrm{d}x = \lim_{B \to +\infty} \int_{2}^{B} \frac{1}{(\ln x)^2}\,\mathrm{d}(\ln x) = \lim_{B \to +\infty} \left(\frac{-1}{\ln x}\,\bigg|_{2}^{B}\right) = \frac{1}{\ln 2}.$$

积分判别法给出结论:

$$\sum_{n=2}^{\infty} \frac{1}{n(\ln n)^2} \ \text{收敛}. \quad \Box$$

我们给出在各种比较收敛判别法中常常使用到的对照模型.

(1) 调和级数 $\displaystyle\sum_{n=1}^{\infty} \frac{1}{n^p} = \begin{cases} 收敛, & p > 1, \\ 发散至 + \infty, & p \leqslant 1; \end{cases}$

(2) 等比级数 $\displaystyle\sum_{n=0}^{\infty} r^n = \begin{cases} \dfrac{1}{1-r}, & |r| < 1, \\ 发散至 \infty, & r < -1 \text{ 或 } r \geqslant 1, \\ 发散 (振动), & r = -1. \end{cases}$

我们在例 10.1.1 中已经给出了等比级数 $\displaystyle\sum_{n=1}^{\infty} r^n$ 收敛性的证明. 对于调和级数 $\displaystyle\sum_{n=1}^{\infty} \frac{1}{n^p}$, 我们考虑定义在 $[1, +\infty)$ 上的正值函数 $f(x) = \dfrac{1}{x^p}$. 由于 $f'(x) = \dfrac{-p}{x^{p+1}} < 0$, 所以 f 单调下降. 观察无穷积分

$$\int_1^{+\infty} \frac{1}{x^p} \,\mathrm{d}x = \begin{cases} \left. \dfrac{x^{-p+1}}{-p+1} \right|_1^{+\infty} = \begin{cases} \dfrac{1}{p-1}, & p > 1, \\ +\infty, & p < 1, \end{cases} \\ \log x \,|_1^{+\infty} = +\infty, & p = 1. \end{cases}$$

应用积分判别法 (定理 10.1.16), 我们得到 (1) 中的结论.

10.1.2 交错级数收敛判别法

例 10.1.18 级数 $\displaystyle\sum_{n=1}^{\infty} \frac{(-1)^{n+1}}{n} = 1 - \frac{1}{2} + \frac{1}{3} - \frac{1}{4} + \cdots$ 收敛.

解 首先令 $a_k = \dfrac{1}{k}$. 作部分和

$$S_n = \sum_{k=1}^{n} (-1)^{k+1} a_k = \sum_{k=1}^{n} \frac{(-1)^{k+1}}{k}.$$

由于 $a_n = \dfrac{1}{n}$ 单调下降, 我们有 $a_n - a_{n+1} \geqslant 0, \forall n = 1, 2, \cdots$. 于是

$$S_{2n+2} = S_{2n} + (a_{2n+1} - a_{2n+2}) = S_{2n} + \left(\frac{1}{2n+1} - \frac{1}{2n+2} \right) \geqslant S_{2n}$$

及

$$S_{2n} = a_1 - (a_2 - a_3) - (a_4 - a_5) - \cdots - (a_{2n-2} - a_{2n-1}) - a_{2n}$$
$$= 1 - \left(\frac{1}{2} - \frac{1}{3} \right) - \left(\frac{1}{4} - \frac{1}{5} \right) - \cdots - \left(\frac{1}{2n-2} - \frac{1}{2n-1} \right) - \frac{1}{2n} \leqslant 1,$$

所以, $\{S_{2n}\}_{n \geqslant 1}$ 是一单调上升且有上界的数列. 因此, $\{S_{2n}\}_{n \geqslant 1}$ 收敛 (推论 3.4.5). 令

$$S = \lim_{n \to \infty} S_{2n}.$$

同理可证

$$S_{2n+3} = S_{2n+1} - (a_{2n+2} - a_{2n+3}) = S_{2n+1} - \left(\frac{1}{2n+2} - \frac{1}{2n+3} \right) \leqslant S_{2n+1}$$

及

$$S_{2n+1} = (a_1 - a_2) + (a_3 - a_4) + (a_5 - a_6) + \cdots + (a_{2n-1} - a_{2n}) + a_{2n+1}$$
$$= \left(1 - \frac{1}{2} \right) + \left(\frac{1}{3} - \frac{1}{4} \right) + \left(\frac{1}{5} - \frac{1}{6} \right) + \cdots + \left(\frac{1}{2n-1} - \frac{1}{2n} \right) + \frac{1}{2n+1} \geqslant 0,$$

所以, $\{S_{2n+1}\}_{n\geqslant 1}$ 是一单调下降且有下界的数列. 因此, $\lim\limits_{n\to\infty} S_{2n+1}$ 也收敛. 事实上, 由于

$$S_{2n+1} = S_{2n} + a_{2n+1} = S_{2n} + \frac{1}{2n+1},$$

所以

$$\lim_{n\to\infty} S_{2n+1} = \lim_{n\to\infty} S_{2n} + \lim_{n\to\infty} \frac{1}{2n+1} = S.$$

于是

$$\sum_{n=1}^{\infty} \frac{(-1)^{n+1}}{n} = \lim_{n\to\infty} S_n = S$$

收敛. 再者, 我们对于计算误差, 可以作估计:

$$0 \leqslant S_{2n-1} - S = a_{2n} - (a_{2n+1} - a_{2n+2}) - \cdots \leqslant a_{2n},$$
$$0 \leqslant S - S_{2n} = a_{2n+1} - (a_{2n+2} - a_{2n+3}) - \cdots \leqslant a_{2n+1}, \quad \forall n = 1, 2, \cdots. \quad \Box$$

定义 10.1.2 设 $a_n \geqslant 0$, $n = 1, 2, \cdots$. 我们称形如 $\sum\limits_{n=1}^{\infty} (-1)^n a_n$ 或 $\sum\limits_{n=1}^{\infty} (-1)^{n+1} a_n$ 的级数为 **交错级数**(alternating series).

定理 10.1.19 (交错收敛判别法(alternating series test)) 假设 $a_n \downarrow 0$, 即

(1) 数列 $\{a_n\}_{n\geqslant 1}$ 单调下降: $a_1 \geqslant a_2 \geqslant a_3 \geqslant \cdots \geqslant 0$;

(2) $\lim\limits_{n\to\infty} a_n = 0$,

则交错级数 $\sum\limits_{n=1}^{\infty} (-1)^{n+1} a_n$ 收敛到有限和 S, 并且

$$\left| S - \sum_{n=1}^{N} (-1)^{n+1} a_n \right| \leqslant a_{N+1}.$$

证明留作习题 (见习题 10.1 第 12 题). (提示: 参考例 10.1.18.) $\quad \Box$

例 10.1.20　判断级数

$$\sum_{n=1}^{\infty}(-1)^{n+1}\frac{n}{2^n}$$

是否收敛.

解　令 $a_n=\dfrac{n}{2^n}$. 观察

$$\frac{a_{n+1}}{a_n}=\frac{\dfrac{n+1}{2^{n+1}}}{\dfrac{n}{2^n}}=\frac{n+1}{2n}\leqslant 1,\quad n\geqslant 1.$$

所以, $\{a_n\}_{n\geqslant 1}$ 单调下降. 另一方面, 由于

$$\lim_{x\to\infty}\frac{x}{2^x}=\lim_{x\to+\infty}\frac{1}{2^x\ln 2}=0\quad\text{(应用洛必达法则)},$$

所以

$$\lim_{n\to\infty}\frac{n}{2^n}=0.$$

由交错级数的收敛判别法 (定理 10.1.19), 级数 $\sum\limits_{n=1}^{\infty}(-1)^{n+1}\dfrac{n}{2^n}$ 收敛.　　□

10.1.3　一般级数的收敛判别法

定理 10.1.21 (绝对收敛推出收敛(absolute convergence implying convergence))

$$\sum_{n=1}^{\infty}|a_n|\text{ 收敛}\Longrightarrow\sum_{n=1}^{\infty}a_n\text{ 收敛}.$$

证明　假设 $\sum\limits_{n=1}^{\infty}|a_n|$ 收敛. 要证明 $S_n=\sum\limits_{k=1}^{n}a_k$ 收敛. 这相当于证明 $\{S_n\}_{n\geqslant 1}$ 为柯西列 (定理 3.6.1). 由于 $\sum\limits_{n=1}^{\infty}|a_n|$ 收敛, $\forall\varepsilon>0,\exists N>0$, 使得

$$n>m>N\Longrightarrow\left|\sum_{k=1}^{n}|a_k|-\sum_{k=1}^{m}|a_k|\right|<\varepsilon\Longrightarrow\sum_{k=m+1}^{n}|a_k|<\varepsilon$$

$$\Longrightarrow|S_n-S_m|=\left|\sum_{k=m+1}^{n}a_k\right|\leqslant\sum_{k=m+1}^{n}|a_k|<\varepsilon.$$

因此, 部分和 $\{S_n\}_{n\geqslant 1}$ 是柯西列.　　□

定义 10.1.3　若级数 $\sum\limits_{n=1}^{\infty}|a_n|$ 收敛, 称级数 $\sum\limits_{n=1}^{\infty}a_n$ 绝对收敛 (absolutely convergent); 若级数 $\sum\limits_{n=1}^{\infty}|a_n|$ 发散, 但是级数 $\sum\limits_{n=1}^{\infty}a_n$ 本身收敛, 称 $\sum\limits_{n=1}^{\infty}a_n$ 条件收敛(conditionally convergent).

由定理 10.1.21 知, 绝对收敛级数必收敛, 反之则不尽然. 在例 10.1.18 中, 交错级数 $\sum\limits_{n=1}^{\infty} \dfrac{(-1)^{n+1}}{n}$ 收敛; 但是, $\sum\limits_{n=1}^{\infty} \left| \dfrac{(-1)^{n+1}}{n} \right| = \sum\limits_{n=1}^{\infty} \dfrac{1}{n}$ 发散 (例 10.1.6). 因此, 级数 $\sum\limits_{n=1}^{\infty} \dfrac{(-1)^{n+1}}{n}$ 条件收敛.

下面我们说明绝对收敛和条件收敛的区别.

我们称一个一对一的满射 $\sigma : \mathbb{N} \to \mathbb{N}$ 为自然数集 $\mathbb{N}$ 的重排(rearrangement). 对于一个实数数列 $\{a_n\}_{n \geqslant 1}$, 我们可以应用重排 σ 重新排序, 得到新的数列 $\{a_{\sigma(n)}\}_{n \geqslant 1}$. 此时, 对新的次序 $a_{\sigma(1)}, a_{\sigma(2)}, a_{\sigma(3)}, \cdots$, 求和

$$\sum_{n=1}^{\infty} a_{\sigma(n)} = a_{\sigma(1)} + a_{\sigma(2)} + a_{\sigma(3)} + \cdots.$$

我们可能会有不同的结果:

$$\sum_{n=1}^{\infty} a_{\sigma(n)} \neq \sum_{n=1}^{\infty} a_n.$$

例 10.1.22 考虑在例 10.1.18 中的收敛交错级数

$$\sum_{n=1}^{\infty} \frac{(-1)^{n+1}}{n} = 1 - \frac{1}{2} + \frac{1}{3} - \frac{1}{4} + \frac{1}{5} - \frac{1}{6} + \cdots.$$

由交错级数判别法对于部分和的估计, 我们知道其和大于 $1 - \dfrac{1}{2} = \dfrac{1}{2}$. 然而, 如果我们改变计算的次序, 其和可能会不一样. 例如

$$S = \left(1 - \frac{1}{2}\right) - \frac{1}{4} + \left(\frac{1}{3} - \frac{1}{6}\right) - \frac{1}{8} + \left(\frac{1}{5} - \frac{1}{10}\right) - \frac{1}{12} + \cdots$$

$$= \frac{1}{2} - \frac{1}{4} + \frac{1}{6} - \frac{1}{8} + \frac{1}{10} - \frac{1}{12} + \cdots = \frac{S}{2}.$$

由此得 $S = 0$ 或不存在; 总之, S 不可能是大于 $\dfrac{1}{2}$ 的有限数. 在这里, 新的级数为

$$\sum_{n=1}^{\infty} a_{\sigma(n)} = a_1 + a_2 + a_4 + a_3 + a_6 + a_8 + a_5 + a_{10} + a_{12} + \cdots,$$

对应的重排为

$$\sigma(1) = 1, \quad \sigma(2) = 2, \quad \sigma(3) = 4, \quad \sigma(4) = 3, \quad \sigma(5) = 6,$$
$$\sigma(6) = 8, \quad \sigma(7) = 5, \quad \sigma(8) = 10, \quad \sigma(9) = 12, \cdots.$$

由此可见: 条件收敛级数的收敛性以及收敛的和, 依赖于求和的次序.

定义 10.1.4　若对于任意重排 $\{a_{\sigma(n)}\}_{n\geqslant 1}$, 对应的级数收敛, 而且新级数的和

$$\sum_{n=1}^{\infty} a_{\sigma(n)} = \sum_{n=1}^{\infty} a_n,$$

则称级数 $\sum_{n=1}^{\infty} a_n$ 无条件收敛(unconditionally convergent).

定理 10.1.23 (黎曼重排定理(Riemann rearrangement theorem))　(1) 假若 $\sum_{n=1}^{\infty} a_n$ 条件收敛, 则对于任何实数 α, 皆存在 N 的一个重排 σ, 使得 $\sum_{n=1}^{\infty} a_{\sigma(n)} = \alpha$. 另外, 也存在着 N 的重排 σ^+ 和 σ^-, 使得 $\sum_{n=1}^{\infty} a_{\sigma^+(n)} = +\infty$ 和 $\sum_{n=1}^{\infty} a_{\sigma^-(n)} = -\infty$.

(2) 绝对收敛的级数必然无条件收敛; 反之亦然.

证明　(1) 令

$$a_n^+ = \frac{|a_n| + a_n}{2} \quad \text{和} \quad a_n^- = \frac{|a_n| - a_n}{2}, \quad n = 1, 2, \cdots.$$

易见 $a_n^{\pm} \geqslant 0$, 而且

$$a_n = a_n^+ - a_n^- \quad \text{和} \quad |a_n| = a_n^+ + a_n^-, \quad n = 1, 2, \cdots.$$

因为 $\sum_{n=1}^{\infty} |a_n| = \sum_{n=1}^{\infty} (a_n^+ + a_n^-) = +\infty$, 必有 $\sum_{n=1}^{\infty} a_n^+ = +\infty$ 或 $\sum_{n=1}^{\infty} a_n^- = +\infty$. 另一方面, $\sum_{n=1}^{\infty} a_n = \sum_{n=1}^{\infty} (a_n^+ - a_n^-)$ 收敛, 在 $\sum_{n=1}^{\infty} a_n^+$ 和 $\sum_{n=1}^{\infty} a_n^-$ 中, 不可能一个收敛, 而另一个发散到 $+\infty$. 因此, 有

$$\sum_{n=1}^{\infty} a_n^+ = \sum_{n=1}^{\infty} a_n^- = +\infty.$$

我们将在 $\{a_n\}_{n\geqslant 1}$ 中出现的非负项, 重新组成一个数列, 记为 $\{b_n\}_{n\geqslant 1}$, 然后将余下的负项组成另一个数列 $\{c_n\}_{n\geqslant 1}$. 易见: $\{b_n\}_{n\geqslant 1}$ 和 $\{a_n^+\}_{n\geqslant 1}$, 以及 $\{c_n\}_{n\geqslant 1}$ 和 $\{-a_n^-\}_{n\geqslant 1}$, 当去掉那些为 0 的项外, 完全一样; 并且

$$\sum_{n=1}^{\infty} b_n = \sum_{n=1}^{\infty} a_n^+ = +\infty, \quad \sum_{n=1}^{\infty} c_n = -\sum_{n=1}^{\infty} a_n^- = -\infty.$$

如果忽略次序, 可以写

$$\{a_n\}_{n\geqslant 1} = \{b_n\}_{n\geqslant 1} \cup \{c_n\}_{n\geqslant 1}.^{①}$$

现在, 证明存在 $\mathbb{N}$ 的重排 σ 使得

$$\sum_{n=1}^{\infty} a_{\sigma(n)} = \alpha.$$

首先假设 $0 \leqslant \alpha < +\infty$. 由于 $\sum\limits_{n=1}^{\infty} b_n = +\infty$, 存在着最小的正整数 p_1, 使得

$$\alpha < \sum_{n=1}^{p_1} b_n.$$

换句话说, 有

$$\sum_{n=1}^{p_1-1} b_n \leqslant \alpha < \sum_{n=1}^{p_1} b_n.$$

特别地,

$$0 < \sum_{n=1}^{p_1} b_n - \alpha \leqslant b_{p_1}.$$

定义 $\sigma(1), \sigma(2), \cdots, \sigma(p_1)$ 使得

$$a_{\sigma(1)} = b_1, \ a_{\sigma(2)} = b_2, \ \cdots, \ a_{\sigma(p_1)} = b_{p_1}.$$

由于 $1 \leqslant \sigma(1) < \sigma(2) < \cdots < \sigma(p_1)$, 易见

$$p_1 \leqslant \sigma(p_1).$$

---

① 例如: 对于数列

$$a_n : 1, 0, 2, -1, 1, -1, 0, 0, -1, 2, -3, \cdots,$$

我们得到 4 个新的数列:

$$a_n^+ : 1, 0, 2, 0, 1, 0, 0, 0, 0, 2, 0, \cdots,$$
$$a_n^- : 0, 0, 0, 1, 0, 1, 0, 0, 1, 0, 3, \cdots,$$
$$b_n : 1, 0, 2, 1, 0, 0, 2, \cdots,$$
$$c_n : -1, -1, -1, -3, \cdots.$$

此时,

$$\{a_n\}_{n\geqslant 1} = \{b_1, b_2, b_3, c_1, b_4, c_2, b_5, b_6, c_3, b_7, c_4, \cdots\}.$$

另一方面, 由于 $\sum\limits_{n=1}^{\infty} c_n = -\infty$, 存在着最小的正整数 q_1, 使得

$$\sum_{n=1}^{p_1} b_n - \alpha < -\sum_{n=1}^{q_1} c_n.$$

换句话说, 有

$$\sum_{n=1}^{p_1} b_n + \sum_{n=1}^{q_1} c_n < \alpha \leqslant \sum_{n=1}^{p_1} b_n + \sum_{n=1}^{q_1-1} c_n.$$

观察

$$0 < \alpha - \left(\sum_{n=1}^{p_1} b_n + \sum_{n=1}^{q_1} c_n\right) \leqslant -c_{q_1}.$$

定义 $\sigma(p_1+1), \sigma(p_1+2), \cdots, \sigma(p_1+q_1)$ 使得

$$a_{\sigma(p_1+1)} = c_1, \ a_{\sigma(p_1+2)} = c_2, \ \cdots, \ a_{\sigma(p_1+q_1)} = c_{q_1}.$$

由于 $1 \leqslant \sigma(p_1+1) < \sigma(p_1+2) < \cdots < \sigma(p_1+q_1)$, 易见

$$q_1 \leqslant \sigma(p_1+q_1).$$

如此, 有

$$0 < \sum_{n=1}^{p_1+s} a_{\sigma(n)} - \alpha = \sum_{n=1}^{p_1} b_n + \sum_{n=1}^{s} c_n - \alpha$$

$$< \sum_{n=1}^{p_1} b_n - \alpha \leqslant b_{p_1} = a_{\sigma(p_1)}, \quad s = 1, 2, \cdots, q_1 - 1,$$

以及

$$0 < \alpha - \sum_{n=1}^{p_1+q_1} a_{\sigma(n)} = \alpha - \left(\sum_{n=1}^{p_1} b_n + \sum_{n=1}^{q_1} c_n\right) \leqslant -a_{\sigma(p_1+q_1)}.$$

接着, 我们可以取得最小的正整数 p_2 和 q_2, 使得 $p_1 < p_2, q_1 < q_2$ 且

$$\sum_{n=1}^{p_2-1} b_n + \sum_{n=1}^{q_1} c_n < \alpha \leqslant \sum_{n=1}^{p_2} b_n + \sum_{n=1}^{q_1} c_n$$

及

$$\sum_{n=1}^{p_2} b_n + \sum_{n=1}^{q_2} c_n < \alpha \leqslant \sum_{n=1}^{p_2} b_n + \sum_{n=1}^{q_2-1} c_n.$$

定义 $\sigma(p_1+1+q_1), \sigma(p_1+2+q_1), \cdots, \sigma(p_2+q_1), \sigma(p_2+q_1+1), \sigma(p_2+q_1+2), \cdots, \sigma(p_2+q_2)$, 使得

$$a_{\sigma(p_1+1+q_1)} = b_{p_1+1}, \ a_{\sigma(p_1+2+q_1)} = b_{p_1+2}, \ \cdots, \ a_{\sigma(p_2+q_1)} = b_{p_2},$$

$$a_{\sigma(p_2+q_1+1)} = c_{q_1+1}, \ a_{\sigma(p_2+q_1+2)} = c_{q_1+2}, \ \cdots, \ a_{\sigma(p_2+q_2)} = c_{q_2}.$$

由于 $p_1 \leqslant \sigma(p_1) < \sigma(p_1+1+q_1) < \sigma(p_1+2+q_1) < \cdots < \sigma(p_2+q_1)$, 易见

$$p_1 < p_2 = p_1 + (p_2 - p_1) \leqslant \sigma(p_2+q_1).$$

同理,

$$q_1 < q_2 \leqslant \sigma(p_2+q_2).$$

如此, 有

$$0 < \alpha - \sum_{n=1}^{p_1+r+q_1} a_{\sigma(n)} = \alpha - \left(\sum_{n=1}^{p_1+r} b_n + \sum_{n=1}^{q_1} c_n \right)$$

$$< \alpha - \left(\sum_{n=1}^{p_1} b_n + \sum_{n=1}^{q_1} c_n \right) = \alpha - \sum_{n=1}^{p_1+q_1} a_{\sigma(n)}$$

$$\leqslant -a_{\sigma(p_1+q_1)}, \quad r = 1, 2, \cdots, p_2 - p_1 - 1,$$

$$0 < \sum_{n=1}^{p_2+q_1+s} a_{\sigma(n)} - \alpha = \sum_{n=1}^{p_2} b_n + \sum_{n=1}^{q_1+s} c_n - \alpha$$

$$\leqslant \sum_{n=1}^{p_2} b_n + \sum_{n=1}^{q_1} c_n - \alpha$$

$$\leqslant b_{p_2} = a_{\sigma(p_2+q_1)}, \quad s = 0, 1, 2, \cdots, q_2 - q_1 - 1$$

及

$$0 < \alpha - \sum_{n=1}^{p_2+q_2} a_{\sigma(n)} = \alpha - \left(\sum_{n=1}^{p_2} b_n + \sum_{n=1}^{q_2} c_n \right) \leqslant -a_{\sigma(p_2+q_2)}.$$

依次地进行以上步骤, 得到 $0 = p_0 < p_1 < p_2 < p_3 < \cdots, 0 = q_0 < q_1 < q_2 < q_3 < \cdots$, 使得

$$\sum_{n=1}^{p_k-1} b_n + \sum_{n=1}^{q_{k-1}} c_n < \alpha \leqslant \sum_{n=1}^{p_k} b_n + \sum_{n=1}^{q_{k-1}} c_n$$

及

$$\sum_{n=1}^{p_k} b_n + \sum_{n=1}^{q_k} c_n < \alpha \leqslant \sum_{n=1}^{p_k} b_n + \sum_{n=1}^{q_k-1} c_n, \quad k = 1, 2, \cdots.$$

因为所有的 $b_1, b_2, b_3, \cdots$ 和 $c_1, c_2, c_3, \cdots$ 都会被用到, 所以所有的 $a_1, a_2, a_3, \cdots$ 都会出现在以上某个不等式中. 于是, 我们可以定义 $\mathbb{N}$ 上的一个重排 $\sigma : \mathbb{N} \to \mathbb{N}$, 使得

$$a_{\sigma(p_{k-1}+1+q_{k-1})} = b_{p_{k-1}+1}, \ a_{\sigma(p_{k-1}+2+q_{k-1})} = b_{p_{k-1}+2}, \ \cdots, \ a_{\sigma(p_k+q_{k-1})} = b_{p_k},$$

$$a_{\sigma(p_k+q_{k-1}+1)} = c_{q_{k-1}+1}, \ a_{\sigma(p_k+q_{k-1}+2)} = c_{q_{k-1}+2}, \ \cdots, \ a_{\sigma(p_k+q_k)} = c_{q_k},$$

其中

$$p_k \leqslant \sigma(p_k + q_{k-1}) \quad \text{及} \quad q_k \leqslant \sigma(p_k + q_k), \quad k = 1, 2, \cdots. \tag{10.1.2}$$

如此, 有

$$\left| \alpha - \sum_{n=1}^{t} a_{\sigma(n)} \right| \leqslant |a_{\sigma(m(t))}|,$$

其中指标 $t \geqslant p_1$, 且

$$m(t) = \begin{cases} p_k + q_{k-1}, & p_k + q_{k-1} \leqslant t < p_k + q_k, \\ p_k + q_k, & p_k + q_k \leqslant t < p_{k+1} + q_k. \end{cases}$$

因为 $\{p_k\}_{k\geqslant 1}$ 和 $\{q_k\}_{k\geqslant 1}$ 都是严格上升的正整数列, 由 (10.1.2) 得知: $\lim\limits_{t\to\infty} m(t) = \infty$. 因为 $\sum\limits_{n=1}^{\infty} a_n$ 收敛,

$$\lim_{t\to\infty} a_{\sigma(m(t))} = \lim_{n\to\infty} a_n = 0.$$

因此, 重排后的级数

$$\sum_{n=1}^{\infty} a_{\sigma(n)} = \alpha.$$

当 $\alpha < 0$ 时, 我们考虑条件收敛级数 $\sum\limits_{n=1}^{\infty} (-a_n)$, 依上法得到合适的重排 $\sigma : \mathbb{N} \to \mathbb{N}$, 使得 $\sum\limits_{n=1}^{\infty} (-a_{\sigma(n)}) = -\alpha$. 因此, $\sum\limits_{n=1}^{\infty} a_{\sigma(n)} = \alpha$.

当 $\alpha = +\infty$ 时, 仿照上法, 我们依次交替地选取 $1 \leqslant p_1 < p_2 < p_3 < \cdots$, $1 \leqslant q_1 < q_2 < q_3 < \cdots$, 使得

$$\sum_{n=1}^{p_1-1} b_n \leqslant 1 < \sum_{n=1}^{p_1} b_n,$$

$$\sum_{n=1}^{p_1} b_n + \sum_{n=1}^{q_1} c_n < 1 \leqslant \sum_{n=1}^{p_1} b_n + \sum_{n=1}^{q_1-1} c_n,$$

$$\sum_{n=1}^{p_2-1} b_n + \sum_{n=1}^{q_1} c_n \leqslant 2 < \sum_{n=1}^{p_2} b_n + \sum_{n=1}^{q_1} c_n,$$

$$\sum_{n=1}^{p_2} b_n + \sum_{n=1}^{q_2} c_n < 2 \leqslant \sum_{n=1}^{p_2} b_n + \sum_{n=1}^{q_2-1} c_n,$$

$$\cdots\cdots$$

$$\sum_{n=1}^{p_k-1} b_n + \sum_{n=1}^{q_{k-1}} c_n \leqslant k < \sum_{n=1}^{p_k} b_n + \sum_{n=1}^{q_{k-1}} c_n,$$

$$\sum_{n=1}^{p_k} b_n + \sum_{n=1}^{q_k} c_n < k \leqslant \sum_{n=1}^{p_k} b_n + \sum_{n=1}^{q_k-1} c_n,$$

$$\cdots\cdots$$

仿照以上的讨论, 可以定义一个重排 $\sigma^+ : \mathbb{N} \to \mathbb{N}$, 使得

$$\sum_{n=1}^{\infty} a_{\sigma^+(n)} = +\infty.$$

当 $\alpha = -\infty$ 时, 也可以用类似的方法处理.

(2) 假设 $\sum\limits_{n=1}^{\infty} |a_n| < +\infty$, 且 $\sum\limits_{n=1}^{\infty} a_n$ 收敛到有限数 S. 令 $\sigma : \mathbb{N} \to \mathbb{N}$ 为任意的重排. 我们要证明

$$\sum_{n=1}^{\infty} a_{\sigma(n)} = S.$$

对于任何的 $\varepsilon > 0$, 存在着正整数 N_0, 使得

$$N \geqslant N_0 \Longrightarrow \left| \sum_{n=1}^{N} a_n - S \right| < \frac{\varepsilon}{2} \quad \text{及} \quad \sum_{n>N} |a_n| < \frac{\varepsilon}{2}.$$

由于 σ 是一对一的满射, 存在着正整数 $N_1 > N_0$, 使得

$$\{1, 2, \cdots, N_0\} \subseteq \{\sigma(1), \sigma(2), \cdots, \sigma(N_1)\}.$$

于是, 当 $N > N_1 > N_0$ 时,

$$\left| \sum_{n=1}^{N} a_{\sigma(n)} - S \right| \leqslant \left| \sum_{n=1}^{N_0} a_n - S \right| + \left| \sum_{\sigma(n) > N_0} a_{\sigma(n)} \right|$$
$$\leqslant \frac{\varepsilon}{2} + \frac{\varepsilon}{2} = \varepsilon.$$

由极限的定义, $\sum\limits_{n=1}^{\infty} a_{\sigma(n)} = S$.

现在, 反过来假设: 级数 $\sum\limits_{n=1}^{\infty} a_n$ 无条件收敛到 S. 如果 $\sum\limits_{n=1}^{\infty} |a_n| = +\infty$, 则由 (1), 我们知道存在着 $\mathbb{N}$ 的重排 σ, 使得 $\sum\limits_{n=1}^{\infty} a_{\sigma(n)} = S + 1$. 此与级数的无条件收敛性矛盾!   □

10.1.4　上极限与柯西根式判别法

在应用以上各种极限收敛判别法时, 我们往往会遇到极限值 $\lim\limits_{n \to \infty} a_n$ 不存在, 而且也不发散到无限大的情形. 这时候, 我们要用到的极限收敛判别法就失效了.

对于单调下降的非负数列 $\{b_n\}_n$, 即有

$$b_1 \geqslant b_2 \geqslant \cdots \geqslant b_n \geqslant \cdots \geqslant 0,$$

我们知道: $\{b_n\}_{n \geqslant 1}$ 必定收敛到有限的数 (推论 3.4.5). 对于一般的数列 $\{a_n\}_n$, 引入数列的上极限 $\varlimsup\limits_{n \to \infty} a_n$ 的概念. 考虑

$$b_1 = \sup_{k \geqslant 1} a_k = \sup \{a_1, a_2, \cdots, a_n, a_{n+1}, \cdots\},$$
$$b_2 = \sup_{k \geqslant 2} a_k = \sup \{a_2, \cdots, a_n, a_{n+1}, \cdots\},$$
$$\cdots\cdots$$
$$b_n = \sup_{k \geqslant n} a_k = \sup \{a_n, a_{n+1}, \cdots\},$$
$$\cdots\cdots$$

在这里, b_n 有可能是 $+\infty$, 而且 $\lim\limits_{n \to \infty} b_n$ 也有可能是 $\pm\infty$ (例如 $a_n = \pm n, \forall n$). 然而, 当(且仅当)数列 $\{a_n\}_n$ 有界时, b_n 必然有限. 此时, $\{b_n\}_n$ 是一个单调下降且有下界的数列. 因而, $\lim\limits_{n \to \infty} b_n$ 收敛到有限的数. 特别地, 对于有界数列 $\{a_n\}_n$, 不管 $\lim\limits_{n \to \infty} a_n$ 存不存在,

$$\lim_{n \to \infty} b_n = \lim_{n \to \infty} \sup_{k \geqslant n} a_k$$

却总是存在的, 而且是有限的.

类似地, 我们也可以考虑单调上升的数列

$$c_n = \inf_{k \geqslant n} a_k = \inf \{a_n, a_{n+1}, \cdots\}, \quad n = 1, 2, \cdots.$$

一般地, $\lim\limits_{n \to \infty} c_n$ 也有可能是 $\pm\infty$. 但是, 当(且仅当)数列 $\{a_n\}_n$ 有界时,

$$\lim_{n \to \infty} c_n = \lim_{n \to \infty} \inf_{k \geqslant n} a_k$$

总是存在的, 而且是有限的.

定义 10.1.5 对于数列 $\{a_n\}_n$, 我们定义其上极限(lim sup) 为

$$\varlimsup_{n \to \infty} a_n = \lim_{n \to \infty} \sup_{k \geqslant n} a_k,$$

定义其下极限(lim inf) 为

$$\varliminf_{n \to \infty} a_n = \lim_{n \to \infty} \inf_{k \geqslant n} a_k.$$

注意 易见,

$$\varlimsup_{n \to \infty} a_n \text{ 或者收敛到有限数, 或者} = \pm\infty,$$

$$\varliminf_{n \to \infty} a_n \text{ 或者收敛到有限数, 或者} = \pm\infty.$$

再者,

$$\varliminf_{n \to \infty} a_n = - \varlimsup_{n \to \infty} (-a_n).$$

命题 10.1.24 如果 $\lim\limits_{n \to \infty} a_n$ 存在且有限, 则

$$\lim_{n \to \infty} a_n = \varlimsup_{n \to \infty} a_n = \varliminf_{n \to \infty} a_n.$$

证明 因为 $\lim\limits_{n \to \infty} a_n$ 收敛到有限数 a, 所以 $\{a_n\}_n$ 有界 (定理 3.3.5). 因此, $\varlimsup\limits_{n \to \infty} a_n = \lim\limits_{n \to \infty} b_n$ 存在, 其中 $b_n = \sup\limits_{k \geqslant n} a_k$, $n = 1, 2, \cdots$. 由于

$$a_n \leqslant \sup_{k \geqslant n} a_k = \sup \{a_n, a_{n+1}, \cdots\} = b_n, \quad \forall n = 1, 2, \cdots,$$

我们有

$$a = \lim_{n \to \infty} a_n \leqslant \lim_{n \to \infty} b_n.$$

另一方面, 对于任意的 $\varepsilon > 0$, 存在自然数 N, 使得

$$n \geqslant N \Longrightarrow |a_n - a| < \varepsilon \Longrightarrow a - \varepsilon < a_n < a + \varepsilon$$
$$\Longrightarrow b_n = \sup_{k \geqslant n} a_k \leqslant a + \varepsilon.$$

于是

$$\lim_{n \to \infty} b_n \leqslant a + \varepsilon.$$

由于 $\varepsilon > 0$ 的任意性, 有

$$\lim_{n \to \infty} b_n \leqslant a,$$

因此

$$\lim_{n \to \infty} a_n = \overline{\lim_{n \to \infty}} \, a_n.$$

最后

$$\underline{\lim_{n \to \infty}} \, a_n = - \overline{\lim_{n \to \infty}} \, (-a_n) = - \lim_{n \to \infty} (-a_n) = \lim_{n \to \infty} a_n. \qquad \square$$

定理 10.1.25　对于一般的数列 $\{a_n\}_n$, 总有

$$\underline{\lim_{n \to \infty}} \, a_n \leqslant \overline{\lim_{n \to \infty}} \, a_n.$$

当 $\{a_n\}_n$ 有界时, $\underline{\lim\limits_{n \to \infty}} \, a_n$ 和 $\overline{\lim\limits_{n \to \infty}} \, a_n$ 都收敛到有限数. 再者,

$$\underline{\lim_{n \to \infty}} \, a_n = \overline{\lim_{n \to \infty}} \, a_n \Longleftrightarrow \lim_{n \to \infty} a_n \text{ 收敛}.$$

此时

$$\lim_{n \to \infty} a_n = \underline{\lim_{n \to \infty}} \, a_n = \overline{\lim_{n \to \infty}} \, a_n.$$

证明留作习题 (见习题 10.1 第 19 题).　　　　　　　　　　　　　　　　　$\square$

因为任何正项数列的上极限总是存在的 (有限的或为 $+\infty$), 以下柯西根式收敛判别法特别有用.

定理 10.1.26 (*柯西根式判别法*(Cauchy root test))　设 $\sum\limits_{n=1}^{\infty} a_n$ 为正项级数.

(1) 若 $\overline{\lim\limits_{n \to \infty}} \, \sqrt[n]{a_n} < 1$, 则 $\sum\limits_{n=1}^{\infty} a_n$ 收敛;

(2) 若 $\overline{\lim\limits_{n \to \infty}} \, \sqrt[n]{a_n} > 1$, 则 $\sum\limits_{n=1}^{\infty} a_n$ 发散.

证明 假设 $\varlimsup\limits_{n\to\infty} \sqrt[n]{a_n} = \lim\limits_{n\to\infty} \sup\limits_{k\geqslant n} \sqrt[k]{a_k} < \rho < 1$. 于是存在着指标 N, 使得

$$n > N \Longrightarrow \sup_{k\geqslant n} \sqrt[k]{a_k} < \rho \Longrightarrow a_n < \rho^n.$$

因此

$$\sum_{n>N} a_n < \sum_{n>N} \rho^n \leqslant \sum_{n\geqslant 0} \rho^n = \frac{\rho}{1-\rho} < +\infty.$$

所以, 正项级数 $\sum\limits_{n=1}^{\infty} a_n$ 收敛.

如果 $\varlimsup\limits_{n\to\infty} \sqrt[n]{a_n} > s > 1$, 则存在着指标 N, 使得

$$n > N \Longrightarrow \sup_{k\geqslant n} \sqrt[k]{a_k} > s.$$

选 $n_1 > N$, 使得

$$a_{n_1} > s^{n_1}.$$

因为 $n_1 + 1 > N$, 所以

$$\sup_{k\geqslant n_1+1} \sqrt[k]{a_k} > s.$$

于是, 我们又可以选 $n_2 > n_1$, 使得

$$a_{n_2} > s^{n_2}.$$

继续下去, 我们将会得到指标

$$N < n_1 < n_2 < \cdots < n_k < \cdots,$$

使得

$$a_{n_k} > s^{n_k}, \quad k = 1, 2, \cdots.$$

特别地,

$$\lim_{k\to\infty} a_{n_k} \geqslant \lim_{k\to\infty} s^{n_k} = +\infty.$$

因此, $\lim\limits_{n\to\infty} a_n \neq 0$. 所以, 正项级数 $\sum\limits_{n=1}^{\infty} a_n$ 发散. □

有兴趣的读者可能会问: 是否有类似的加强型比值判别法? 可惜, 没有!

例 10.1.27　考虑收敛的等比级数

$$1 + \frac{1}{3} + \frac{1}{3^2} + \cdots + \frac{1}{3^n} + \cdots = \frac{3}{2}.$$

现在, 我们在其中插入另外一个收敛的等比级数, 得到一个新的收敛的正项级数

$$1 + 1 + \frac{1}{3} + \frac{1}{2} + \frac{1}{3^2} + \frac{1}{2^2} + \cdots + \frac{1}{3^n} + \frac{1}{2^n} + \cdots = \frac{7}{2}.$$

应用增强型的根式判别法, 得

$$\varlimsup_{n\to\infty} \sqrt[n]{a_n} = \varlimsup_{n\to\infty} \left(\frac{1}{2^n}\right)^{1/2n} = \frac{1}{\sqrt{2}} < 1.$$

这符合定理 10.1.26 的结论. 然而,

$$\varlimsup_{n\to\infty} \frac{a_{n+1}}{a_n} = \lim_{n\to\infty} \left(\frac{3}{2}\right)^n = +\infty. \qquad\qquad \square$$

以上例子说明了: 当 $\varlimsup\limits_{n\to\infty} \dfrac{a_{n+1}}{a_n} > 1$ 时, 我们不能判断正项级数 $\sum\limits_{n=1}^{\infty} a_n$ 是否发散. 然而, 当条件 $\varlimsup\limits_{n\to\infty} \dfrac{a_{n+1}}{a_n} < 1$ 成立时, 定理 10.1.26 和以下的定理 10.1.28 保证了 $\sum\limits_{n=1}^{\infty} a_n$ 的收敛性.

定理 10.1.28　对于正项级数 $\sum\limits_{n=1}^{\infty} a_n$, 总成立着不等式

$$\varliminf_{n\to\infty} \frac{a_{n+1}}{a_n} \leqslant \varliminf_{n\to\infty} \sqrt[n]{a_n} \leqslant \varlimsup_{n\to\infty} \sqrt[n]{a_n} \leqslant \varlimsup_{n\to\infty} \frac{a_{n+1}}{a_n}.$$

特别地, 当 $\lim\limits_{n\to\infty} \dfrac{a_{n+1}}{a_n}$ 存在时, $\lim\limits_{n\to\infty} \sqrt[n]{a_n}$ 也存在, 而且两个极限相等.

证明　我们首先注意到: 如果存在着无限多个指标 $1 \leqslant n_1 \leqslant n_2 \leqslant \cdots \leqslant n_k \leqslant \cdots$, 使得 $a_{n_k} = 0$, 则

$$\varliminf_{n\to\infty} \frac{a_{n+1}}{a_n} = \varliminf_{n\to\infty} \sqrt[n]{a_n} = 0 \leqslant \varlimsup_{n\to\infty} \sqrt[n]{a_n} \leqslant \varlimsup_{n\to\infty} \frac{a_{n+1}}{a_n} = +\infty.$$

因此, 我们可以假设

$$a_n > 0, \quad \forall n = 1, 2, \cdots.$$

如果 $\varliminf\limits_{n\to\infty} \dfrac{a_{n+1}}{a_n} > \varliminf\limits_{n\to\infty} \sqrt[n]{a_n}$, 则存在着数值 b, 使得

$$\lim_{n\to\infty} \inf_{k\geqslant n} \frac{a_{k+1}}{a_k} > b > \lim_{n\to\infty} \inf_{k\geqslant n} \sqrt[k]{a_k} \geqslant 0.$$

于是, 存在着指标 N 使得

$$\frac{a_{k+1}}{a_k} > b > 0,$$

即

$$a_{k+1} > ba_k, \quad \forall k \geqslant N.$$

因此

$$a_{N+n} > b^n a_N, \quad \forall n = 1, 2, \cdots.$$

当 $n \to \infty$ 时, 我们应用例 3.2.4, 由此得

$$\sqrt[N+n]{a_{N+n}} > \sqrt[N+n]{b^n a_N} \to b.$$

于是, 我们得到矛盾:

$$\lim_{n\to\infty} \inf_{k\geqslant n} \sqrt[k]{a_k} \geqslant b.$$

这说明了 $\displaystyle\lim_{n\to\infty} \frac{a_{n+1}}{a_n} \leqslant \varliminf_{n\to\infty} \sqrt[n]{a_n}$.

另一方面, 我们考虑正项级数 $\displaystyle\sum_{n=1}^{\infty} \frac{1}{a_n}$. 依上讨论, 我们将得到不等式

$$\varliminf_{n\to\infty} \frac{a_n}{a_{n+1}} \leqslant \varliminf_{n\to\infty} \sqrt[n]{\frac{1}{a_n}}.$$

于是

$$\varlimsup_{n\to\infty} \sqrt[n]{a_n} \leqslant \varlimsup_{n\to\infty} \frac{a_{n+1}}{a_n}.$$

最后, 不等式 $\displaystyle\varliminf_{n\to\infty} \sqrt[n]{a_n} \leqslant \varlimsup_{n\to\infty} \sqrt[n]{a_n}$, 自然成立. □

习题 10.1

1. 判定下列无穷级数的敛散性:

(1) $\displaystyle\sum_{n=1}^{\infty} \frac{\sin n\theta}{n^2}$;

(2) $\ln\dfrac{2}{1} + \ln\dfrac{3}{2} + \ln\dfrac{4}{3} + \ln\dfrac{5}{4} + \cdots$;

(3) $\dfrac{2}{3} + \dfrac{2}{3^2} + \dfrac{2}{3^3} + \dfrac{2}{3^4} + \cdots$;

(4) $1 - 2!a^2 + 4!a^4 - 6!a^6 + 8!a^8 - \cdots (a > 1)$;

(5) $1 - \dfrac{1}{2} + \dfrac{2}{3} - \dfrac{1}{3} + \dfrac{2}{4} - \dfrac{1}{4} + \dfrac{2}{5} - \dfrac{1}{5} + \cdots$;

(6) $\displaystyle\sum_{n=2}^{\infty} \frac{1}{3\sqrt{n^2-1}}$;

(7) $\displaystyle\sum_{n=1}^{\infty} \frac{n^2}{n^3+1}$;

(8) $\displaystyle\sum_{n=1}^{\infty} \frac{n!}{n^n}$;

(9) $\displaystyle\sum_{n=1}^{\infty} \frac{2^n n!}{n^n}$;

(10) $\displaystyle\sum_{n=1}^{\infty} \frac{3^n n!}{n^n}$;

(11) $\sum\limits_{n=1}^{\infty} \left(1 - \cos\dfrac{1}{n}\right)$.

2. 求和:

(1) $\dfrac{1}{1\cdot 6} + \dfrac{1}{6\cdot 11} + \cdots + \dfrac{1}{(5n-4)(5n+1)} + \cdots$;

(2) $\sum\limits_{n=1}^{\infty} \dfrac{1}{n(n+1)(n+2)}$.

3. 设 $a_n \geqslant 0$, $n = 1, 2, \cdots$, 且数列 $\{na_n\}_{n\geqslant 1}$ 有界. 证明 $\sum\limits_{n=1}^{\infty} a_n^2$ 收敛.

4. 证明: 若 $\lim\limits_{n\to\infty} n^2 a_n = a > 0$, 则级数 $\sum\limits_{n=1}^{\infty} a_n$ 收敛.

5. 证明: 若正项级数 $\sum\limits_{n=1}^{\infty} a_n$ 及 $\sum\limits_{n=1}^{\infty} b_n$ 皆收敛, 则 $\sum\limits_{n=1}^{\infty} a_n b_n$ 也收敛.

6. 证明: 若级数 $\sum\limits_{n=1}^{\infty} a_n$ 及 $\sum\limits_{n=1}^{\infty} b_n$ 绝对收敛, 则级数 $\sum\limits_{n=1}^{\infty} c_n$ 也绝对收敛, 其中

$$c_n = \sum_{k=1}^{n} a_k b_{n-k+1}, \quad n = 1, 2, \cdots,$$

在此时, 其和

$$\sum_{n=1}^{\infty} c_n = \left(\sum_{n=1}^{\infty} a_n\right)\left(\sum_{n=1}^{\infty} b_n\right).$$

7. 证明狄利克雷判别法: 假设级数 $\sum\limits_{n=1}^{\infty} a_n$ 的部分和有界, 且数列 $\{b_n\}_{n\geqslant 1}$ 单调下降且收敛到 0. 证明 $\sum\limits_{n=1}^{\infty} a_n b_n$ 收敛.

8. 讨论下列级数的 (绝对、条件) 敛散性:

(1) $\sum\limits_{n=1}^{\infty} \dfrac{(-1)^n}{n^p}$;

(2) $\sum\limits_{n=1}^{\infty} \sin nx$;

提示: $\sin\dfrac{x}{2}(\sin x + \sin 2x + \cdots + \sin nx) = ?$

(3) $\sum\limits_{n=1}^{\infty} \dfrac{\cos nx}{n^p}$ $(0 < x < \pi,\ 0 < p < +\infty)$.

9. 证明: 若 $\sum\limits_{n=1}^{\infty} a_n$ 收敛, 则对于任意 $x \in [0, 1]$, 级数 $\sum\limits_{n=1}^{\infty} a_n x^n$ 收敛.

10. 证明: 若 $\sum\limits_{n=1}^{\infty} a_n$ 绝对收敛, 则 $\sum\limits_{n=1}^{\infty} a_n^+$ 及 $\sum\limits_{n=1}^{\infty} a_n^-$ 皆收敛, 其中

$$a_n^+ = \frac{|a_n| + a_n}{2}, \quad a_n^- = \frac{|a_n| - a_n}{2}, \quad n = 1, 2, \cdots.$$

11. 证明: 若级数 $\sum\limits_{n=1}^{\infty}(a_{2n-1}+a_{2n})$ 收敛, 且 $\lim\limits_{n\to\infty}a_n=0$, 则 $\sum\limits_{n=1}^{\infty}a_n$ 收敛.

12. 证明定理 10.1.19.

13. 证明定理 10.1.14.

14. 若级数 $\sum\limits_{n=1}^{\infty}a_n$ 的部分和 $S_k=\sum\limits_{n=1}^{k}a_n$ 算术平均收敛

$$\lim_{n\to\infty}\frac{S_1+S_2+\cdots+S_n}{n}=l,$$

则称 $\sum\limits_{n=1}^{\infty}a_n$ Cesaro 可求和. 证明: 收敛的级数必然是 Cesaro 可求和的. 举一例说明: 反之则不然.

15. 证明: 若数列 $\{a_n\}_{n\geqslant 1}$ 单调下降且收敛到 0, 则

$$\sum_{n=1}^{\infty}a_n \ \text{收敛} \implies \sum_{n=1}^{\infty}2^n a_{2^n} \ \text{收敛}.$$

16. 利用柯西–施瓦茨不等式证明:

(1) $\sum\limits_{n=1}^{\infty}a_n^2<+\infty$ 及 $\sum\limits_{n=1}^{\infty}b_n^2<+\infty \implies \sum\limits_{n=1}^{\infty}a_n b_n$ 收敛;

(2) $\sum\limits_{n=1}^{\infty}a_n^2<+\infty \implies \sum\limits_{n=1}^{\infty}\frac{a_n}{n}$ 收敛.

17. 补充在定理 10.1.23 的证明中, 有关 $-\infty\leqslant\alpha<0$ 部分的完整论述.

18. 证明:

(1) 设 $|x|<1$, $|y|<1$, 则

$$\sum_{p=0}^{\infty}(x^{p-1}+x^{p-2}y+\cdots+y^{p-1})=\frac{1}{(1-x)(1-y)};$$

(2) $\sum\limits_{n=0}^{\infty}\frac{x^n}{n!}\sum\limits_{n=0}^{\infty}\frac{y^n}{n!}=\sum\limits_{n=0}^{\infty}\frac{(x+y)^n}{n!}.$

19. 证明定理 10.1.25.

10.2　函数列的逐点收敛与一致收敛

考虑函数

$$f_n(x)=\cos\frac{x}{n}, \quad n=1,2,\cdots,$$

不管 x 为何值, 只要 x 固定,

$$f_n(x)\longrightarrow\cos 0=1, \quad \text{当 } n\to\infty.$$

我们称 $f_n(x)$ 在 $\mathbb{R}$ 上逐点收敛到常数 1.

> **定义 10.2.1**　设 $X \subseteq \mathbb{R}$ 及
>
> $$f, f_n : X \longrightarrow \mathbb{R}, \quad n = 1, 2, \cdots,$$
>
> 若
>
> $$\lim_{n \to \infty} f_n(x) = f(x), \quad \forall x \in X,$$
>
> 称函数列 $\{f_n\}_{n \geqslant 1}$ 逐点收敛(pointwisely convergent) 到函数 f.

虽然定义很简单, 但是很可惜, 逐点收敛在微积分学中并不是很有用的概念.

例 10.2.1　设

$$f_n(x) = \begin{cases} x^n, & 0 \leqslant x < 1, \\ 1, & x \geqslant 1, \end{cases} \quad n = 1, 2, \cdots.$$

所有 f_n 都是连续的. 但是, 它们的逐点收敛极限

$$f(x) = \lim_{n \to \infty} f_n(x) = \begin{cases} 0, & 0 \leqslant x < 1, \\ 1, & x \geqslant 1 \end{cases}$$

在 $x = 1$ 处不连续. 如图 10.2 所示. 因此, "连续函数的逐点收敛极限并不一定连续".　　　　　　　　　　　　　　　　　　　　　　　　　　　　　　□

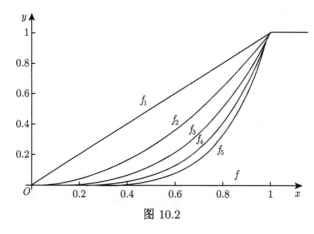

图 10.2

例 10.2.2　设

$$f_n(x) = \begin{cases} -1, & x \leqslant -\dfrac{1}{n}, \\ \sin\dfrac{n\pi x}{2}, & -\dfrac{1}{n} < x < \dfrac{1}{n}, \\ 1, & x \geqslant \dfrac{1}{n}, \end{cases} \quad n = 1, 2, \cdots.$$

如图 10.3 所示.

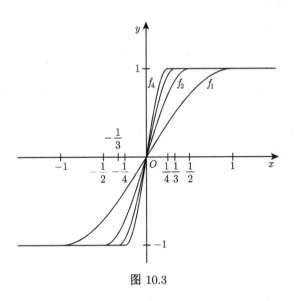

图 10.3

当 $n \to \infty$ 时,

$$f_n(x) \to \begin{cases} -1, & x < 0, \\ 1, & x > 0. \end{cases}$$

至于在点 $x = 0$ 处,

$$f_n(0) = \sin 0 = 0.$$

因此, f_n 的逐点收敛极限为函数

$$f(x) = \lim_{n \to \infty} f_n(x) = \begin{cases} -1, & x < 0, \\ 0, & x = 0, \\ 1, & x > 0. \end{cases}$$

由于所有的 f_n 都是可微的, 留作习题 (见习题 10.2 第 1 题 (2)), 但是 f 却不可微 (甚至不连续), 所以我们有结论: "可微函数的逐点收敛极限不一定可微 (或连续)." □

例 10.2.3 设 $\mathbb{Q}$ 为有理数的集合. 我们知道 $\mathbb{Q}$ 是可数集. 假定

$$\mathbb{Q} = \{r_1, r_2, r_3, \cdots, r_n, \cdots\}.$$

定义分段连续函数 $f : \mathbb{R} \longrightarrow \mathbb{R}$,

$$f_n(x) = \begin{cases} 1, & x = r_1, r_2, \cdots, r_n, \\ 0, & x \text{ 为其他的值.} \end{cases}$$

则 f_n 的逐点收敛极限为

$$f(x) = \lim_{n \to \infty} f_n(x) = \begin{cases} 1, & x \in \mathbb{Q}, \\ 0, & x \notin \mathbb{Q}. \end{cases}$$

f 是不可积的函数, 但是 f_n 皆可积, $n = 1, 2, \cdots$. 因此, "可积函数的逐点收敛极限并不一定可积". □

纵使可积函数列的逐点极限也可积, 其积分值也不见得有什么关系.

例 10.2.4 设

$$f_n(x) = \begin{cases} 2n^2 x, & 0 \leqslant x < \dfrac{1}{2n}, \\ 2n - 2n^2 x, & \dfrac{1}{2n} \leqslant x \leqslant \dfrac{1}{n}, \\ 0, & \dfrac{1}{n} < x \leqslant 1, \end{cases} \quad n = 1, 2, \cdots.$$

对于那些 $x \neq 0$, 当 n 很大时, 我们就会有 $x > \dfrac{1}{n}$. 因此

$$\lim_{n \to \infty} f_n(x) = 0, \quad x \neq 0.$$

另一方面

$$\lim_{n \to \infty} f_n(0) = 0.$$

因此, f_n 的逐点收敛极限为

$$f(x) = 0, \quad 0 \leqslant x \leqslant 1.$$

计算

$$\int_0^1 f_n(x)\,\mathrm{d}x = \int_0^{\frac{1}{2n}} 2n^2 x\,\mathrm{d}x + \int_{\frac{1}{2n}}^{\frac{1}{n}} (2n - 2n^2 x)\,\mathrm{d}x + \int_{\frac{1}{n}}^1 0\,\mathrm{d}x$$

$$= n^2 x^2 \Big|_0^{\frac{1}{2n}} + (2nx - n^2 x^2) \Big|_{\frac{1}{2n}}^{\frac{1}{n}} = \frac{1}{4} + \left(2 - 1 - 1 + \frac{1}{4}\right) = \frac{1}{2}, \quad n = 1, 2, \cdots.$$

但是

$$\int_0^1 f(x)\,\mathrm{d}x = \int_0^1 0\,\mathrm{d}x = 0.$$

因此

$$\lim_{n \to \infty} \int_0^1 f_n(x)\,\mathrm{d}x \neq \int_0^1 \lim_{n \to \infty} f_n(x)\,\mathrm{d}x. \qquad \square$$

总结: 对于函数列的逐点收敛极限, 我们可能有

$$\lim_{n\to\infty} f_n'(x) \neq \left(\lim_{n\to\infty} f_n(x) \right)',$$

$$\lim_{n\to\infty} \int_a^b f_n(x)\,\mathrm{d}x \neq \int_a^b \lim_{n\to\infty} f_n(x)\,\mathrm{d}x,$$

其中, $\lim\limits_{n\to\infty} f_n(x)$ 甚至不一定可微或可积 (或连续). 于是我们需要引入一种比逐点收敛更强的收敛概念 —— 函数列的一致 (均匀) 收敛性.

我们首先研究两个函数

$$f, g : X \longrightarrow \mathbb{R}$$

的 "距离". 如图 10.4 所示.

注意　函数 f 与 g 在 X 中的每一点 x 处的差是

$$|f(x) - g(x)|.$$

我们定义

$$d(f, g) = \sup \{ |f(x) - g(x)| : x \in X \}.$$

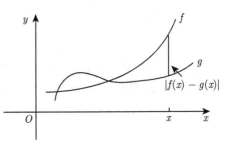

图 10.4

所以, $d(f, g)$ 表示在定义域 X 上, 函数 f 和 g 的值的最大差距.

定义 10.2.2　设 $f, f_n : X \longrightarrow \mathbb{R}$. 若

$$\lim_{n\to\infty} d(f, f_n) = 0,$$

则称函数 f_n 在 X 上一致收敛, 或称均匀收敛(uniformly convergent) 到 f.

为了方便, 我们以

$$f_n \to f \quad (\text{逐点收敛})$$

及

$$f_n \to f \quad (\text{一致收敛})$$

来表示两种不同的收敛意义.

若用 ε-N 的语言:

$$f_n \to f \quad (\text{逐点收敛})$$

等价于

$$\forall x \in X,\ \forall \varepsilon > 0,\ \exists N > 0,\ \text{使得 } n > N \Longrightarrow |f(x) - f_n(x)| < \varepsilon.$$

另一方面,

$$f_n \to f \quad (一致收敛)$$

等价于

$$\forall \varepsilon > 0,\ \exists N > 0,\ \ 使得\ n > N \Longrightarrow |f(x) - f_n(x)| < \varepsilon,\ \forall x \in X.$$

在以上的条件中, 我们注意到条件 "$\forall x \in X$" 被放在不同的位置. 特别地, 在逐点收敛时, $N = N(\varepsilon, x)$ 是 ε 和 x 的函数, 它要随着 ε 和 x 来调整; 然而, 在一致收敛时, $N = N(\varepsilon)$ 是 ε 的函数, 它只需要随着容许的误差 ε 的大小来调整, 但是跟位置 x 没有关系.

从图 10.5 来看, 我们若在 f 所表示的曲线的上、下各相距小于 $\varepsilon > 0$ 的地方, 作一灰带, 则

$$f_n \to f \quad (一致收敛)$$

表示: 当 n 够大时, 函数 f_n 所决定的曲线, 将整个落在由函数 f 所决定的曲线的 $\pm \varepsilon$ 邻域内. 此即条件

$$|f(x) - f_n(x)| < \varepsilon, \quad \forall x \in X$$

或

$$d(f, f_n) = \sup_{x \in X} |f(x) - f_n(x)| < \varepsilon$$

的几何意义.

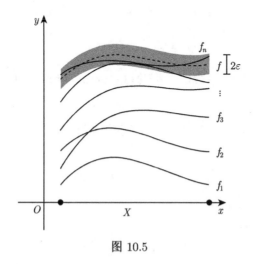

图 10.5

一致收敛当然能够推出逐点收敛. 反之则不然. 事实上, 容易验证在例 10.2.1 至例 10.2.3 中的逐点收敛, 都不是一致收敛.

定理 10.2.5 设 $f, f_n : X \longrightarrow \mathbb{R}$, 使得

$$f_n \to f \quad (\text{一致收敛}).$$

(1) 若

$$\lim_{x \to x_0} f_n(x) = l_n, \quad n = 1, 2, \cdots,$$

则数列 $\{l_n\}_{n \geqslant 1}$ 收敛, 而且

$$\lim_{x \to x_0} f(x) = \lim_{n \to \infty} l_n.$$

换句话说

$$\lim_{x \to x_0} \lim_{n \to \infty} f_n(x) = \lim_{n \to \infty} \lim_{x \to x_0} f_n(x).$$

(2) 若所有的 f_n 皆在点 x_0 连续, 则 f 也在点 x_0 连续.

证明 (1) 对于任意的 $\varepsilon > 0$, 由 $\{f_n\}_{n \geqslant 1}$ 的一致收敛性, 得知存在 $N > 0$, 使得

$$n, m \geqslant N \Longrightarrow |f_n(x) - f_m(x)| < \varepsilon, \, \forall x \in X.$$

令 $x \to x_0$, 将得

$$|l_n - l_m| \leqslant \varepsilon, \quad \forall n, m \geqslant N.$$

因此, $\{l_n\}_{n \geqslant 1}$ 为一柯西数列. 所以存在 $l \in \mathbb{R}$, 使得

$$\lim_{n \to \infty} l_n = l.$$

今再证明 $l = \lim_{x \to x_0} f(x)$. 事实上, 对于任何正整数 k, 总有

$$|f(x) - l| \leqslant |f(x) - f_k(x)| + |f_k(x) - l_k| + |l_k - l|.$$

由于在 X 上, f_n 一致收敛于 f 及 l_n 收敛于 l, 存在正整数 k 使得

$$|f(x) - f_k(x)| < \frac{\varepsilon}{3}, \quad \forall x \in X$$

及

$$|l - l_k| < \frac{\varepsilon}{3}.$$

对上述固定的 k, $\lim_{x \to x_0} f_k(x) = l_k$. 于是存在 $\delta > 0$, 使得对于 $x \in X$, 有

$$0 < |x - x_0| < \delta \Longrightarrow |l_k - f_k(x)| < \frac{\varepsilon}{3}.$$

总之, 对于那些在 X 中满足条件 $0 < |x - x_0| < \delta$ 的 x, 有

$$|f(x) - l| \leqslant |f(x) - f_k(x)| + |f_k(x) - l_k| + |l_k - l| < \frac{\varepsilon}{3} + \frac{\varepsilon}{3} + \frac{\varepsilon}{3} = \varepsilon.$$

根据极限的定义,

$$\lim_{x \to x_0} f(x) = l.$$

(2) 若 f_n 在点 x_0 处连续, 则

$$\lim_{x \to x_0} f_n(x) = f_n(x_0), \quad n = 1, 2, \cdots,$$

由 (1),

$$\lim_{x \to x_0} f(x) = \lim_{x \to x_0} \lim_{n \to \infty} f_n(x) = \lim_{n \to \infty} \lim_{x \to x_0} f_n(x) = \lim_{n \to \infty} f_n(x_0) = f(x_0).$$

因此, f 也在点 x_0 处连续.   □

定理 10.2.6   设 $f, f_n : X \longrightarrow \mathbb{R}$, 使得

$$f_n \to f \quad (\text{一致收敛}).$$

(1) 若在 $[a, b] \subseteq X$ 上, 所有的 f_n 皆为可积, 则 f 在 $[a, b]$ 上也可积.

(2) 令

$$F(x) = \int_a^x f(t)\,\mathrm{d}t \quad \text{和} \quad F_n(x) = \int_a^x f_n(t)\,\mathrm{d}t, \quad \forall x \in [a, b]$$

为 f 和 f_n 的原函数, $n = 1, 2, \cdots$, 则在 $[a, b]$ 上,

$$F_n \to F \quad (\text{一致收敛}).$$

特别地, 当代入 $x = b$ 时,

$$\lim_{n \to \infty} \int_a^b f_n(t)\,\mathrm{d}t = \int_a^b f(t)\,\mathrm{d}t = \int_a^b \lim_{n \to \infty} f_n(t)\,\mathrm{d}t.$$

证明   假设所有的 f_n 皆在 $[a, b]$ 上可积. 我们要证明:

(i) f 是 $[a, b]$ 上的可积函数;

(ii) 对于 $x \in [a, b]$, 有

$$F_n(x) = \int_a^x f_n(t)\,\mathrm{d}t \to F(x) = \int_a^x f(t)\,\mathrm{d}t \quad (\text{一致收敛}).$$

令 $\varepsilon > 0$. 存在 $N > 0$, 使得

$$n > N \Longrightarrow d(f, f_n) = \sup_{x \in X} |f(x) - f_n(x)| < \frac{\varepsilon}{b - a}.$$

换句话说,

$$-\frac{\varepsilon}{b-a} < f(x) - f_n(x) < \frac{\varepsilon}{b-a} \quad (a \leqslant x \leqslant b, \quad n > N)$$

或

$$f_n(x) - \frac{\varepsilon}{b-a} < f(x) < f_n(x) + \frac{\varepsilon}{b-a} \quad (a \leqslant x \leqslant b, \quad n > N).$$

由于 f_n 在 $[a, b]$ 上可积, 因而在 $[a, b]$ 上有界. 所以, f 在 $[a, b]$ 上也有界.

任意选取 $x \in [a, b]$. 当 $n > N$ 时, 对于 $[a, x]$ 的任意分割 P,

$$s(f_n, P) - \frac{(x-a)\varepsilon}{b-a} < s(f, P) \leqslant S(f, P) < S(f_n, P) + \frac{(x-a)\varepsilon}{b-a}.$$

因为 $0 < x - a < b - a$, 于是只要 $n > N$, 就有

$$\underline{\int}_a^x f_n(t)\,\mathrm{d}t - \varepsilon \leqslant \underline{\int}_a^x f(t)\,\mathrm{d}t \leqslant \overline{\int}_a^x f(t)\,\mathrm{d}t \leqslant \overline{\int}_a^x f_n(t)\,\mathrm{d}t + \varepsilon.$$

由于 f_n 在 $[a, x] \subseteq [a, b]$ 上可积,

$$\underline{\int}_a^x f_n(t)\,\mathrm{d}t = \overline{\int}_a^x f_n(t)\,\mathrm{d}t = \int_a^x f_n(t)\,\mathrm{d}t,$$

因此, 当 $n > N$ 时,

$$\int_a^x f_n(t)\,\mathrm{d}t - \varepsilon \leqslant \underline{\int}_a^x f(t)\,\mathrm{d}t \leqslant \overline{\int}_a^x f(t)\,\mathrm{d}t \leqslant \int_a^x f_n(t)\,\mathrm{d}t + \varepsilon.$$

基于 $\varepsilon > 0$ 的任意性, 以上这些不等式表明:

$$\lim_{n \to \infty} \int_a^x f_n(t)\,\mathrm{d}t = \underline{\int}_a^x f(t)\,\mathrm{d}t = \overline{\int}_a^x f(t)\,\mathrm{d}t.$$

因此, f 在 $[a, x]$ 上可积, 并且

$$\lim_{n \to \infty} \int_a^x f_n(t)\,\mathrm{d}t = \int_a^x f(t)\,\mathrm{d}t = \int_a^x \lim_{n \to \infty} f_n(t)\,\mathrm{d}t.$$

由于以上关于 ε-N 的讨论和 $[a, b]$ 中的点 x 的选取无关, 所以, 在 $[a, b]$ 上,

$$F_n(x) = \int_a^x f_n(t)\,\mathrm{d}t \longrightarrow F(x) = \int_a^x f(t)\,\mathrm{d}t \quad (\text{一致收敛}). \qquad \square$$

对于微分, 情形有点复杂. 就算具有条件

$$f_n \to f \quad (\text{一致收敛}),$$

也不能保证

$$f_n' \to f' \quad (\text{一致收敛}).$$

事实上, f' 也不一定存在!

例 10.2.7 设

$$f_n(x) = \frac{1}{n}\sin(n^2 x),$$

则

$$f_n \to 0 \quad (\text{一致收敛}).$$

这是因为

$$d(0, f_n) = \sup_{x \in \mathbb{R}} \left| \frac{1}{n}\sin(n^2 x) \right| = \frac{1}{n} \to 0.$$

然而,

$$f_n'(x) = \frac{\mathrm{d}}{\mathrm{d}x}\left(\frac{1}{n}\sin n^2 x \right) = n\cos(n^2 x).$$

特别地,

$$\lim_{n\to\infty} f_n'(0) = \lim_{n\to\infty} n = +\infty.$$

所以

$$\lim_{n\to\infty} f_n'(x) \neq \left(\lim_{n\to\infty} f_n(x) \right)' = 0. \qquad \square$$

回想一下我们的经验:

微分会将函数变坏,

积分会将函数变好.

例如, 可微函数 f 的导数 f' 不一定连续; 连续函数 f 的原函数 $\int_a^x f(x)\,\mathrm{d}x$ 却一定可微! 那么, 纵使一致收敛并不能保证可微性, 我们也不会觉得太意外了. 不过, 我们还是有如下定理.

定理 10.2.8 设 $f_n, f: [a,b] \to \mathbb{R}$. 若

(1) $f_n \to f$ (逐点收敛);

(2) f_n' 存在, $n = 1, 2, \cdots$;

(3) $f_n' \to g$ (一致收敛), 其中 g 为某个定义在 $[a,b]$ 上连续的函数,

则

(1) $f_n \to f$ (一致收敛);

(2) f' 存在;

(3) $f_n' \to f'$ (一致收敛).

换句话说,

$$\lim_{n\to\infty}\frac{\mathrm{d}}{\mathrm{d}x}f_n(x)=\frac{\mathrm{d}}{\mathrm{d}x}\left(\lim_{n\to\infty}f_n(x)\right).$$

证明 由微积分基本定理 (定理 9.3.4) 及定理 10.2.5, 对于 $x\in[a,b]$, 有

$$\int_a^x g(t)\,\mathrm{d}t=\int_a^x \lim_{n\to\infty}f_n'(t)\,\mathrm{d}t=\lim_{n\to\infty}\int_a^x f_n'(t)\,\mathrm{d}t$$
$$=\lim_{n\to\infty}(f_n(x)-f_n(a))=f(x)-f(a).$$

另一方面, 由于 g 在 $[a,b]$ 上连续, 函数

$$G(x)=\int_a^x g(t)\,\mathrm{d}t=f(x)-f(a)$$

在 (a,b) 上可微. 再者, 由微积分基本定理 (定理 9.3.9),

$$G'(x)=g(x)=f'(x),\quad a<x<b.$$

所以, f 在 (a,b) 上连续可微, 而且

$$f_n'\to f'\quad(\text{一致收敛}).$$

因为 $\lim_{n\to\infty}f_n(a)=f(a)$, 应用微积分基本定理 (定理 9.3.4) 及定理 10.2.6, 我们得知: 在 $[a,b]$ 上,

$$f_n\to f\quad(\text{一致收敛}).\qquad\square$$

定义 10.2.3 对于函数项级数 $\sum_{n=1}^{\infty}f_n$, 我们说 $\sum_{n=1}^{\infty}f_n$ **一致收敛** 到 f 的意思是: 当 $N\to\infty$ 时, 部分和函数序列 $\sum_{n=1}^{N}f_n$ 一致收敛到 f.

推论 10.2.9 (1) 设 $\sum_{n=1}^{\infty}f_n$ 在 $[a,b]$ 上一致收敛到 f.

(i) 所有的 f_n 在 $[a,b]$ 上连续 $\Longrightarrow$ f 在 $[a,b]$ 上连续.

(ii) 所有的 f_n 在 $[a,b]$ 上可积 $\Longrightarrow$ f 在 $[a,b]$ 上可积. 此时,

$$\int_a^b\sum_{n=1}^{\infty}f_n(x)\,\mathrm{d}x=\int_a^b f(x)\,\mathrm{d}x=\sum_{n=1}^{\infty}\int_a^b f_n(x)\,\mathrm{d}x.$$

(2) 设在 $[a,b]$ 上,

$$f(x)=\sum_{n=1}^{\infty}f_n(x)=\lim_{N\to\infty}\sum_{n=1}^{N}f_n(x)\quad(\text{逐点收敛}),$$

而且 $\sum\limits_{n=1}^{\infty} f_n'$ 在 $[a,b]$ 上一致收敛到某个连续函数 g, 则 f' 存在, 而且在 $[a,b]$ 上,

$$\left(\sum_{n=1}^{\infty} f_n(x)\right)' = f'(x) = \sum_{n=1}^{\infty} f_n'(x) = \lim_{N\to\infty}\sum_{n=1}^{N} f_n'(x) \quad (\text{一致收敛}).$$

证明留作习题 (见习题 10.2 第 5 题). □

定理 10.2.10 (魏尔斯特拉斯 M-判别法) 设 $X \subseteq \mathbb{R}$, $f_n : X \longrightarrow \mathbb{R}$, $n = 1, 2, \cdots$. 若对于 $n = 1, 2, \cdots$, 都存在 $M_n > 0$, 使得

$$|f_n(x)| \leqslant M_n, \quad \forall x \in X,$$

则

$$\sum_{n=1}^{\infty} M_n < +\infty \Longrightarrow \sum_{n=1}^{\infty} f_n(x) \ \text{一致收敛}.$$

证明　对于 X 中的 x, 有

$$\sum_{n=1}^{\infty} |f_n(x)| \leqslant \sum_{n=1}^{\infty} M_n < +\infty.$$

所以, $\sum\limits_{n=1}^{\infty} |f_n(x)|$ 收敛. 于是, 存在函数 $f : X \longrightarrow \mathbb{R}$, 使得

$$f(x) = \sum_{n=1}^{\infty} f_n(x) \quad (\text{逐点收敛}).$$

我们要证明: 函数项级数 $\sum\limits_{n=1}^{\infty} f_n$ 在 X 上一致收敛到 f. 事实上, 由于 $\sum\limits_{n=1}^{\infty} M_n < \infty$, 对于任意 $\varepsilon > 0$, 存在正整数 N_1, 使得

$$\sum_{n=N+1}^{\infty} M_n < \varepsilon, \quad \forall N > N_1.$$

于是

$$d\left(f, \sum_{n=1}^{N} f_n\right) = \sup\left\{\left|f(x) - \sum_{n=1}^{N} f_n(x)\right| : x \in X\right\} = \sup\left\{\left|\sum_{n=N+1}^{\infty} f_n(x)\right| : x \in X\right\}$$

$$\leqslant \sup\left\{\sum_{n=N+1}^{\infty} |f_n(x)| : x \in X\right\} \leqslant \sum_{n=N+1}^{\infty} M_n < \varepsilon, \quad \forall N > N_1.$$

因此

$$f = \sum_{n=1}^{\infty} f_n \quad (\text{在 } X \text{ 上一致收敛}). \qquad \square$$

习题 10.2

1. 试绘出 f_1, f_2, f_3 的图形, 并求出 $\{f_n\}_{n \geqslant 1}$ 的逐点极限函数. 其中,

(1) $f_n(x) = \sin \dfrac{x}{n}$;

(2) $f_n(x) = \begin{cases} -1, & x \leqslant -\dfrac{1}{n}, \\ \sin \dfrac{n\pi x}{2}, & -\dfrac{1}{n} < x < \dfrac{1}{n}, \\ 1, & x \geqslant \dfrac{1}{n}; \end{cases}$

(3) $f_n(x) = (\sin x)^n, 0 \leqslant x \leqslant \pi$.

2. 讨论下列函数在指定区间的一致收敛性:

(1) $f_n(x) = x^n - x^{2n}, [0, 1]$;

(2) $f_n(x) = \sqrt{x^2 + \dfrac{1}{n^2}}, (-\infty, +\infty)$;

(3) $f_n(x) = \sin \dfrac{x}{n}, [-a, a]$;

(4) $f_n(x) = \dfrac{nx}{1 + nx}, [0, 1]$;

(5) $f_n(x) = \dfrac{x^n}{1 + x^n}, (1 - \delta, 1 + \delta)$.

3. 讨论下列级数在指定区间上的一致收敛性:

(1) $\displaystyle\sum_{n=1}^{\infty} (1-x)^n, 0 \leqslant x \leqslant 1$;

(2) $\displaystyle\sum_{n=1}^{\infty} \dfrac{\sin nx}{\sqrt[3]{n^4 + x^4}}, -\infty < x < +\infty$;

(3) $\displaystyle\sum_{n=1}^{\infty} 2^n \sin \dfrac{1}{4^n x}, 0 < x < +\infty$;

(4) $\displaystyle\sum_{n=1}^{\infty} \dfrac{(-1)^n (x+n)^n}{n^{n+1}}, 0 \leqslant x \leqslant 1$.

4. 若在 $X \subseteq \mathbb{R}$ 上, 有界的函数 f_n 一致收敛到 f, 则 f 在 X 上也是有界的. 更确切地说, 若 M_n 是 f_n 在 X 的上界, $n = 1, 2, \cdots$, 则 $M = \sup\limits_{n \geqslant 1} M_n < +\infty$. 此时, M 是 f 在 X 的上界. 试举一例说明: 有界函数列的逐点收敛极限不一定有界.

5. 证明推论 10.2.9.

6. 证明: 若 $|f_n(x)| \leqslant g_n(x)$ 及 $\displaystyle\sum_{n=1}^{\infty} g_n(x)$ 在 $X \subseteq \mathbb{R}$ 上一致收敛, 则 $\displaystyle\sum_{n=1}^{\infty} f_n(x)$ 在 X 上亦一致收敛.

7. 证明: 函数项级数 $\displaystyle\sum_{n=1}^{\infty} \dfrac{(-1)^{n-1}}{n + x^2}$ 在 $(-\infty, +\infty)$ 上一致收敛; 但对所有的 x, 都不是绝对收敛. 另一方面, 函数项级数 $\displaystyle\sum_{n=1}^{\infty} \dfrac{x^2}{(1 + x^2)^n}$ 虽然在 $(-\infty, +\infty)$ 上每个点处都绝对收敛, 但并非一致收敛.

8. 设 f_n 在 $[a, b]$ 上单调, $n = 1, 2, \cdots$, 并且 $\displaystyle\sum_{n=1}^{\infty} f_n(a)$ 及 $\displaystyle\sum_{n=1}^{\infty} f_n(b)$ 绝对收敛. 证明: 在 $[a, b]$ 上, $\displaystyle\sum_{n=1}^{\infty} f_n(x)$ 一致收敛.

9. (迪尼定理(Dini's theorem)) 设连续函数列 $\{f_n\}_{n \geqslant 1}$ 在 $[a, b]$ 上单调, 即

$$f_1(x) \leqslant f_2(x) \leqslant \cdots \leqslant f_n(x) \leqslant \cdots, \quad \forall x \in [a, b]$$

或

$$f_1(x) \geqslant f_2(x) \geqslant \cdots \geqslant f_n(x) \geqslant \cdots, \quad \forall x \in [a,b],$$

并且 $\lim\limits_{n\to\infty} f_n(x) = 0$ (逐点收敛). 证明: 在 $[a,b]$ 上, $f_n(x) \to 0$ (一致收敛).

10. 证明函数 $\zeta(x) = \sum\limits_{n=1}^{\infty} \dfrac{1}{n^x}$ 在 $(1,+\infty)$ 上光滑.

11. 证明: $\sum\limits_{n=1}^{\infty} \dfrac{\sin(2^n\pi x)}{2^n}$ 在 $\mathbb{R}$ 上一致收敛, 但是在任何开区间内不能逐项求导数.

12. 若 f 在 (a,b) 上有连续的导数 f 及

$$F_n(x) = \frac{n}{2}\left[f\left(x+\frac{1}{n}\right) - f\left(x-\frac{1}{n}\right)\right], \quad n = 1,2,\cdots.$$

证明: 在 $[\alpha,\beta] \subseteq [a,b]$ 上, F_n 一致收敛. 并且求

$$\lim_{n\to\infty} \int_\alpha^\beta F_n(x)\,\mathrm{d}x.$$

13. 证明: 若函数项级数 $\sum\limits_{n=1}^{\infty} f_n(x)$ 在 (a,b) 上一致收敛, 则函数列 $\{f_n\}_{n\geqslant 1}$ 在 (a,b) 上一致收敛到 0.

10.3　泰 勒 级 数

比较简单的函数是多项式

$$P(x) = a_n x^n + a_{n-1}x^{n-1} + \cdots + a_1 x + a_0.$$

接着我们研究连续函数、可微函数以至于光滑函数. 不过, 这个复杂化的过程其实也是一种简单化的过程. 事实上,

(1) "f 在点 x_0 处连续", 相当于 f 具有水平逼近:

$$f(x) = f(x_0) + o\left((x-x_0)^0\right);$$

(2) "f 在点 x_0 处可微", 相当于 f 具有直线逼近:

$$f(x) = f(x_0) + f'(x_0)(x-x_0) + o\left((x-x_0)^1\right);$$

(3) "f 在点 x_0 处 2 次可微", 相当于 f 具有抛物线逼近:

$$f(x) = f(x_0) + f'(x_0)(x-x_0) + \frac{f''(x_0)}{2!}(x-x_0)^2 + o\left((x-x_0)^2\right);$$

(4) "f 在点 x_0 处 n 次可微", 相当于 f 具有 n 次多项式逼近:

$$f(x) = f(x_0) + f'(x_0)(x-x_0) + \frac{f''(x_0)}{2!}(x-x_0)^2 + \cdots + \frac{f^{(n)}(x_0)}{n!}(x-x_0)^n + o\left((x-x_0)^n\right),$$

其中, 误差 $o((x - x_0)^n)$ 满足 n 阶无穷小量条件:

$$\lim_{x \to x_0} \frac{o(x - x_0)^n}{(x - x_0)^n} = 0.$$

因此, 连续性和各阶的可微性都是关于函数能够用次数有多高的多项式来逼近的条件. 换句话说, 就是用简单的函数 —— 多项式, 来代替复杂的函数的可能性.

问题 10.3.1 假设函数 f 在点 x_0 附近光滑, 即无限次可微. 是否就会有

$$f(x) = f(x_0) + f'(x_0)(x - x_0) + \frac{f''(x_0)}{2!}(x - x_0)^2 + \cdots + \frac{f^{(n)}(x_0)}{n!}(x - x_0)^n + \cdots?$$

定义 10.3.1 设 $f : [a, b] \longrightarrow \mathbb{R}$ 在点 $x_0 \in [a, b]$ 处无限次可微. 我们称函数项级数

$$\sum_{n=0}^{\infty} \frac{f^{(n)}(x_0)}{n!}(x - x_0)^n$$

$$= f(x_0) + f'(x_0)(x - x_0) + \frac{f''(x_0)}{2!}(x - x_0)^2 + \cdots + \frac{f^{(n)}(x_0)}{n!}(x - x_0)^n + \cdots$$

为 f 在点 x_0 处的 **泰勒级数**(Taylor series). 当 $x_0 = 0$ 时, 称函数项级数

$$\sum_{n=0}^{\infty} \frac{f^{(n)}(0)}{n!}x^n = f(0) + f'(0)x + \frac{f''(0)}{2!}x^2 + \cdots + \frac{f^{(n)}(0)}{n!}x^n + \cdots$$

为 f 在点 x_0 处的 **麦克劳林级数**(Maclaurin series).

我们现在要解答的问题是: 若 f 在 $[a, b]$ 上处处光滑, 是否就会有

$$f(x) = \sum_{n=0}^{\infty} \frac{f^{(n)}(x_0)}{n!}(x - x_0)^n?$$

这个问题有两个意义: 当 $N \to \infty$ 时, 在 $[a, b]$ 上, 是否有

(1) $\sum\limits_{n=0}^{N} \frac{f^{(n)}(x_0)}{n!}(x - x_0)^n \to f(x)$ (逐点收敛)?

(2) $\sum\limits_{n=0}^{N} \frac{f^{(n)}(x_0)}{n!}(x - x_0)^n \to f(x)$ (一致收敛)?

根据泰勒展开定理 (定理 6.5.5), 误差 (即泰勒余项)

$$R_{N+1}(x) = f(x) - \sum_{n=0}^{N} \frac{f^{(n)}(x_0)}{n!}(x - x_0)^n = \frac{f^{(N+1)}(\zeta_N)}{(N+1)!}(x - x_0)^{N+1},$$

其中, ζ_N 是介于 x 与 x_0 之间的某一个点. 以上两个收敛问题也可以写成: 当 $N \to \infty$ 时, 我们是否会有

(1) $R_{N+1}(x) \to 0$ (逐点收敛)?

(2) $R_{N+1}(x) \to 0$ (一致收敛)?

由于 $f^{(N+1)}$ 及 ζ_N 都是随着 N 变化的, 我们要估计 $R_{N+1}(x)$ 并不容易.

例 10.3.2   设

$$f(x) = \begin{cases} e^{-\frac{1}{x^2}}, & x \neq 0, \\ 0, & x = 0. \end{cases}$$

当 $x \neq 0$ 时,

$$f'(x) = \frac{d}{dx} e^{-\frac{1}{x^2}} = \frac{2e^{-\frac{1}{x^2}}}{x^3}.$$

当 $x = 0$ 时,

$$f'(0) = \lim_{h \to 0} \frac{f(h) - f(0)}{h} = \lim_{h \to 0} \frac{e^{-\frac{1}{h^2}} - 0}{h} = \lim_{k \to \infty} \frac{k}{e^{k^2}} = 0.$$

因此, f 在 $\mathbb{R}$ 上连续可微, 而且

$$f'(x) = \begin{cases} \dfrac{2}{x^3} e^{-\frac{1}{x^2}}, & x \neq 0, \\ 0, & x = 0. \end{cases}$$

同法可证

$$f''(x) = \begin{cases} \left(\dfrac{4}{x^6} - \dfrac{6}{x^4} \right) e^{-\frac{1}{x^2}}, & x \neq 0, \\ 0, & x = 0; \end{cases}$$

$$f^{(3)}(x) = \begin{cases} \left(\dfrac{24}{x^5} - \dfrac{36}{x^7} + \dfrac{8}{x^9} \right) e^{-\frac{1}{x^2}}, & x \neq 0, \\ 0, & x = 0. \end{cases}$$

一般地, 对于 $n = 1, 2, \cdots$,

$$f^{(n)}(x) = \begin{cases} p_n \left(\dfrac{1}{x} \right) e^{-\frac{1}{x^2}}, & x \neq 0, \\ 0, & x = 0, \end{cases}$$

其中, $p_n \left(\dfrac{1}{x} \right)$ 是变元为 $\dfrac{1}{x}$ 的多项式. 由定理 6.4.13, $\lim\limits_{y \to \infty} \dfrac{p_n(y)}{e^y} = 0$. 所以,

$$\lim_{x \to 0} p_n \left(\frac{1}{x} \right) e^{-1/x^2} = \lim_{y \to \infty} \frac{p_n(y)}{e^{y^2}} = 0.$$

因此, f 是光滑函数. 再者, 除了 $x = 0$ 以外, $f(x) \neq 0$. 可是 f 的麦克劳林级数为

$$f(0) + f'(0)x + \frac{f''(0)}{2!} x^2 + \cdots = 0 + 0 \cdot x + 0 \cdot x^2 + \cdots = 0.$$

所以

$$f(x) \neq \sum_{n=0}^{\infty} \frac{f^{(n)}(0)}{n!} x^n = 0, \quad \forall x \in \mathbb{R} \backslash \{0\}.$$

此时, 余项 $R_n(x) = f(x)$, $n = 1, 2, \cdots$. 特别地, 若 $x \neq 0$, $R_n(x) = \mathrm{e}^{-\frac{1}{x^2}}$, 因此,

$$\lim_{n \to \infty} R_n(x) \neq 0, \quad \forall x \neq 0.$$

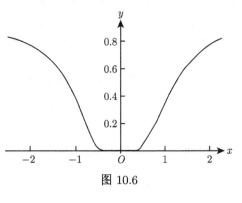

图 10.6 是 $y = \mathrm{e}^{-\frac{1}{x^2}}$ 的图形. 注意: 虽然在零点附近, $\mathrm{e}^{-\frac{1}{x^2}}$ 的值很小很小, 但是, 只要 $x \neq 0$, 函数值 $\mathrm{e}^{-\frac{1}{x^2}} \neq 0$.

图 10.6

对于常见的初等函数, 泰勒级数逼近的情形倒是不错的.

例 10.3.3 在任意闭区间 $[a, b]$ 上,

$$\mathrm{e}^x = 1 + x + \frac{x^2}{2!} + \frac{x^3}{3!} + \cdots \quad (\text{一致收敛}).$$

证明 设 $f(x) = \mathrm{e}^x$, 则

$$f'(x) = f''(x) = \cdots = f^{(n)}(x) = \mathrm{e}^x.$$

因而

$$f(0) = f'(0) = f''(0) = \cdots = f^{(n)}(0) = \cdots = \mathrm{e}^0 = 1.$$

所以, e^x 的麦克劳林级数为

$$\sum_{n=0}^{\infty} \frac{f^{(n)}(0)}{n!} x^n = \sum_{n=0}^{\infty} \frac{x^n}{n!} = 1 + x + \frac{x^2}{2!} + \frac{x^3}{3!} + \cdots.$$

另一方面, 误差

$$R_{N+1}(x) = f(x) - \sum_{n=0}^{N} \frac{f^{(n)}(0)}{n!} x^n = \frac{f^{(N+1)}(\zeta)}{(N+1)!} x^{N+1} = \frac{\mathrm{e}^\zeta}{(N+1)!} x^{N+1},$$

其中, 点 ζ 在 0 与 x 之间. 特别地, 若 $x \in [a, b]$, 则 $\mathrm{e}^\zeta \leqslant k := \max\{1, \mathrm{e}^a, \mathrm{e}^b\}$. 于是

$$|R_{N+1}(x)| \leqslant \frac{k}{(N+1)!} |x|^{N+1} \leqslant \frac{k}{(N+1)!} \max\{|a|^{N+1}, |b|^{N+1}\} \leqslant \frac{kc^{N+1}}{(N+1)!},$$

其中, $c = \max\{|a|, |b|\}$ 是常数. 因为 $\lim\limits_{n \to \infty} \dfrac{c^n}{n!} = 0$, 所以

$$\sup_{a \leqslant x \leqslant b} |R_{N+1}(x)| \leqslant \frac{kc^{N+1}}{(N+1)!} \to 0, \quad \text{当 } N \to \infty.$$

换句话说, 在 $[a, b]$ 上, 麦克劳林级数

$$\sum_{n=0}^{\infty} \frac{x^n}{n!} \to \mathrm{e}^x \quad (\text{一致收敛}). \qquad \qquad \square$$

例 10.3.4　在任意闭区间 $[a, b]$ 上,

$$\sin x = x - \frac{x^3}{3!} + \frac{x^5}{5!} - \frac{x^7}{7!} + \cdots + \frac{(-1)^n x^{2n+1}}{(2n+1)!} + \cdots \quad (\text{一致收敛}).$$

证明　设 $f(x) = \sin x$. 于是

$$\begin{aligned}
f(x) &= \sin x, & f(0) &= 0; \\
f'(x) &= \cos x = \sin\left(x + \frac{\pi}{2}\right), & f'(0) &= 1; \\
f''(x) &= \cos\left(x + \frac{\pi}{2}\right) = \sin\left(x + 2\left(\frac{\pi}{2}\right)\right), & f''(0) &= 0; \\
f'''(x) &= \cos\left(x + 2\left(\frac{\pi}{2}\right)\right) = \sin\left(x + 3\left(\frac{\pi}{2}\right)\right), & f'''(0) &= -1;
\end{aligned}$$

$$\cdots\cdots$$

$$f^{(n)}(x) = \sin\left(x + n\left(\frac{\pi}{2}\right)\right), \qquad f^{(n)}(0) = \begin{cases} 0, & n = 2k, \\ (-1)^k, & n = 2k+1. \end{cases}$$

因此, $\sin x$ 的麦克劳林级数为

$$\sum_{n=0}^{\infty} \frac{f^{(n)}(0)}{n!} x^n = \sum_{k=0}^{\infty} \frac{(-1)^k x^{2k+1}}{(2k+1)!} = x - \frac{x^3}{3!} + \frac{x^5}{5!} - \frac{x^7}{7!} + \cdots + \frac{(-1)^k x^{2k+1}}{(2k+1)!} + \cdots.$$

另一方面, 误差

$$\sin x - \sum_{k=0}^{N} \frac{(-1)^k x^{2k+1}}{(2k+1)!} = \frac{\sin^{(2N+2)}(\zeta)}{(2N+2)!} x^{2N+2},$$

其中, 点 ζ 在 0 与 x 之间. 因为

$$\left| \sin^{(2N+2)}(\zeta) \right| = \left| \sin\left(\zeta + (2N+2)\left(\frac{\pi}{2}\right)\right) \right| \leqslant 1,$$

$$\left| \sin x - \sum_{k=0}^{N} \frac{(-1)^k x^{2k+1}}{(2k+1)!} \right| \leqslant \frac{|x|^{2N+2}}{(2N+2)!} \leqslant \frac{c^{2N+2}}{(2N+2)!}, \quad a \leqslant x \leqslant b,$$

在这里, $c = \max\{|a|, |b|\}$, 因此

$$d\left(\sin x, \sum_{k=0}^{N} \frac{(-1)^k x^{2k+1}}{(2k+1)!} \right) = \sup_{a \leqslant x \leqslant b} \left| \sin x - \sum_{k=0}^{N} \frac{(-1)^k x^{2k+1}}{(2k+1)!} \right|$$

$$\leqslant \frac{c^{2N+2}}{(2N+2)!} \to 0, \quad N \to \infty.$$

所以, 在 $[a,b]$ 上,

$$\sin x = x - \frac{x^3}{3!} + \frac{x^5}{5!} + \cdots + \frac{(-1)^k x^{2k+1}}{(2k+1)!} + \cdots \quad (一致收敛). \qquad \square$$

例 10.3.5 在任意闭区间 $[a,b]$ 上,

$$\cos x = 1 - \frac{x^2}{2!} + \frac{x^4}{4!} - \frac{x^6}{6!} + \cdots + \frac{(-1)^k x^{2k}}{(2k)!} + \cdots \quad (一致收敛).$$

证明 在 $[a,b]$ 上, 由于

$$\sin x = x - \frac{x^3}{3!} + \frac{x^5}{5!} + \cdots + \frac{(-1)^k x^{2k+1}}{(2k+1)!} + \cdots \quad (一致收敛),$$

考虑积分

$$\int \sin x \, \mathrm{d}x = \int \left(x - \frac{x^3}{3!} + \frac{x^5}{5!} + \cdots + \frac{(-1)^k x^{2k+2}}{(2k+2)!} + \cdots \right) \mathrm{d}x,$$

得

$$-\cos x = \frac{x^2}{2!} - \frac{x^4}{4!} + \frac{x^6}{6!} + \cdots + \frac{(-1)^k x^{2k}}{(2k)!} + \cdots + C \quad (一致收敛),$$

其中 C 为积分常数. 将 $x = 0$ 代入上式, 得 $C = -1$. 因此,

$$\cos x = 1 - \frac{x^2}{2!} + \frac{x^4}{4!} - \frac{x^6}{6!} + \cdots + \frac{(-1)^k x^{2k}}{(2k)!} + \cdots \quad (一致收敛). \qquad \square$$

例 10.3.6 在闭区间 $[a,b] \subset (-1,1)$ 上,

$$\ln(1+x) = x - \frac{x^2}{2} + \frac{x^3}{3} - \frac{x^4}{4} + \cdots \quad (一致收敛).$$

证明 考虑当 $-1 < a \leqslant x \leqslant b < 1$ 时, 交错级数

$$1 - x + x^2 - x^3 + \cdots + (-1)^k x^k + \cdots = \frac{1}{1-(-x)} = \frac{1}{1+x} \quad (逐点收敛).$$

令 $c = \max\{|a|, |b|\} < 1$. 当 $x \in [a,b]$ 固定时, 交错级数判别法给出误差的范围:

$$\left| \sum_{n=0}^{\infty} (-1)x^n - \sum_{n=0}^{N} (-1)x^n \right| \leqslant |x|^{N+1} \leqslant c^{N+1}.$$

因此, 在 $[a,b]$ 上, 当 $N \to \infty$ 时,

$$\sup_{a \leqslant x \leqslant b} \left| \sum_{n=0}^{\infty} (-1)x^n - \sum_{n=0}^{N} (-1)x^n \right| \leqslant c^{N+1} \to 0,$$

即

$$\sum_{n=0}^{N} (-1)^n x^n \to \frac{1}{1+x} \quad (\text{一致收敛}).$$

由推论 10.2.9, 对于 $y \in [a,b] \subseteq (-1,1)$, 有

$$
\begin{aligned}
\ln(1+y) &= \int_0^y \frac{1}{1+x} \, dx = \int_0^y \sum_{n=0}^{\infty} (-1)^n x^n \, dx \\
&= \sum_{n=0}^{\infty} \int_0^y (-1)^n x^n \, dx = \sum_{n=0}^{\infty} \left((-1)^n \frac{x^{n+1}}{n+1} \Big|_0^y \right) \\
&= \sum_{n=0}^{\infty} (-1)^n \frac{y^{n+1}}{n+1} = y - \frac{y^2}{2} + \frac{y^3}{3} - \frac{y^4}{4} + \cdots \quad (\text{一致收敛}). \qquad \square
\end{aligned}
$$

例 10.3.7　假设 $-1 < a < b < 1$. 在闭区间 $[a,b]$ 上,

$$\arctan x = x - \frac{x^3}{3} + \frac{x^5}{5} - \frac{x^7}{7} + \cdots \quad (\text{一致收敛}).$$

证明　由于在 $[a,b]$ 上, 交错级数

$$1 - x^2 + x^4 - x^6 + \cdots = \frac{1}{1+x^2} \quad (\text{一致收敛}),$$

当 $x \in [a,b]$ 时,

$$
\begin{aligned}
\arctan x &= \int_0^x \frac{1}{1+t^2} \, dt = \int_0^x (1 - t^2 + t^4 - t^6 + \cdots) \, dt \\
&= x - \frac{x^3}{3} + \frac{x^5}{5} - \frac{x^7}{7} + \cdots \quad (\text{一致收敛}). \qquad \square
\end{aligned}
$$

以下是泰勒级数的一个有趣的应用.

例 10.3.8　e 是无理数.

证明　由例 10.3.3,

$$e^x = 1 + x + \frac{x^2}{2!} + \frac{x^3}{3!} + \cdots + \frac{x^n}{n!} + \cdots,$$

代 $x = -1$, 得

$$e^{-1} = \frac{1}{2!} - \frac{1}{3!} + \frac{1}{4!} - \cdots + \frac{(-1)^n}{n!} + \cdots.$$

由于右边是交错级数, 误差

$$\left| e^{-1} - \left(\frac{1}{2!} - \frac{1}{3!} + \cdots + \frac{(-1)^n}{n!} \right) \right| \leqslant \frac{1}{(n+1)!}, \quad n = 2, 3, \cdots.$$

假若 e 是有理数, 则 e^{-1} 也是有理数. 因此将存在正整数 N, 使得 Ne^{-1} 为整数. 如果用 $N!$ 同乘以上不等式的两端, 得

$$\left| N!e^{-1} - N! \left(\frac{1}{2!} - \frac{1}{3!} + \cdots + \frac{(-1)^n}{n!} \right) \right| \leqslant \frac{N!}{(n+1)!}, \quad n = 2, 3, \cdots.$$

当 $n = N$ 时,

$$\left| N!e^{-1} - N! \left(\frac{1}{2!} - \frac{1}{3!} + \cdots + \frac{(-1)^N}{N!} \right) \right| \leqslant \frac{1}{N+1}.$$

因为在左边绝对值符号中出现的每一项都是整数, 所以左边的值是非负整数. 但是右边的值是介于 0 与 1 的数. 于是我们只能有

$$N!e^{-1} = N! \left(\frac{1}{2!} - \frac{1}{3!} + \cdots + \frac{(-1)^N}{N!} \right)$$

或

$$e^{-1} = \frac{1}{2!} - \frac{1}{3!} + \cdots + \frac{(-1)^N}{N!}.$$

可是由泰勒定理,

$$e^{-1} - \sum_{n=0}^{N} \frac{(-1)^n}{n!} = R_{n+1}(-1) = \frac{e^\zeta}{(N+1)!}(-1)^{N+1},$$

其中点 ζ 介于 0 与 -1 之间. 因此

$$\frac{e^\zeta}{(N+1)!}(-1)^{N+1} = 0.$$

但这是不可能的! 于是, e 是无理数. $\qquad\qquad\qquad\qquad\qquad\qquad\qquad\qquad$ □

泰勒级数的一个重要应用是 数值积分 (numerical integration).

例 10.3.9 求

$$I = \frac{2}{\sqrt{\pi}} \int_0^{\frac{1}{2}} e^{-x^2} \, dx$$

的近似值.

解 因为在 $\left[-\frac{1}{4}, 0 \right]$ 上

$$e^x = 1 + x + \frac{x^2}{2!} + \frac{x^3}{3!} + \cdots + \frac{x^n}{n!} + \cdots \quad (\text{一致收敛}),$$

所以在 $\left[0, \dfrac{1}{2}\right]$ 上,

$$\mathrm{e}^{-x^2} = 1 - x^2 + \frac{x^4}{2!} - \cdots + (-1)^n \frac{x^{2n}}{n!} + \cdots \quad (一致收敛).$$

因此

$$\int_0^{\frac{1}{2}} \mathrm{e}^{-x^2}\,\mathrm{d}x = \int_0^{\frac{1}{2}} \left(1 - x^2 + \frac{x^4}{2!} - \cdots + (-1)^n \frac{x^{2n}}{n!} + \cdots \right)\mathrm{d}x$$

$$= \int_0^{\frac{1}{2}} \mathrm{d}x - \int_0^{\frac{1}{2}} x^2\,\mathrm{d}x + \int_0^{\frac{1}{2}} \frac{x^4}{2!}\,\mathrm{d}x - \cdots + (-1)^n \int_0^{\frac{1}{2}} \frac{x^{2n}}{n!}\,\mathrm{d}x + \cdots$$

$$= x\Big|_0^{\frac{1}{2}} - \frac{x^3}{3}\Big|_0^{\frac{1}{2}} + \frac{x^5}{2!(5)}\Big|_0^{\frac{1}{2}} - \cdots + (-1)^n \frac{x^{2n+1}}{n!(2n+1)}\Big|_0^{\frac{1}{2}} + \cdots$$

$$= \frac{1}{2} - \frac{1}{3}\left(\frac{1}{2}\right)^3 + \frac{1}{2\times 5}\left(\frac{1}{2}\right)^5 - \cdots + (-1)^n \frac{1}{n!(2n+1)}\left(\frac{1}{2}\right)^{2n+1} + \cdots,$$

于是

$$I = \frac{2}{\sqrt{\pi}} \int_0^{\frac{1}{2}} \mathrm{e}^{-x^2}\,\mathrm{d}x$$

$$= \frac{1}{\sqrt{\pi}} \left[1 - \frac{1}{3\times 4} + \frac{1}{2\times 5\times 2^4} - \cdots + (-1)^n \frac{1}{n!(2n+1)2^{2n}} + \cdots \right],$$

取括号中的前 3 项, 得

$$I \approx \frac{1}{\sqrt{\pi}} \left(1 - \frac{1}{12} + \frac{1}{160}\right) \approx 0.5207.$$

由交错级数的理论, 误差小于

$$\frac{1}{\sqrt{\pi}} \frac{1}{3!(7)} \cdot \left(\frac{1}{2}\right)^7 \approx 0.0001. \qquad \square$$

习题 10.3

1. 写出下列函数 f 的麦克劳林级数:

(1) $f(x) = \ln(1+x)$;   (2) $f(x) = \tan x$;

(3) $f(x) = -\ln\cos x$.

2. 写出下列函数 f 在点 x_0 的泰勒级数:

(1) $f(x) = \sin x,\ x_0 = \dfrac{\pi}{4}$;   (2) $f(x) = 1 + 3x + 5x^2 - 2x^3,\ x_0 = -1$;

(3) $f(x) = \mathrm{e}^{-x},\ x_0 = a$;   (4) $f(x) = \sqrt{x},\ x_0 = 1$.

3. 利用泰勒展开公式求:

(1) $\lim\limits_{x\to 0} \dfrac{\mathrm{e}^x \sin x - x(1+x)}{x^3}$;

(2) $\lim\limits_{x\to 0} \left(\dfrac{1}{x} - \dfrac{1}{\sin x} \right)$.

4. 试求下列函数 f 的麦克劳林级数的收敛 (到 f) 区域:

(1) $f(x) = a^x$, $a > 0$;

(2) $f(x) = \dfrac{x^a}{1+x}$;

(3) $f(x) = \cos^2 x$;

(4) $f(x) = \dfrac{1}{x^2 + 2x - 3}$.

5. 求 $f(x) = \sum\limits_{n=1}^{\infty} \dfrac{\sin(2^n x)}{n!}$ 的麦克劳林级数. 试问这个级数在哪些点上表示 f.

6. 令

$$f(x) = \begin{cases} \dfrac{\sin x}{x}, & x \neq 0, \\ 1, & x = 0, \end{cases}$$

求 $f^{(n)}(0)$, $n = 1, 2, \cdots$.

7. 利用泰勒展开公式计算下列近似值 (准确至小数点后第三位):

(1) $\sqrt[4]{80}$;

(2) $\mathrm{e}^{\frac{1}{2}}$;

(3) $\displaystyle\int_0^1 \dfrac{1 - \cos x}{x^2}\, \mathrm{d}x$;

(4) $\displaystyle\int_0^1 \dfrac{\sin x}{x}\, \mathrm{d}x$;

(5) $\displaystyle\int_0^1 \mathrm{e}^{-x^2}\, \mathrm{d}x$.

8. 令

$$f(x) = \int_0^x \dfrac{\sin t}{t}\, \mathrm{d}t,$$

求 $f^{(n)}(0)$, $n = 1, 2, \cdots$.

9. 证明二项式定理(binomial theorem):

$$(1+x)^\alpha = 1 + \alpha x + \frac{\alpha(\alpha - 1)}{2!} x^2 + \frac{\alpha(\alpha - 1)(\alpha - 2)}{3!} x^3 + \cdots,$$

其中 $|x| < 1$, $\alpha \in \mathbb{R}$.

10. 证明: 对于充分可微的函数 f.

(1) $f'(\alpha) = \dfrac{f(a+h) - f(a-h)}{2h} + \varepsilon_1$;

(2) $f''(a) = \dfrac{f(a+h) - 2f(a) + f(a-h)}{h^2} + \varepsilon_2$,

其中 $\varepsilon_1 = -\dfrac{1}{6} f'''(a)h^2 + o(h^2)$ 和 $\varepsilon_2 = -\dfrac{1}{12} f''''(a)h^2 + o(h^2)$.

10.4 幂 级 数

在 10.3 节中, 我们讨论了光滑函数 f 在点 x_0 的泰勒级数:

$$\sum_{n=0}^{\infty} \frac{f^{(n)}(x_0)}{n!}(x-x_0)^n = f(x_0) + f'(x_0)(x-x_0) + \cdots + \frac{f^{(n)}(x_0)}{n!}(x-x_0)^n + \cdots.$$

这是一个幂级数. 在本节中, 我们将会看出幂级数具有很好的性质.

定义 10.4.1   设 $a_0, a_1, a_2, \cdots$ 为实数. 我们称函数项级数

$$\sum_{n=0}^{\infty} a_n(x-x_0)^n = a_0 + a_1(x-x_0) + a_2(x-x_0)^2 + \cdots + a_n(x-x_0)^n + \cdots$$

为中心在点 x_0 处的**幂级数**(power series). 特别地, 当 $x_0 = 0$ 时, 幂级数的形式很简洁:

$$\sum_{n=0}^{\infty} a_n x^n = a_0 + a_1 x + a_2 x^2 + \cdots + a_n x^n + \cdots.$$

对于幂级数 $\sum_{n=0}^{\infty} a_n(x-x_0)^n$, 我们首先研究它对于哪些 x 收敛. 应用根式判别法 (定理 10.1.26), 计算

$$\varlimsup_{n\to\infty} \sqrt[n]{|a_n(x-x_0)^n|} = |x-x_0| \varlimsup_{n\to\infty} \sqrt[n]{|a_n|}.$$

这里, 上极限 $\varlimsup\limits_{n\to\infty} \sqrt[n]{|a_n|}$ 要么存在且有限, 要么就是 $+\infty$.

(1) 若 $|x-x_0| \varlimsup\limits_{n\to\infty} \sqrt[n]{|a_n|} < 1$, 则级数 $\sum_{n=0}^{\infty} a_n(x-x_0)^n$ 绝对收敛, 即

$$|x-x_0| < \frac{1}{\varlimsup\limits_{n\to\infty} \sqrt[n]{|a_n|}} \Longrightarrow \sum_{n=0}^{\infty} a_n(x-x_0)^n \text{ 绝对收敛}.$$

(2) 若 $|x-x_0| \varlimsup\limits_{n\to\infty} \sqrt{|a_n|} > 1$, 则级数 $\sum_{n=0}^{\infty} a_n(x-x_0)^n$ 发散, 即

$$|x-x_0| > \frac{1}{\varlimsup\limits_{n\to\infty} \sqrt[n]{|a_n|}} \Longrightarrow \sum_{n=0}^{\infty} a_n(x-x_0)^n \text{ 发散}.$$

定义 10.4.2   设幂级数 $\sum_{n=0}^{\infty} a_n(x-x_0)^n$, 对于所有满足 $|x-x_0| < R$ 的 x 收敛及对于所有满足 $|x-x_0| > R$ 的 x 发散. 此时, 称 R 为幂级数 $\sum_{n=0}^{\infty} a_n(x-x_0)^n$ 的**收敛半径**(radius of convergence).

定理 10.4.1 幂级数 $\sum\limits_{n=0}^{\infty} a_n(x-x_0)^n$ 的收敛半径为

$$
R = \begin{cases}
\dfrac{1}{\varlimsup\limits_{n\to\infty} \sqrt[n]{|a_n|}}, & 0 < \varlimsup\limits_{n\to\infty} \sqrt[n]{|a_n|} < +\infty, \\[3mm]
+\infty, & \varlimsup\limits_{n\to\infty} \sqrt[n]{|a_n|} = 0, \\[3mm]
0, & \varlimsup\limits_{n\to\infty} \sqrt[n]{|a_n|} = +\infty.
\end{cases}
$$

如果在比值判别法中的极限 $\lim\limits_{n\to\infty}\left|\dfrac{a_{n+1}}{a_n}\right|$ 存在, 则也有

$$
R = \begin{cases}
\dfrac{1}{\lim\limits_{n\to\infty}\left|\dfrac{a_{n+1}}{a_n}\right|}, & 0 < \lim\limits_{n\to\infty}\left|\dfrac{a_{n+1}}{a_n}\right| < +\infty, \\[5mm]
+\infty, & \lim\limits_{n\to\infty}\left|\dfrac{a_{n+1}}{a_n}\right| = 0, \\[5mm]
0, & \lim\limits_{n\to\infty}\left|\dfrac{a_{n+1}}{a_n}\right| = +\infty.
\end{cases}
$$

证明 分别应用 (增强型) 根式判别法 (定理 10.1.26) 和比值判别法 (定理 10.1.12). □

例 10.4.2 幂级数 $\sum\limits_{n=0}^{\infty} \dfrac{x^n}{n!}$ 的收敛半径为 $+\infty$.

解 计算

$$
\lim_{n\to\infty}\left|\frac{a_{n+1}}{a_n}\right| = \lim_{n\to\infty} \frac{\dfrac{1}{(n+1)!}}{\dfrac{1}{n!}} = \lim_{n\to\infty} \frac{1}{n+1} = 0.
$$

所以, $R = +\infty$. □

例 10.4.3 幂级数 $\sum\limits_{k=0}^{\infty} \dfrac{(-1)^k x^{2k+1}}{(2k+1)!}$ 及 $\sum\limits_{k=0}^{\infty} \dfrac{(-1)^k x^{2k}}{(2k)!}$ 的收敛半径皆为 $+\infty$.

解 对于我们现在要讨论的这两个幂级数而言, 因为有无限多个 $a_n = 0$, 所以极限 $\lim\limits_{n\to\infty}\left|\dfrac{a_{n+1}}{a_n}\right|$ 皆不存在. 不过, 若直接解不等式

$$
\lim_{k\to\infty}\left|\frac{\dfrac{(-1)^{k+1}x^{2k+3}}{(2k+3)!}}{\dfrac{(-1)^k x^{2k+1}}{(2k+1)!}}\right| = \lim_{k\to\infty} \frac{|x|^2}{(2k+2)(2k+3)} < 1,
$$

我们容易看出不管 x 取任何值, 级数 $\sum\limits_{k=0}^{\infty} \dfrac{(-1)^k x^{2k+1}}{(2k+1)!}$ 都绝对收敛. 因此, 它的收敛半径为 $R = +\infty$. 事实上,

$$R = \sqrt{\lim_{k\to\infty}(2k+2)(2k+3)} = +\infty.$$

对于第二个幂级数, 我们将应用根式判别法证明其收敛半径为 $+\infty$.

观察　$\lim\limits_{n\to\infty}\sqrt[n]{n!} = +\infty$.

事实上, 我们首先注意到, $\ln x$ 是定义在 $(0, +\infty)$ 上的严格上升函数. 令 $y_n = \sqrt[n]{n!}$. 于是,

$$\ln y_n = \frac{1}{n}\sum_{k=1}^{n}\ln k \geqslant \frac{1}{n}\int_1^n \ln x \,\mathrm{d}x = \frac{1}{n}\left(x\ln x - x\right)\big|_1^n = \ln n - 1 + \frac{1}{n} \to +\infty.$$

因此, $\lim\limits_{n\to\infty} y_n = +\infty$ 即为所求. 最后, 幂级数 $\sum\limits_{k=0}^{\infty}\dfrac{(-1)^k x^{2k}}{(2k)!}$ 的收敛半径为

$$R = \frac{1}{\overline{\lim\limits_{n\to\infty}}\sqrt[n]{|a_n|}} = \frac{1}{\overline{\lim\limits_{n\to\infty}}\dfrac{1}{\sqrt[2n]{(2n)!}}} = +\infty. \qquad\qquad \square$$

设幂级数 $\sum\limits_{n=0}^{\infty} a_n(x-x_0)^n$ 的收敛半径为 R, 则 $\sum\limits_{n=0}^{\infty} a_n(x-x_0)^n$ 的 收敛区间 (interval of convergence) $\left(\text{即那些令 } \sum\limits_{n=0}^{\infty} a_n(x-x_0)^n \text{ 收敛的 } x \text{ 所组成的集合}\right)$, 不外乎是以下四个区间中的一个:

$$(x_0 - R, x_0 + R), \quad (x_0 - R, x_0 + R], \quad [x_0 - R, x_0 + R) \quad \text{及} \quad [x_0 - R, x_0 + R].$$

(当 $R = +\infty$ 时, 则必然是 $(-\infty, +\infty)$; 当 $R = 0$ 时, 则必然是 $\{x_0\}$.) 当 $0 < R < +\infty$ 时, 在其收敛区间的端点 $x_0 - R$ 及 $x_0 + R$ 上, 幂级数的敛散性问题并没有一定的答案.

例 10.4.4　幂级数 $\sum\limits_{n=0}^{\infty} \dfrac{(-1)^{n+1} x^n}{n}$ 的收敛区间是 $(-1, 1]$.

解　因为

$$\lim_{n\to\infty}\left|\frac{a_{n+1}}{a_n}\right| = \lim_{n\to\infty}\left|\frac{\dfrac{(-1)^{n+2}}{n+1}}{\dfrac{(-1)^{n+1}}{n}}\right| = \lim_{n\to\infty}\frac{n}{n+1} = 1,$$

幂级数 $\sum\limits_{n=1}^{\infty} \dfrac{(-1)^{n+1} x^n}{n}$ 的收敛半径

$$R = \frac{1}{\lim\limits_{n\to\infty}\left|\dfrac{a_{n+1}}{a_n}\right|} = 1.$$

在端点 $x = -1$ 上, 级数 $\sum\limits_{n=1}^{\infty} \dfrac{(-1)^{n+1}(-1)^n}{n} = \sum\limits_{n=1}^{\infty} \dfrac{(-1)^{2n+1}}{n} = -\sum\limits_{n=1}^{\infty} \dfrac{1}{n}$ 发散; 在

端点 $x = 1$ 上, 交错级数 $\sum\limits_{n=1}^{\infty} \dfrac{(-1)^{n+1}(1)^n}{n} = \sum\limits_{n=1}^{\infty} \dfrac{(-1)^{n+1}}{n}$ 收敛. 因此, 幂级数

$\sum\limits_{n=0}^{\infty} \dfrac{(-1)^{n+1}x^n}{n}$ 的收敛区间是 $(-1, 1]$. $\qquad\qquad\qquad\qquad\qquad\qquad$ □

设 I 为幂级数 $\sum\limits_{n=0}^{\infty} a_n(x - x_0)^n$ 的收敛区间. 定义 $f : I \longrightarrow \mathbb{R}$,

$$f(x) = \sum_{n=0}^{\infty} a_n(x - x_0)^n \quad \text{(逐点收敛)}.$$

定理 10.4.5 设 I 为幂级数

$$f(x) = \sum_{n=0}^{\infty} a_n(x - x_0)^n \quad \text{(逐点收敛)}$$

的收敛区间. 若 $[a, b] \subseteq I$, 则在 $[a, b]$ 上,

$$f(x) = \sum_{n=0}^{\infty} a_n(x - x_0)^n \quad \text{(一致收敛)}.$$

证明 首先考虑 $x_0 = 0$ 的情形. 此时, $f(x) = \sum\limits_{n=0}^{\infty} a_n x^n$. 设 R 为 $\sum\limits_{n=0}^{\infty} a_n x^n$ 的

收敛半径. 若 $d \in I$ 及 $0 \leqslant d \leqslant R$, 我们证明在 $[0, d]$ 上, $\sum\limits_{n=0}^{\infty} a_n x^n$ 一致收敛到 $f(x)$.

当 $d = 0$ 时, 要证的命题是显然成立的. 设 $0 < d \leqslant R$. 对于 $x \in [0, d]$, 我们有

$$a_n x^n = (a_n d^n) \left(\frac{x}{d}\right)^n, \quad n = 0, 1, 2, \cdots.$$

令 $e_n = a_n d^n$ 及 $f_n(x) = \left(\dfrac{x}{d}\right)^n$, $n = 0, 1, 2, \cdots$. 我们要证: 对于任意的 $\varepsilon > 0$, 存在 $N > 0$, 使得

$$\left| \sum_{n=N+1}^{\infty} a_n x^n \right| = \left| \sum_{n=N+1}^{\infty} e_n f_n(x) \right| < \varepsilon, \quad \forall x \in [0, d].$$

因为 $\sum\limits_{n=0}^{\infty} e_n = \sum\limits_{n=0}^{\infty} a_n d^n$ 收敛到 $f(d)$, 部分和 $\left\{ \sum\limits_{n=0}^{m} e_n \right\}_m$ 为柯西列. 所以存在 $N > 0$, 使得

$$\left| \sum_{n=0}^{N+p} e_n - \sum_{n=0}^{N} e_n \right| = \left| \sum_{n=N+1}^{N+p} e_n \right| < \frac{\varepsilon}{4}, \quad p = 1, 2, \cdots.$$

记

$$S_0 = 0 \quad \text{及} \quad S_p = \sum_{n=N+1}^{N+p} e_n, \quad p = 1, 2, \cdots$$

观察

$$\sum_{n=N+1}^{N+p} e_n f_n(x) = \sum_{k=1}^{p} e_{N+k} f_{N+k}$$

$$= \sum_{k=1}^{p} (S_k - S_{k-1}) f_{N+k}(x)$$

$$= \sum_{k=1}^{p} S_k f_{N+k}(x) - \sum_{k=2}^{p} S_{k-1} f_{N+k}(x)$$

$$= \sum_{k=1}^{p} S_k f_{N+k}(x) - \sum_{k=1}^{p-1} S_k f_{N+k+1}(x)$$

$$= \left[\sum_{k=1}^{p-1} S_k \left(f_{N+k}(x) - f_{N+k+1}(x) \right) \right] + S_p f_{N+p}(x).$$

我们注意到函数 $f_n(x) = \left(\dfrac{x}{d} \right)^n$ 满足

$$0 \leqslant f_{n+1}(x) \leqslant f_n(x) \leqslant 1, \quad \forall x \in [0, d], \quad n = 0, 1, 2, \cdots.$$

另外,

$$|S_k| = \left| \sum_{n=N+1}^{N+k} e_n \right| < \frac{\varepsilon}{4}, \quad k = 1, 2, \cdots.$$

于是, 对于 $[0, d]$ 中的所有 x, 有

$$\left| \sum_{n=N+1}^{N+p} a_n x^n \right| = \left| \sum_{n=N+1}^{N+p} e_n f_n(x) \right|$$

$$\leqslant \left[\sum_{k=1}^{p-1} |S_k| \left(f_{N+k}(x) - f_{N+k+1}(x) \right) \right] + |S_p|$$

$$< \frac{\varepsilon}{4} \left[\sum_{k=1}^{p-1} \left(f_{N+k}(x) - f_{N+k+1}(x) \right) \right] + \frac{\varepsilon}{4}$$

$$= \frac{\varepsilon}{4} (f_{N+1}(x) - f_{N+p}(x)) + \frac{\varepsilon}{4}$$

$$\leqslant \frac{\varepsilon}{4} + \frac{\varepsilon}{4} = \frac{\varepsilon}{2}, \quad p = 1, 2, \cdots.$$

因此

$$\sup \left\{ \left| \sum_{n=N+1}^{\infty} a_n x^n \right| : x \in [0, d] \right\} < \varepsilon.$$

换句话说, 在 $[0,d]$ 上

$$f(x) = \sum_{n=0}^{\infty} a_n x^n \quad (\text{一致收敛}).$$

同法可证: 若 $c \in I$ 及 $-R \leqslant c \leqslant 0$, 则 $f(x) = \sum_{n=0}^{\infty} a_n x^n$ 在 $[c,0]$ 上一致收敛. 对于 $[a,b] \subseteq I$, 因为我们总可以从 I 中选出 c 及 d, 使得 $-R \leqslant c \leqslant 0 \leqslant d \leqslant R$ 及 $[a,b] \subseteq [c,d]$, 所以 $f(x) = \sum_{n=0}^{\infty} a_n x^n$ 在 $[a,b]$ 上一致收敛.

最后, 对于 $x_0 \neq 0$ 的情况, 只要考虑

$$g(x) = f(x + x_0) = \sum_{n=0}^{\infty} a_n x^n,$$

即可得到幂级数 $\sum_{n=0}^{\infty} a_n x^n$ 在 $[a - x_0, \, b - x_0]$ 上一致收敛到 $g(x)$, 于是, 在 $[a,b]$ 上,

$$f(x) = g(x - x_0) = \sum_{n=0}^{\infty} a_n (x - x_0)^n \quad (\text{一致收敛}). \qquad \square$$

推论 10.4.6 在幂级数 $f(x) = \sum_{n=0}^{\infty} a_n (x - x_0)^n$ 的收敛区间 I 上, f 为连续函数.

证明 应用推论 10.2.9 及定理 10.4.5. $\qquad \square$

推论 10.4.7 如果在有界闭区间 $[a,b]$ 上, 无穷次可微函数 f 每个点处都等于它的泰勒级数

$$f(x) = \sum_{n=0}^{\infty} \frac{f^{(n)}(x_0)}{n!} (x - x_0)^n \quad (\text{逐点收敛}),$$

则在 $[a,b]$ 上

$$f(x) = \sum_{n=0}^{\infty} \frac{f^{(n)}(x_0)}{n!} (x - x_0)^n \quad (\text{一致收敛}).$$

证明 应用定理 10.4.5. $\qquad \square$

我们将能够写成幂级数的函数称为 解析函数(analytic function). 例如

$$e^x = \sum_{n=0}^{\infty} \frac{x^n}{n!} = 1 + x + \frac{x^2}{2!} + \frac{x^3}{3!} + \cdots, \quad x \in (-\infty, +\infty);$$

$$\sin x = \sum_{n=0}^{\infty} \frac{(-1)^k x^{2k+1}}{(2k+1)!} = x - \frac{x^3}{3!} + \frac{x^5}{5!} - \cdots, \quad x \in (-\infty, +\infty);$$

$$\cos x = \sum_{n=0}^{\infty} \frac{(-1)^k x^{2k}}{(2k)!} = 1 - \frac{x^2}{2!} + \frac{x^4}{4!} - \cdots, \quad x \in (-\infty, +\infty);$$

$$\log(1+x) = \sum_{n=1}^{\infty} \frac{(-1)^{n+1}x^n}{n} = x - \frac{x^2}{2} + \frac{x^3}{3} - \cdots, \quad x \in (-1, 1].$$

在例 10.3.2 中,

$$f(x) = \begin{cases} \mathrm{e}^{-\frac{1}{x^2}}, & x \neq 0, \\ 0, & x = 0 \end{cases}$$

在零点的泰勒级数为 0 (即 $a_n = 0, n = 0, 1, 2, \cdots$), 因此, 在 $(-\infty, +\infty)$ 上一致收敛到零函数 0. 于是

$$f(x) \neq \sum_{n=0}^{\infty} \frac{f^{(n)}(0)}{n!}x^n, \quad \forall x \neq 0.$$

所以, 在处理光滑函数的泰勒级数时, 只是分析收敛半径和 (一致) 收敛区间是不够的. 事实上, 研究余项

$$R_{n+1}(x) = \frac{f^{(n+1)}(\xi_n)}{(n+1)!}(x - x_0)^{n+1}, \quad \text{其中 } \xi_n \text{ 介于 } x_0 \text{ 和 } x \text{ 之间}$$

是否逐点收敛到 0 是必要的. 定理 10.4.5 的贡献在于: 它保证了每当 $R_{n+1}(x)$ 在有界闭区间 $[a, b]$ 上逐点收敛到零时, 它在 $[a, b]$ 上也必定一致收敛到 0.

定理 10.4.8 设 $f(x) = \sum_{n=0}^{\infty} a_n(x-x_0)^n$ 的收敛半径为 R, 则幂级数 $\sum_{n=1}^{\infty} na_n(x-x_0)^{n-1}$ 的收敛半径也是 R. 再者, 若 $R > 0$, 则

$$a_n = \frac{f^{(n)}(x_0)}{n!}, \quad n = 0, 1, 2, \cdots,$$

以及在 $(x_0 - R, x_0 + R)$ 上,

$$f'(x) = \sum_{n=1}^{\infty} na_n(x - x_0)^{n-1}.$$

证明 由定理 10.4.1, 幂级数 $\sum_{n=1}^{\infty} na_n(x-x_0)^{n-1}$ 的收敛半径等于

$$\frac{1}{\varlimsup_{n\to\infty} \sqrt[n]{|(n+1)a_{n+1}|}} = \frac{1}{\varlimsup_{n\to\infty} \sqrt[n+1]{|a_{n+1}|}} = R.$$

(见习题 10.4 第 11 题.) 进一步, 我们注意到

$$\frac{\mathrm{d}}{\mathrm{d}x}a_n(x-x_0)^n = na_n(x-x_0)^{n-1}, \quad n = 0, 1, 2, \cdots.$$

由推论 10.2.9 及推论 10.4.7, 若 $R > 0$, 则在任意有界闭区间 $[a, b] \subseteq (x_0 - R, x_0 + R)$ 上,

$$f'(x) = \sum_{n=1}^{\infty} na_n(x - x_0)^{n-1} \quad \text{(一致收敛)}.$$

最后, 考察

$$f(x_0) = \left(\sum_{n=0}^{\infty} a_n(x-x_0)^n \right) \Bigg|_{x=x_0} = a_0$$

及

$$f'(x_0) = \left(\sum_{n=1}^{\infty} na_n(x-x_0)^{n-1} \right) \Bigg|_{x=x_0} = a_1.$$

应用数学归纳法, 我们将不难地得出结论

$$f^{(n)}(x_0) = n!a_n, \quad n = 0, 1, 2, \cdots. \qquad \Box$$

推论 10.4.9 幂级数 $\sum\limits_{n=1}^{\infty} a_n(x-x_0)^n$ 和 $\sum\limits_{n=0}^{\infty} \dfrac{a_n}{n+1}(x-x_0)^{n+1}$ 具有相同的收敛半径 R. 再者, 若 $[a,b] \subseteq (x_0-R, x_0+R)$, 则

$$\int_a^b \sum_{n=0}^{\infty} a_n(x-x_0)^n \mathrm{d}x = \sum_{n=0}^{\infty} \int_a^b a_n(x-x_0)^n \mathrm{d}x = \left(\sum_{n=0}^{\infty} \frac{a_n}{n+1}(x-x_0)^{n+1} \right) \Bigg|_a^b.$$

证明 类似于定理 10.4.8 的证明, 我们可以应用推论 10.2.9 得到所述的结果.
$$\Box$$

例 10.4.10 证明级数

$$1 - \frac{1}{2} + \frac{1}{3} - \frac{1}{4} + \cdots = \ln 2.$$

解 考虑幂级数

$$f(x) = x - \frac{x^2}{2} + \frac{x^3}{3} - \frac{x^4}{4} + \cdots.$$

它的收敛区间是 $(-1, 1]$ (例 10.4.4). 在 $(-1, 1)$ 上,

$$f'(x) = 1 - x + x^2 - x^3 + \cdots = \frac{1}{1+x}.$$

因为 $f(0) = 0$, 所以对于 $x \in (-1, 1)$,

$$f(x) = \int_0^x \frac{1}{1+t}\, \mathrm{d}t = (\ln|1+t|)|_0^x = \ln(1+x).$$

由于 f 在 $(-1, 1]$ 上连续 (推论 10.4.6), 所以

$$f(1) = \lim_{x \to 1^-} f(x) = \lim_{x \to 1^-} \ln(1+x) = \ln 2.$$

于是

$$1 - \frac{1}{2} + \frac{1}{3} - \frac{1}{4} + \cdots = \ln 2. \qquad \Box$$

习题 10.4

1. 求下列各幂级数的收敛区间:

(1) $\sum\limits_{n=1}^{\infty} \dfrac{(2x)^n}{n!}$;

(2) $\sum\limits_{n=1}^{\infty} \left[\left(\dfrac{n+1}{n}\right)^n x\right]^n$;

(3) $\sum\limits_{n=1}^{\infty} \dfrac{3^n+(-2)^n}{n}(x+1)^n$;

(4) $1 + \dfrac{x^3}{10} + \dfrac{x^6}{10^2} + \dfrac{x^9}{10^3} + \cdots$.

2. 若幂级数 $\sum\limits_{n=0}^{\infty} a_n x^n$ 的收敛半径为 2, 求下列幂级数的收敛半径. 在这里, k 为正的常数.

(1) $\sum\limits_{n=0}^{\infty} a_n^k x^n$;

(2) $\sum\limits_{n=0}^{\infty} a_n x^{kn}$;

(3) $\sum\limits_{n=0}^{\infty} a_n x^{n^2}$.

3. 展开 $\dfrac{\mathrm{d}}{\mathrm{d}x}\left(\dfrac{\mathrm{e}^x-1}{x}\right)$ 成为 x 的幂级数. 由此推出 $\sum\limits_{n=1}^{\infty} \dfrac{n}{(n+1)!} = 1$.

4. 利用函数的幂级数展开, 求:

(1) $\lim\limits_{x\to 0}\left(\dfrac{\sin x}{x\cos x}-1\right)$;

(2) $\lim\limits_{x\to\infty}\left[x - x^2\log\left(1+\dfrac{1}{x}\right)\right]$.

5. 证明: 若 $f(x) = \sum\limits_{n=1}^{\infty} a_n x^n$ 是一个偶函数 (即满足 $f(-x)=f(x),\ \forall x\in\mathbb{R}$), 则

$$a_{2k+1} = 0, \quad k = 0,1,2,\cdots.$$

6. 证明定理 10.4.1.

7. 证明:

$$\arctan x = x - \frac{x^3}{3} + \frac{x^5}{5} - \cdots, \quad |x| < 1.$$

8. 令 $a_0 = 0, a_1 = 1$ 及

$$a_{n+2} = a_{n+1} + a_n, \quad n = 1,2,3,\cdots.$$

(1) 证明: $\dfrac{a_{n+1}}{a_n} \leqslant 2, n = 1,2,3,\cdots$.

(2) 求 $f(x) = \sum\limits_{n=0}^{\infty} a_{n+1} x^n = 1 + x + 2x^2 + 3x^3 + 5x^4 + \cdots$ 的收敛半径.

(3) 证明:

$$f(x) = \frac{-1}{x^2+x-1}, \quad |x| < \frac{1}{2}.$$

(4) 证明:

$$a_n = \frac{\left(\dfrac{1+\sqrt{5}}{2}\right)^n - \left(\dfrac{1-\sqrt{5}}{2}\right)^n}{\sqrt{5}}, \quad n = 0,1,2,\cdots.$$

9. 设在开区间 $(-a, a)$ 上,

$$f(x) = \sum_{n=0}^{\infty} a_n x^n, \quad g(x) = \sum_{n=0}^{\infty} b_n x^n \quad \text{及} \quad f(x)g(x) = \sum_{n=0}^{\infty} c_n x^n.$$

则其中系数满足公式

$$c_n = \sum_{k=0}^{n} a_k b_{n-k}, \quad n = 0, 1, 2, \cdots.$$

10. 证明:

$$\sum_{n=0}^{\infty} \frac{(-1)^n}{2n+1} = \frac{\pi}{4}.$$

11. 完成定理 10.4.8 的证明, 即验证上极限

$$\varlimsup_{n \to \infty} \sqrt[n]{|(n+1)a_{n+1}|} = \varlimsup_{n \to \infty} \sqrt[n+1]{|a_{n+1}|}.$$

在这里, 我们可以应用洛必达法则证明: $\lim\limits_{n \to \infty} \sqrt[n]{n+1} = 1$.

10.5 傅里叶级数

将解析函数表成它的泰勒级数会带来很多方便 (例如, 我们可以对其逐项微分和逐项积分). 但是, 并非每一个函数都和它的泰勒级数相等. 例如, 光滑函数

$$f(x) = \begin{cases} \mathrm{e}^{-1/x^2}, & x \neq 0, \\ 0, & x = 0 \end{cases}$$

就不是解析的. 在本节中, 我们考虑将函数表示成三角函数级数的方法. 事实上, 三角函数级数也具有很多很好的性质. 再者, 函数 f 能够表示成三角 (函数) 级数的条件, 远比 f 能够表示成幂级数的条件弱很多. 因此, 三角级数具有很大的理论和应用的价值.

> **定义 10.5.1**   我们称形如
>
> $$\frac{a_0}{2} + \sum_{n=1}^{\infty} (a_n \cos nx + b_n \sin nx)$$
>
> 的函数项级数为**三角 (函数) 级数**(trigonometric series), 并且称其中的常数 $a_0, a_1,$
> $a_2, \cdots, b_1, b_2, \cdots$ 为三角级数的系数.

一个三角级数能否在 $X \subseteq \mathbb{R}$ 上定义一个函数 f, 取决于它在 X 上是不是逐点收敛, 即是否在 X 上成立着

$$f(x) = \frac{a_0}{2} + \sum_{n=1}^{\infty} (a_n \cos nx + b_n \sin nx) \quad (\text{逐点收敛})?$$

若 f 可以表示成一个三角级数的一致收敛极限, 定理 10.5.2 保证: 这种表现方法是唯一的.

引理 10.5.1   对于 $m = 0, 1, 2, \cdots$ 和 $n = 1, 2, \cdots$, 有

(1) $\displaystyle\int_{-\pi}^{\pi} \cos mx \cos nx \, dx = \begin{cases} 0, & m \neq n, \\ \pi, & m = n; \end{cases}$

(2) $\displaystyle\int_{-\pi}^{\pi} \sin mx \sin nx \, dx = \begin{cases} 0, & m \neq n, \\ \pi, & m = n; \end{cases}$

(3) $\displaystyle\int_{-\pi}^{\pi} \cos mx \sin nx \, dx = 0.$

证明留作习题 (见习题 10.5 第 1 题).   □

定理 10.5.2   若在 $[-\pi, \pi]$ 上,

$$f(x) = \frac{a_0}{2} + \sum_{n=1}^{\infty} (a_n \cos nx + b_n \sin nx) \quad (一致收敛),$$

则有

$$a_m = \frac{1}{\pi} \int_{-\pi}^{\pi} f(x) \cos mx \, dx, \quad m = 0, 1, 2, \cdots,$$

$$b_n = \frac{1}{\pi} \int_{-\pi}^{\pi} f(x) \sin nx \, dx, \quad n = 1, 2, \cdots.$$

证明   由一致收敛级数的性质, 应用引理 10.5.1 得

$$\int_{-\pi}^{\pi} f(x) \cos mx \, dx$$

$$= \int_{-\pi}^{\pi} \left[\frac{a_0}{2} + \sum_{n=1}^{\infty} (a_n \cos nx + b_n \sin nx) \right] \cos mx \, dx$$

$$= \frac{a_0}{2} \int_{-\pi}^{\pi} \cos mx \, dx + \sum_{n=1}^{\infty} \int_{-\pi}^{\pi} (a_n \cos nx + b_n \sin nx) \cos mx \, dx$$

$$= a_m \pi, \quad m = 0, 1, 2, \cdots.$$

所以

$$a_m = \frac{1}{\pi} \int_{-\pi}^{\pi} f(x) \cos mx \, dx, \quad m = 0, 1, 2, \cdots.$$

同理,

$$b_n = \frac{1}{\pi} \int_{-\pi}^{\pi} f(x) \sin nx \, dx, \quad n = 1, 2, \cdots.$$ □

三角函数级数所定义的函数 f 必然是周期函数. 事实上, 若在 $\mathbb{R}$ 上

$$f(x) = \frac{a_0}{2} + \sum_{n=1}^{\infty} (a_n \cos nx + b_n \sin nx) \quad (逐点收敛),$$

则对于任何 $\mathbb{R}$ 中的 x, 我们有

$$f(x + 2\pi) = \frac{a_0}{2} + \sum_{n=1}^{\infty} (a_n \cos n(x + 2\pi) + b_n \sin n(x + 2\pi))$$

$$= \frac{a_0}{2} + \sum_{n=1}^{\infty} (a_n \cos nx + b_n \sin nx) = f(x).$$

因此, f 是以 2π 为周期的周期函数.

> **定义 10.5.2** 设 $f : \mathbb{R} \to \mathbb{R}$ 是以 2π 为周期的函数, 且 f 在 $[-\pi, \pi]$ 上可积. 我们定义 f 的傅里叶级数(Fourier series) 为
>
> $$f \sim \frac{a_0}{2} + \sum_{n=1}^{\infty} (a_n \cos nx + b_n \sin nx),$$
>
> 其中
>
> $$a_n = \frac{1}{\pi} \int_{-\pi}^{\pi} f(x) \cos nx \, \mathrm{d}x,$$
>
> $$b_n = \frac{1}{\pi} \int_{-\pi}^{\pi} f(x) \sin nx \, \mathrm{d}x, \quad n = 0, 1, 2, \cdots$$
>
> 称为 f 的傅里叶系数. 特别地, $b_0 = 0$.

可积周期函数 f 的傅里叶级数不一定逐点收敛到 $f(x)$ 的值! 以下, 我们将首先研究一般的傅里叶级数在何时会收敛. 下面的引理 10.5.3 告诉我们: 傅里叶级数的通项必然收敛到 0; 另一方面, 引理 10.5.4 告诉我们: 计算傅里叶级数的前 $2n + 1$ 项的部分和的方法.

引理 10.5.3 (黎曼引理) 若 f 在 $[a, b]$ 上可积, 则

$$\lim_{p \to +\infty} \int_a^b f(x) \cos px \, \mathrm{d}x = 0,$$

$$\lim_{p \to +\infty} \int_a^b f(x) \sin px \, \mathrm{d}x = 0.$$

特别地, 当 $n \to \infty$ 时, f 的傅里叶系数

$$a_n = \frac{1}{\pi} \int_{-\pi}^{\pi} f(x) \cos nx \, \mathrm{d}x \to 0,$$

$$b_n = \frac{1}{\pi} \int_{-\pi}^{\pi} f(x) \sin nx \, \mathrm{d}x \to 0.$$

证明   因为 f 在 $[a,b]$ 上可积, 存在着常数 $M > 0$, 使得在 $[a,b]$ 上, $|f(x)| \leqslant M$, 并且对于任意的 $\varepsilon > 0$, 存在 $[a,b]$ 的一个分割 P:

$$a = t_0 < t_1 < \cdots < t_n = b,$$

使得 f 对于 P 的上和

$$S(f,P) = \sum_{i=1}^{n} M_i \Delta t_i \quad (M_i = \sup\{f(t) : t_{i-1} \leqslant t \leqslant t_i\})$$

及其下和

$$s(f,P) = \sum_{i=1}^{n} m_i \Delta t_i \quad (m_i = \inf\{f(t) : t_{i-1} \leqslant t \leqslant t_i\}),$$

满足关系

$$0 \leqslant S(f,P) - s(f,P) < \frac{\varepsilon}{2}.$$

换句话说,

$$0 \leqslant \sum_{i=1}^{n} (M_i - m_i) \Delta t_i < \frac{\varepsilon}{2}.$$

于是

$$\left| \int_a^b f(x) \sin px \, \mathrm{d}x \right| = \left| \sum_{i=1}^{n} \int_{t_{i-1}}^{t_i} f(x) \sin px \, \mathrm{d}x \right|$$

$$\leqslant \left| \sum_{i=1}^{n} \int_{t_{i-1}}^{t_i} (f(x) - m_i) \sin px \, \mathrm{d}x \right| + \left| \sum_{i=1}^{n} \int_{t_{i-1}}^{t_i} m_i \sin px \, \mathrm{d}x \right|$$

$$\leqslant \sum_{i=1}^{n} \int_{t_{i-1}}^{t_i} |f(x) - m_i| \, \mathrm{d}x + \sum_{i=1}^{n} |m_i| \left| \int_{t_{i-1}}^{t_i} \sin px \, \mathrm{d}x \right|$$

$$\leqslant \sum_{i=1}^{n} \int_{t_{i-1}}^{t_i} (M_i - m_i) \, \mathrm{d}x + \sum_{i=1}^{n} \frac{M}{p} |\cos pt_i - \cos pt_{i-1}|$$

$$\leqslant \sum_{i=1}^{n} (M_i - m_i) \Delta t_i + \frac{2nM}{p} < \frac{\varepsilon}{2} + \frac{2nM}{p}.$$

当 $p > \dfrac{4nM}{\varepsilon}$ 时,

$$\left| \int_a^b f(x) \sin px \, \mathrm{d}x \right| < \varepsilon.$$

换句话说,

$$\lim_{p \to +\infty} \int_a^b f(x) \sin px \, \mathrm{d}x = 0.$$

同理可证

$$\lim_{p \to +\infty} \int_a^b f(x) \cos px \, \mathrm{d}x = 0. \qquad \square$$

引理 10.5.4 设 $f : \mathbb{R} \to \mathbb{R}$ 是以 2π 为周期的可积函数. 我们可以将 f 的傅里叶级数的前 $2n+1$ 项的部分和

$$S_n[f(x)] = \frac{a_0}{2} + \sum_{k=1}^n (a_k \cos kx + b_k \sin kx)$$

改写成

$$S_n[f(x)] = \frac{1}{\pi} \int_0^\pi [f(x+u) + f(x-u)] \frac{\sin\left(n + \dfrac{1}{2}\right)u}{2\sin\dfrac{u}{2}} \, \mathrm{d}u.$$

以上右边的积分被理解成正常的积分. 事实上, 当 $u = 0$ 时, 虽然 $2\sin\dfrac{u}{2} = 0$, 但是极限

$$\lim_{u \to 0} \frac{\sin\left(n + \dfrac{1}{2}\right)u}{2\sin\dfrac{u}{2}} = \left(n + \frac{1}{2}\right) \lim_{u \to 0} \frac{\sin\left(n + \dfrac{1}{2}\right)u}{\left(n + \dfrac{1}{2}\right)u} \frac{\dfrac{u}{2}}{\sin\dfrac{u}{2}} = n + \frac{1}{2}.$$

证明 依照定义 10.5.2, 计算

$$S_n[f(x)] = \frac{a_0}{2} + \sum_{k=1}^n (a_k \cos kx + b_k \sin kx)$$

$$= \frac{1}{\pi} \int_{-\pi}^\pi f(t) \left[\frac{1}{2} + \sum_{k=1}^n (\cos kt \cos kx + \sin kt \sin kx)\right] \mathrm{d}t$$

$$= \frac{1}{\pi} \int_{-\pi}^\pi f(t) \left[\frac{1}{2} + \sum_{k=1}^n \cos k(t-x)\right] \mathrm{d}t.$$

应用三角函数的 "积化和差" 公式

$$2\sin\frac{\theta}{2} \cdot \left(\frac{1}{2} + \cos\theta + \cos 2\theta + \cdots + \cos n\theta\right)$$

$$= \sin\frac{\theta}{2} + \left(\sin\frac{3\theta}{2} - \sin\frac{\theta}{2}\right) + \cdots + \left(\sin\frac{2n+1}{2}\theta - \sin\frac{2n-1}{2}\theta\right)$$

$$= \sin\frac{2n+1}{2}\theta,$$

得

$$S_n[f(x)] = \frac{1}{\pi} \int_{-\pi}^{\pi} f(t) \frac{\sin \frac{2n+1}{2}(t-x)}{2 \sin \frac{t-x}{2}} \, dt.$$

作代换 $u = t - x$, 即有

$$S_n[f(x)] = \frac{1}{\pi} \int_{-\pi-x}^{\pi-x} f(x+u) \frac{\sin \frac{2n+1}{2}u}{2 \sin \frac{u}{2}} \, du.$$

由于被积函数是以 2π 为周期的, 所以

$$S_n[f(x)] = \frac{1}{\pi} \int_{-\pi}^{\pi} f(x+u) \frac{\sin \frac{2n+1}{2}u}{2 \sin \frac{u}{2}} \, du.$$

最后,

$$S_n[f(x)] = \frac{1}{\pi} \left[\int_0^{\pi} f(x+u) \frac{\sin \frac{2n+1}{2}u}{2 \sin \frac{u}{2}} \, du + \int_{-\pi}^0 f(x+u) \frac{\sin \frac{2n+1}{2}u}{2 \sin \frac{u}{2}} \, du \right]$$

$$= \frac{1}{\pi} \int_0^{\pi} [f(x+u) + f(x-u)] \frac{\sin \left(n+\frac{1}{2}\right)u}{2 \sin \frac{u}{2}} \, du. \qquad \square$$

现在, 我们研究若函数 f 的傅里叶级数收敛, 则其极限会是什么样的函数. 设 $S : \mathbb{R} \to \mathbb{R}$ 为可能的和函数. 我们将找出能够保证

$$\lim_{n \to \infty} S_n[f(x)] = S(x) \quad \text{(逐点收敛或一致收敛)}$$

成立的条件. 因为

$$\int_{-\pi}^{\pi} \frac{\sin \frac{2n+1}{2}u}{2 \sin \frac{u}{2}} \, du = \int_{-\pi}^{\pi} \left(\frac{1}{2} + \cos u + \cos 2u + \cdots + \cos nu \right) du = \pi$$

及 $\dfrac{\sin \frac{2n+1}{2}u}{2 \sin \frac{u}{2}}$ 为 u 的偶函数, 则

$$\frac{1}{\pi} \int_0^{\pi} \frac{\sin \frac{2n+1}{2}u}{2 \sin \frac{u}{2}} \, du = \frac{1}{2}.$$

于是, 由引理 10.5.4, 有

$$S_n[f(x)] - S(x)$$

$$= \frac{1}{\pi} \int_0^\pi [f(x+u) + f(x-u)] \frac{\sin \frac{2n+1}{2}u}{2\sin \frac{u}{2}} \, du - \frac{1}{\pi} \int_0^\pi 2S(x) \frac{\sin \frac{2n+1}{2}u}{2\sin \frac{u}{2}} \, du$$

$$= \frac{1}{\pi} \int_0^\pi \frac{f(x+u) + f(x-u) - 2S(x)}{2\sin \frac{u}{2}} \sin \frac{2n+1}{2}u \, du.$$

由黎曼引理, 只要

$$g(u) := \frac{f(x+u) + f(x-u) - 2S(x)}{2\sin \frac{u}{2}}$$

在 $[0,\pi]$ 上可积, 则会成立

$$\lim_{n\to\infty} S_n[f(x)] = S(x) \quad (\text{逐点收敛}).$$

函数 g 在 $[0,\pi]$ 上是否可积, 取决于 g 在奇点 $u=0$ 的表现. 事实上, 只要 0 不是 g 的本质性不连续点, 则 g 在 $[0,\pi]$ 上可积. 由于

$$\lim_{u\to 0} \frac{\sin \frac{u}{2}}{\frac{u}{2}} = 1,$$

我们只需要单侧极限

$$\lim_{u\to 0^+} \frac{f(x+u) + f(x-u) - 2S(x)}{u} = \lim_{u\to 0^+} \left[\frac{f(x+u) - S(x)}{u} + \frac{f(x-u) - S(x)}{u} \right]$$

存在就可以了. 这个极限的存在性, 又可以转化成以下两个单侧极限的存在性:

$$\lim_{u\to 0^+} \frac{f(x+u) - S(x)}{u} \quad \text{和} \quad \lim_{u\to 0^+} \frac{f(x-u) - S(x)}{-u}.$$

我们当然希望 $S = f$. 所以, 我们考虑单侧极限

$$\lim_{u\to 0^+} \frac{f(x+u) - f(x)}{u} \quad \text{和} \quad \lim_{u\to 0^+} \frac{f(x-u) - f(x)}{-u}.$$

如果两个极限都存在且有限, 则它们将分别是函数 f 在点 x 的单侧导数 $f'_+(x)$ 和 $f'_-(x)$. 另外, 我们注意到: 对于 $u \to 0^-$ 时的讨论, 也会归结到以上两个极限的存在性. 特别地, 若 f 在 $\mathbb{R}$ 上的每一点 x 都具有有限的**左导数** $f'_-(x)$ 和**右导数** $f'_+(x)$, 则 f 的傅里叶级数就会收敛到 f. 定理 10.5.5 说明: 对比较好的分段连续函数 f, 这个结论也成立.

我们使用特别的记号约定:

$$f(x+0) = \lim_{\delta \to 0^+} f(x+\delta) = \lim_{t \to x^+} f(t),$$

$$f(x-0) = \lim_{\delta \to 0^+} f(x-\delta) = \lim_{t \to x^-} f(t).$$

定理 10.5.5　若以 2π 为周期的函数 f 在 $[-\pi, \pi]$ 上分段连续, 且在 $\mathbb{R}$ 中每点 x 都具有广义的单侧导数

$$\lim_{u \to 0^+} \frac{f(x+u) - f(x+0)}{u} \quad 及 \quad \lim_{u \to 0^+} \frac{f(x-u) - f(x-0)}{-u},$$

则 f 的傅里叶级数在 $\mathbb{R}$ 上逐点收敛, 且

$$S_n[f(x)] \to \frac{f(x+0) + f(x-0)}{2} \quad (逐点收敛).$$

证明　我们需要证明: 当我们设

$$S(x) = \frac{f(x+0) + f(x-0)}{2}, \quad \forall x \in \mathbb{R},$$

在 $n \to \infty$ 时,

$$
\begin{aligned}
S_n[f(x)] - S(x) &= \frac{1}{\pi} \int_0^{\pi} \frac{f(x+u) + f(x-u) - 2S(x)}{2\sin\frac{u}{2}} \sin\frac{2n+1}{2}u \, du \\
&= \frac{1}{\pi} \int_0^{\pi} \frac{f(x+u) - f(x+0)}{2\sin\frac{u}{2}} \sin\frac{2n+1}{2}u \, du \\
&\quad + \frac{1}{\pi} \int_0^{\pi} \frac{f(x-u) - f(x-0)}{2\sin\frac{u}{2}} \sin\frac{2n+1}{2}u \, du
\end{aligned}
$$

趋向于 0.

　　设

$$F(u) := \frac{f(x+u) - f(x+0)}{2\sin\frac{u}{2}}, \quad \forall u \in (0, \pi].$$

因为 f 在 $[-\pi, \pi]$ 上分段连续及

$$
\begin{aligned}
\lim_{u \to 0^+} F(u) &= \lim_{u \to 0^+} \frac{f(x+u) - f(x+0)}{u} \lim_{u \to 0^+} \frac{\dfrac{u}{2}}{\sin\dfrac{u}{2}} \\
&= \lim_{u \to 0^+} \frac{f(x+u) - f(x+0)}{u}
\end{aligned}
$$

存在, F 可以扩充为定义在 $[0,\pi]$ 上的分段连续函数. 特别地, F 在 $[0,\pi]$ 上可积.
应用黎曼引理 (引理 10.5.3), 我们得到

$$\lim_{n\to\infty}\int_0^\pi \frac{f(x+u)-f(x+0)}{2\sin\frac{u}{2}}\sin\left(\frac{2n+1}{2}\right)u\,\mathrm{d}u=0.$$

同理可证

$$\lim_{n\to\infty}\int_0^\pi \frac{f(x-u)-f(x-0)}{2\sin\frac{u}{2}}\sin\left(\frac{2n+1}{2}\right)u\,\mathrm{d}u=0.$$

因此, 在 $\mathbb{R}$ 上 f 的傅里叶级数

$$\frac{a_0}{2}+\sum_{k=1}^\infty(a_k\cos kx+b_k\sin kx)\to\frac{f(x+0)+f(x-0)}{2}\quad\text{(逐点收敛)}.\qquad\square$$

推论 10.5.6　若以 2π 为周期的函数 f 在 $\mathbb{R}$ 上可微, 则在 $\mathbb{R}$ 上 f 的傅里叶级数

$$\frac{a_0}{2}+\sum_{k=1}^\infty(a_k\cos kx+b_k\sin kx)\to f(x)\quad\text{(逐点收敛)}.$$

证明　此时, f 的广义单侧导数皆处处存在, 而且等于 f'. 另一方面, f 在 $\mathbb{R}$ 上连续. 于是, $f(x+0)=f(x-0)=f(x),\forall x\in\mathbb{R}$.　　　　　　　　　　　　$\square$

例 10.5.7　将函数 $f(x)=x$ 在 $[0,\pi]$ 上表示成三角级数.

解　第一步, 我们要将 f 扩展为定义在 $\mathbb{R}$ 上以 2π 为周期的函数. 这里, 有两种常用的方法.

(1) 偶扩张. 定义 $f_{\mathrm{e}}:\mathbb{R}\to\mathbb{R}$, 使得

$$f_{\mathrm{e}}(x)=\begin{cases}f(x), & 0\leqslant x\leqslant\pi,\\ f(-x), & -\pi\leqslant x\leqslant 0\end{cases}$$

及当 $x=2n\pi+y$ 时, 其中 $-\pi<y\leqslant\pi$, n 为整数,

$$f_{\mathrm{e}}(x)=f_{\mathrm{e}}(2n\pi+y)=f_{\mathrm{e}}(y).$$

当前, $f(x)=x\ (0\leqslant x\leqslant\pi)$. 它的偶扩张 f_{e} 的图形如图 10.7 所示.

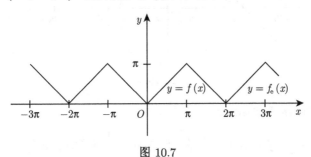

图 10.7

由此, 我们计算 f_{e} 的傅里叶系数:

$$a_0 = \frac{1}{\pi}\int_{-\pi}^{\pi} f_{\mathrm{e}}(x)\,\mathrm{d}x = \frac{2}{\pi}\int_0^\pi f(x)\,\mathrm{d}x = \frac{2}{\pi}\int_0^\pi x\,\mathrm{d}x = \pi,$$

$$a_n = \frac{2}{\pi}\int_0^\pi x\cos nx\,\mathrm{d}x = \begin{cases} 0, & n = 2k, \\[2mm] -\dfrac{4}{n^2\pi}, & n = 2k+1, \end{cases}$$

$$b_n = \frac{1}{\pi}\int_{-\pi}^{\pi} |x|\sin nx\,\mathrm{d}x = 0, \quad n = 1,2,\cdots.$$

因此,

$$f_{\mathrm{e}}(x) \sim \frac{\pi}{2} - \frac{4}{\pi}\sum_{n=0}^{\infty} \frac{\cos(2n+1)x}{(2n+1)^2}.$$

易见连续函数 f_{e} 在 $\mathbb{R}$ 上处处具有单侧导数 $f'_{\mathrm{e}\pm}(x)$. 所以, 由定理 10.5.5,

$$f(x) = f_{\mathrm{e}}(x) = \frac{\pi}{2} - \frac{4}{\pi}\sum_{n=0}^{\infty} \frac{\cos(2n+1)x}{(2n+1)^2}, \quad 0 \leqslant x \leqslant \pi.$$

(2) 奇扩张. 定义 $f_{\mathrm{o}}: \mathbb{R} \to \mathbb{R}$, 使得

$$f_{\mathrm{o}}(x) = \begin{cases} f(x), & 0 \leqslant x \leqslant \pi, \\ -f(-x), & -\pi \leqslant x \leqslant 0 \end{cases}$$

及当 $x = 2n\pi + y$ 时, 其中 $-\pi < y \leqslant \pi$, n 为整数,

$$f_{\mathrm{o}}(x) = f_{\mathrm{o}}(2n\pi + y) = f_{\mathrm{o}}(y).$$

当前, $f(x) = x\ (0 \leqslant x \leqslant \pi)$. 它的奇扩张 f_{o} 的图形如图 10.8 所示.

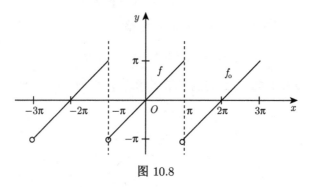

图 10.8

由此, 我们计算 f_{o} 的傅里叶系数:

$$a_0 = \frac{1}{\pi}\int_{-\pi}^{\pi} f_{\mathrm{o}}(x)\,\mathrm{d}x = \frac{1}{\pi}\int_{-\pi}^{\pi} f(x)\,\mathrm{d}x = \frac{1}{\pi}\int_{-\pi}^{\pi} x\,\mathrm{d}x = 0,$$

$$a_n = \frac{1}{\pi} \int_{-\pi}^{\pi} x \cos nx \, \mathrm{d}x = 0,$$

$$b_n = \frac{1}{\pi} \int_{-\pi}^{\pi} x \sin nx \, \mathrm{d}x = \frac{-2 \cos n\pi}{n} = \frac{(-1)^{n+1} 2}{n}, \quad n = 1, 2, \cdots.$$

因此,

$$f_\mathrm{o}(x) \sim 2 \sum_{n=1}^{\infty} \frac{(-1)^{n+1}}{n} \sin nx.$$

易见分段连续函数 f_o 在 $\mathbb{R}$ 上处处具有广义单侧导数

$$\lim_{u \to 0^+} \frac{f(x+u) - f(x+0)}{u} = \lim_{u \to 0^+} \frac{f(x-u) - f(x-0)}{-u} = 1.$$

所以, 由定理 10.5.5,

$$f(x) = f_\mathrm{o}(x) = 2 \sum_{n=1}^{\infty} \frac{(-1)^{n+1}}{n} \sin nx, \quad 0 \leqslant x < \pi.$$

以下分别是 $f_\mathrm{e}, f_\mathrm{o}$ 和它们的傅里叶级数的部分和 $S_n[f_\mathrm{e}(x)], S_n[f_\mathrm{o}(x)]$. 注意在 $x = \pm\pi$ 处, f_e 连续而 f_o 不连续. 当 $n \to \infty$ 时,

$$S_n[f_\mathrm{o}(\pi)] \to \frac{f_\mathrm{o}(\pi+0) + f_\mathrm{o}(\pi-0)}{2} = \frac{-\pi + \pi}{2} = 0,$$

$$S_n[f_\mathrm{e}(\pi)] \to \frac{f_\mathrm{e}(\pi+0) + f_\mathrm{e}(\pi-0)}{2} = \frac{\pi + \pi}{2} = \pi. \qquad \square$$

函数 f 的奇、偶扩张的傅里叶逼近如图 10.9 所示.

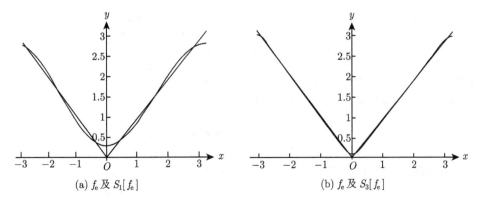

(a) f_e 及 $S_1[f_\mathrm{e}]$ (b) f_e 及 $S_3[f_\mathrm{e}]$

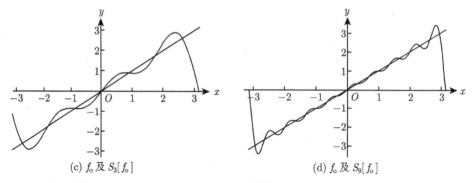

(c) f_o 及 $S_3[f_o]$　　　　　　　　　　　　　　　(d) f_o 及 $S_9[f_o]$

图 10.9　$f(x) = x\ (0 \leqslant x \leqslant \pi)$ 的奇偶扩张的傅里叶级数逼近

比照周期为 2π 的可积函数, 我们也可以对其他以 $2l$ 为周期的可积函数 f, 讨论其傅里叶级数:

$$f^* \sim \frac{a_0}{2} + \sum_{n=1}^{\infty} \left(a_n \cos \frac{n\pi x}{l} + b_n \sin \frac{n\pi x}{l} \right).$$

对应于周期为 $2l$ 的函数的正交系为

$$\left\{ 1, \cos \frac{n\pi x}{l}, \sin \frac{n\pi x}{l} : n = 1, 2, \cdots \right\}.$$

如果函数 f 以 $2l$ 为周期, 则 f 的傅里叶系数为

$$a_0 = \frac{1}{l} \int_{-l}^{l} f(x)\, \mathrm{d}x,$$

$$a_n = \frac{1}{l} \int_{-l}^{l} f(x) \cos \frac{n\pi x}{l}\, \mathrm{d}x,$$

$$b_n = \frac{1}{l} \int_{-l}^{l} f(x) \sin \frac{n\pi x}{l}\, \mathrm{d}x, \quad n = 1, 2, \cdots.$$

例 10.5.8　设

$$f(x) = \begin{cases} 1, & 0 \leqslant x < 1, \\ -1, & -1 \leqslant x < 0. \end{cases}$$

试将 f 写成 $[-1, 1]$ 上的三角级数.

解　作 f 的扩张 $f^* : \mathbb{R} \to \mathbb{R}$, 使得

$$f^*(2n + x) = f(x), \quad \text{其中 } n \text{ 为整数及 } -1 \leqslant x < 1.$$

以 2 为周期的函数 f^* 的图形如图 10.10 所示.

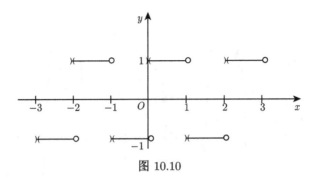

图 10.10

我们试将 f^* 写成以三角函数 $1, \cos n\pi x, \sin n\pi x, n = 1, 2, \cdots$ 为项的函数项级数. (注意: 在这里, $\cos n\pi x, \sin n\pi x$ 等函数皆以 2 为周期.)

$$f^* \sim \frac{a_0}{2} + \sum_{n=1}^{\infty} (a_n \cos n\pi x + b_n \sin n\pi x),$$

其中, f^* 的傅里叶系数为

$$a_0 = \int_{-1}^{1} f(x)\, \mathrm{d}x = 0,$$

$$a_n = \int_{-1}^{1} f(x) \cos n\pi x \, \mathrm{d}x$$

$$= -\int_{-1}^{0} \cos n\pi x \, \mathrm{d}x + \int_{0}^{1} \cos n\pi x \, \mathrm{d}x = 0, \quad n = 1, 2, \cdots,$$

$$b_n = \int_{-1}^{1} f(x) \sin n\pi x \, \mathrm{d}x$$

$$= -\int_{-1}^{0} \sin n\pi x \, \mathrm{d}x + \int_{0}^{1} \sin n\pi x \, \mathrm{d}x = \begin{cases} 0, & n = 2k, \\ \dfrac{4}{n\pi}, & n = 2k+1. \end{cases}$$

所以

$$f^* \sim \frac{4}{\pi} \sum_{k=1}^{\infty} \frac{\sin(2k+1)\pi x}{2k+1} = \frac{4}{\pi} \left(\sin \pi x + \frac{\sin 3\pi x}{3} + \frac{\sin 5\pi x}{5} + \cdots \right).$$

由连续性, 当 $x \in (-1, 0) \cup (0, 1)$ 时,

$$f(x) = f^*(x) = \frac{4}{\pi} \sum_{k=1}^{\infty} \frac{\sin(2k+1)\pi x}{2k+1} = \frac{4}{\pi} \left(\sin \pi x + \frac{\sin 3\pi x}{3} + \frac{\sin 5\pi x}{5} + \cdots \right).$$

当 $x = 0$ 或 ± 1 时, 三角级数收敛到

$$\frac{f(x+0) + f(x-0)}{2} = \frac{1 + (-1)}{2} = 0. \qquad \qquad \square$$

如图 10.11 所示.

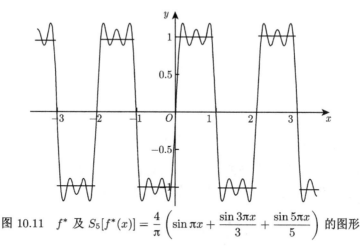

图 10.11　f^* 及 $S_5[f^*(x)] = \dfrac{4}{\pi}\left(\sin \pi x + \dfrac{\sin 3\pi x}{3} + \dfrac{\sin 5\pi x}{5}\right)$ 的图形

虽然在 $[-\pi, \pi]$ 上, 分段连续函数 f 的傅里叶级数

$$f(x) \sim \frac{a_0}{2} + \sum_{n=1}^{\infty} (a_n \cos nx + b_n \sin nx)$$

不一定收敛, 而且就算收敛, 也不一定收敛到 $f(x)$, 但是, 我们有如下定理.

定理 10.5.9　设 f 在 $[-\pi, \pi]$ 上分段连续. 对于 $c, x \in (-\pi, \pi)$, 有

$$\int_c^x f(t)\,\mathrm{d}t = \frac{a_0}{2}(x - c) + \sum_{n=1}^{\infty} \int_c^x (a_n \cos nt + b_n \sin nt)\,\mathrm{d}t.$$

证明　定义 $F : [-\pi, \pi] \to \mathbb{R}$, 使得

$$F(x) = \int_c^x \left[f(t) - \frac{a_0}{2}\right] \mathrm{d}t.$$

函数 F 在 $[-\pi, \pi]$ 上连续, 且在所有 f 的连续点 x 处有 $F'(x) = f(x) - \dfrac{a_0}{2}$; 而在 f 的不连续点 x 处,

$$F'_+(x) = \lim_{h \to 0^+} f(x + h) - \frac{a_0}{2} = f(x + 0) - \frac{a_0}{2},$$

$$F'_-(x) = \lim_{h \to 0^+} f(x - h) - \frac{a_0}{2} = f(x - 0) - \frac{a_0}{2}.$$

再者,

$$F(\pi) - F(-\pi) = \int_{-\pi}^{\pi} \left[f(t) - \frac{a_0}{2}\right] \mathrm{d}t = \int_{-\pi}^{\pi} f(t)\,\mathrm{d}t - a_0 \pi = 0.$$

经过函数扩张以后, 以 2π 为周期的连续函数 F 在 $\mathbb{R}$ 上处处具有单侧导数. 由定理 10.5.5 得

$$F(x) = \frac{A_0}{2} + \sum_{n=1}^{\infty}(A_n \cos nx + B_n \sin nx) \quad \text{(逐点收敛)}.$$

在 $[-\pi, \pi]$ 上, 由于除了在 f 的有限多个不连续点以外,

$$F'(x) = f(x) - \frac{a_0}{2},$$

因此, 应用分部积分法得

$$
\begin{aligned}
A_n &= \frac{1}{\pi}\int_{-\pi}^{\pi} F(x)\cos nx\,\mathrm{d}x \\
&= \frac{1}{n\pi}\left[F(x)\sin nx\right]\Big|_{-\pi}^{\pi} - \frac{1}{n\pi}\int_{-\pi}^{\pi} F'(x)\sin nx\,\mathrm{d}x \\
&= -\frac{1}{n\pi}\int_{-\pi}^{\pi}\left[f(x) - \frac{a_0}{2}\right]\sin nx\,\mathrm{d}x \\
&= -\frac{b_n}{n}, \quad n = 1, 2, \cdots.
\end{aligned}
$$

同法可以算出

$$B_n = \frac{a_n}{n}, \quad n = 1, 2, \cdots.$$

所以,

$$F(x) = \frac{A_0}{2} + \sum_{n=1}^{\infty}\left(-\frac{b_n}{n}\cos nx + \frac{a_n}{n}\sin nx\right) \quad \text{(逐点收敛)}.$$

以 $x = c$ 代入, 由于 $F(c) = 0$, 得 $\dfrac{A_0}{2} = \displaystyle\sum_{n=1}^{\infty}\left(\dfrac{b_n}{n}\cos nc - \dfrac{a_n}{n}\sin nc\right)$. 于是,

$$
\begin{aligned}
\int_c^x f(t)\,\mathrm{d}t &= \frac{a_0}{2}(x - c) + F(x) \\
&= \frac{a_0}{2}(x - c) + \sum_{n=1}^{\infty}\left(a_n\frac{\sin nx - \sin nc}{n} - b_n\frac{\cos nx - \cos nc}{n}\right) \\
&= \frac{a_0}{2}(x - c) + \sum_{n=1}^{\infty}\int_c^x (a_n\cos nt + b_n\sin nt)\,\mathrm{d}t. \qquad \square
\end{aligned}
$$

定理 10.5.10　设 f 在 $[-\pi, \pi]$ 上连续, 其导数 f' 在 $(-\pi, \pi)$ 上分段连续及 $f(-\pi) = f(\pi)$. 若 f 的傅里叶级数为

$$f(x) \sim \frac{a_0}{2} + \sum_{n=1}^{\infty}(a_n\cos nx + b_n\sin nx),$$

则 f' 的傅里叶级数为

$$f'(x) \sim \sum_{n=1}^{\infty} \frac{\mathrm{d}}{\mathrm{d}x}(a_n \cos nx + b_n \sin nx).$$

证明　设 f' 的傅里叶级数为

$$f'(x) \sim \frac{a_0'}{2} + \sum_{n=1}^{\infty}(a_n' \cos nx + b_n' \sin nx).$$

计算

$$a_0' = \frac{1}{\pi}\int_{-\pi}^{\pi} f'(x)\,\mathrm{d}x = \frac{1}{\pi}[f(\pi) - f(-\pi)] = 0;$$

$$a_n' = \frac{1}{\pi}\int_{-\pi}^{\pi} f'(x)\cos nx\,\mathrm{d}x$$

$$= \frac{1}{\pi}[f(x)\cos nx]\Big|_{-\pi}^{\pi} + \frac{n}{\pi}\int_{-\pi}^{\pi} f(x)\sin nx\,\mathrm{d}x$$

$$= nb_n, \quad n = 1, 2, \cdots;$$

$$b_n' = \frac{1}{\pi}\int_{-\pi}^{\pi} f'(x)\sin nx\,\mathrm{d}x$$

$$= \frac{1}{\pi}[f(x)\sin nx]\Big|_{-\pi}^{\pi} - \frac{n}{\pi}\int_{-\pi}^{\pi} f(x)\cos nx\,\mathrm{d}x$$

$$= -na_n, \quad n = 1, 2, \cdots.$$

所以

$$f'(x) \sim \sum_{n=1}^{\infty}(nb_n \cos nx - na_n \sin nx) = \sum_{n=1}^{\infty}\frac{\mathrm{d}}{\mathrm{d}x}(a_n \cos nx + b_n \sin nx). \qquad \square$$

定理 10.5.11 (傅里叶级数的一致收敛定理)　假设以 2π 为周期的连续函数 f 具有分段连续的导函数 f', 则 f 的傅里叶级数在 $\mathbb{R}$ 上一致收敛到 f, 即在 $\mathbb{R}$ 上

$$f(x) = \frac{a_0}{2} + \sum_{n=1}^{\infty}(a_n \cos nx + b_n \sin nx) \quad (\text{一致收敛}).$$

证明　由定理 10.5.5 可知

$$f(x) = \frac{a_0}{2} + \sum_{n=1}^{\infty}(a_n \cos nx + b_n \sin nx) \quad (\text{逐点收敛}).$$

今证此为一致收敛. 因为在 $\mathbb{R}$ 上,

$$|a_n \cos nx + b_n \sin nx| \leqslant |a_n| + |b_n|, \quad n = 1, 2, \cdots,$$

由魏尔斯特拉斯 M-判别法 (定理 10.2.10), 我们只需要证明 $\sum\limits_{n=1}^{\infty} |a_n| < +\infty$ 和 $\sum\limits_{n=1}^{\infty} |b_n| < +\infty$. 由定理 10.5.10, 若

$$f'(x) \sim \frac{a_0'}{2} + \sum_{n=1}^{\infty} (a_n' \cos nx + b_n' \sin nx),$$

则

$$a_n = -\frac{b_n'}{n}, \quad b_n = \frac{a_n'}{n}, \qquad n = 1, 2, \cdots.$$

于是, 由施瓦茨不等式

$$\sum_{n=1}^{N} |a_n| = \sum_{n=1}^{N} \frac{1}{n} |b_n'| \leqslant \left(\sum_{n=1}^{N} \frac{1}{n^2}\right)^{1/2} \left(\sum_{n=1}^{N} b_n'^2\right)^{1/2}, \quad N = 1, 2, \cdots.$$

因为 $\sum\limits_{n=1}^{\infty} \frac{1}{n^2} < +\infty$, 所以只要 $\sum\limits_{n=1}^{\infty} b_n'^2 < +\infty$, 则 $\sum\limits_{n=1}^{\infty} |a_n| < +\infty$. 同理, 若 $\sum\limits_{n=1}^{\infty} a_n'^2 < +\infty$, 则 $\sum\limits_{n=1}^{N} |b_n| < +\infty$. 为此, 我们考虑积分

$$\frac{1}{\pi} \int_{-\pi}^{\pi} \left(f'(x) - \sum_{n=1}^{N} (a_n' \cos nx + b_n' \sin nx)\right)^2 \, \mathrm{d}x$$

$$= \frac{1}{\pi} \int_{-\pi}^{\pi} f'(x)^2 \, \mathrm{d}x - 2 \sum_{n=1}^{N} \frac{1}{\pi} \int_{-\pi}^{\pi} f'(x)(a_n' \cos nx + b_n' \sin nx) \, \mathrm{d}x$$

$$+ \frac{1}{\pi} \int_{-\pi}^{\pi} \left(\sum_{n=1}^{N} (a_n' \cos nx + b_n' \sin nx)\right)^2 \, \mathrm{d}x$$

$$= \frac{1}{\pi} \int_{-\pi}^{\pi} f'(x)^2 \, \mathrm{d}x - 2 \sum_{n=1}^{N} (a_n'^2 + b_n'^2) + \sum_{n=1}^{N} (a_n'^2 + b_n'^2)$$

$$= \frac{1}{\pi} \int_{-\pi}^{\pi} f'(x)^2 \, \mathrm{d}x - \sum_{n=1}^{N} (a_n'^2 + b_n'^2).$$

由于第一个积分非负,

$$\sum_{n=1}^{N} (a_n'^2 + b_n'^2) \leqslant \frac{1}{\pi} \int_{-\pi}^{\pi} f'(x)^2 \, \mathrm{d}x < +\infty, \quad N = 1, 2, \cdots.$$

这就给出了

$$\sum_{n=1}^{\infty} a_n'^2 < +\infty \quad \text{和} \quad \sum_{n=1}^{\infty} b_n'^2 < +\infty,$$

从而保证了我们期望的条件

$$\sum_{n=1}^{\infty} |a_n| < +\infty \quad \text{和} \quad \sum_{n=1}^{\infty} |b_n| < +\infty.　\qquad\square$$

习题 10.5

1. 证明引理 10.5.1.

2. 证明: $\left\{1, \cos\dfrac{n\pi x}{l}, \sin\dfrac{n\pi x}{l} : n = 1, 2, \cdots\right\}$ 是 $[-l, l]$ 上的正交系(orthogonal system), 即

(1) $\displaystyle\int_{-l}^{l} \cos\frac{m\pi x}{l} \cos\frac{n\pi x}{l} \, dx = \begin{cases} 0, & m \neq n, \\ l, & m = n, \end{cases} \quad m = 0, 1, 2, \cdots, \ n = 1, 2, \cdots.$

(2) $\displaystyle\int_{-l}^{l} \sin\frac{m\pi x}{l} \sin\frac{n\pi x}{l} \, dx = \begin{cases} 0, & m \neq n, \\ l, & m = n, \end{cases} \quad m = 1, 2, \cdots, \ n = 1, 2, \cdots.$

(3) $\displaystyle\int_{-l}^{l} \cos\frac{m\pi x}{l} \sin\frac{n\pi x}{l} \, dx = 0, \quad m = 0, 1, 2, \cdots, \ n = 1, 2, \cdots.$

3. 设 f 是以 2π 为周期的连续函数, 并且具有傅里叶级数表现

$$f(x) \sim \frac{a_0}{2} + \sum_{n=1}^{\infty} (a_n \cos nx + b_n \sin nx)$$

及

$$f(x + l) \sim \frac{A_0}{2} + \sum_{n=1}^{\infty} (A_n \cos nx + B_n \sin nx),$$

其中 l 为常数. 试以 a_n, b_n 表示 A_n, B_n.

4. 将

$$f(x) = \begin{cases} x, & 0 \leqslant x \leqslant 2, \\ 0, & -2 < x < 0 \end{cases}$$

写成在 $[2, -2]$ 上的一个三角级数.

5. 将 $f(x) = |\cos x|$ 写成只带 $\cos nx(n = 0, 1, 2, \cdots)$ 项的三角级数.

6. 将

$$f(x) = \begin{cases} \sin x, & \sin x \geqslant 0, \\ 0, & \sin x < 0 \end{cases}$$

写成三角级数.

7. (1) 利用 $f(x) = x$ 在 $[-\pi, \pi]$ 上的三角级数展开, 证明

$$\sum_{n=1}^{\infty} \frac{1}{n^2} = \frac{\pi^2}{6}.$$

(2) 利用 $f(x) = |x|$ 在 $[-\pi, \pi]$ 上的三角级数展开, 求

$$\sum_{n=1}^{\infty} \frac{1}{(2n+1)^4}$$

的值.

8. (1) 证明: 以 2π 为周期的可微函数 f 的导数 f' 也以 2π 为周期.

(2) 试讨论以 2π 为周期的可积函数 f 的原函数 F (即 $F' = f$), 在什么情况下也以 2π 为周期.

9. 证明: 奇函数的傅里叶级数只包含 $\sin nx$ 项 (此即为 **正弦级数**(sine series)). 此时, $a_0 = a_1 = a_2 = \cdots = 0$; 偶函数的傅里叶级数只包含 $\cos nx$ 项 (此即为 **余弦级数**(cosine series)). 此时, $b_1 = b_2 = \cdots = 0$.

10. 证明

$$\frac{1}{1^2} + \frac{1}{3^2} + \frac{1}{5^2} + \cdots = \frac{\pi^2}{8}.$$

提示: 考虑函数 $f(x) = \begin{cases} 1 + \dfrac{x}{\pi}, & -\pi \leqslant x \leqslant 0, \\ 1 - \dfrac{x}{\pi}, & 0 \leqslant x \leqslant \pi \end{cases}$ 在 $[-\pi, \pi]$ 上的傅里叶级数.

11. (1) 设 $\alpha > 0$ 及 $\alpha \notin \mathbb{Z}$. 证明: 对于任意在 $[-\pi, \pi]$ 中的 x, 有

$$\cos \alpha x = \frac{2\alpha \sin \alpha x}{\pi} \left(\frac{1}{2\alpha^2} - \frac{\cos x}{\alpha^2 - 1^2} + \frac{\cos 2\alpha x}{\alpha^2 - 2^2} - \frac{\cos 3\alpha x}{\alpha^2 - 3^2} + \cdots \right).$$

(2) 证明: 若 $x \notin \mathbb{Z}$, 则

$$\cot \pi x = \frac{1}{\pi x} + \frac{2x}{\pi} \sum_{n=1}^{\infty} \frac{1}{x^2 - n^2},$$

$$\csc \pi x = \frac{1}{\pi x} + \frac{2x}{\pi} \sum_{n=1}^{\infty} \frac{(-1)^n}{x^2 - n^2}.$$

(3) 利用逐项微分法 (合理吗?) 证明

$$\frac{\sin \pi x}{\pi x} = \lim_{m \to \infty} \left[\left(1 - \frac{x^2}{1^2}\right) \left(1 - \frac{x^2}{2^2}\right) \cdots \left(1 - \frac{x^2}{m^2}\right) \right], \quad x \notin \mathbb{Z}.$$

10.6　魏尔斯特拉斯逼近定理

将一般的 (非解析的) 函数 f, 写成一个由简单的函数 (例如, $1, x, x^2, \cdots$ 或三角函数) 所组成的函数项级数的想法, 不一定总能实现. 事实上, 不论将 f 写成泰勒级数, 或傅里叶级数, 我们都要求 f 具有某种程度的 "好的" 性质. 这是因为 "好的" 函数的级数, 会收敛到 "好的" 函数. 不过, 对于某些问题, 我们有可能只需要用到比较弱的逼近方式, 而不一定要用到函数项级数来作逼近. 在本节, 魏尔斯特

拉斯逼近定理保证了: 定义在有界闭区间上的连续函数, 皆可以被多项式函数一致逼近.

以下, 我们记

$$\binom{n}{k} = \frac{n!}{k!(n-k)!}, \quad k = 0, 1, 2, \cdots, n$$

为**二项式系数**(binomial coefficient), 并且约定 $0! = 1$.

定义 10.6.1　对于定义在 $[0,1]$ 上的函数 f, 令

$$B_n[f(x)] = \sum_{k=0}^{n} f\left(\frac{k}{n}\right)\binom{n}{k}x^k(1-x)^{n-k}, \quad 0 \leqslant x \leqslant 1, \ n = 1, 2, \cdots.$$

我们称 $B_n[f(x)]$ 为 f 的**伯恩斯坦 (Bernstein) n 次多项式**.

定理 10.6.1　设 $f: [0,1] \to \mathbb{R}$ 有界.

(1)(**伯恩斯坦逼近定理**) 若 f 在 $[0,1]$ 中的某点 x_0 连续, 则当 $n \to \infty$ 时,

$$B_n[f(x_0)] \to f(x_0).$$

(2)(**魏尔斯特拉斯逼近定理**) 若 f 在 $[0,1]$ 上连续, 则当 $n \to \infty$ 时,

$$B_n[f(x_0)] \to f(x_0) \quad (\text{一致收敛}).$$

为了证明定理 10.6.1, 我们需要做一些准备工作.

引理 10.6.2　设

$$p_{nk}(x) = \binom{n}{k}x^k(1-x)^{n-k}.$$

(1) $p_{nk}(x) \geqslant 0, \ \forall x \in [0,1]$;

(2) $\sum\limits_{k=0}^{n} p_{nk}(x) = 1$;

(3) $\sum\limits_{k=0}^{n} k p_{nk}(x) = nx$;

(4) $\sum\limits_{k=0}^{n} k(k-1) p_{nk}(x) = n(n-1)x^2$.

证明留作习题 (见习题 10.6 第 1 题).　　　　　　　　　　　　　□

定理 10.6.1 的证明: (1) 设 $M > 0$, 使得

$$|f(x)| \leqslant M, \quad \forall x \in [0,1]. \tag{10.6.1}$$

给定 $\varepsilon > 0$. 由于 f 在点 x_0 连续, 存在 $\delta > 0$, 使得: 对于 $[0,1]$ 中的点 x, 有

$$|x - x_0| < \delta \implies |f(x) - f(x_0)| < \frac{\varepsilon}{2}. \tag{10.6.2}$$

观察

$$|f(x_0) - B_n[f(x_0)]|$$

$$= \left| \sum_{k=0}^{n} f(x_0)p_{nk}(x_0) - \sum_{k=0}^{n} f\left(\frac{k}{n}\right)p_{nk}(x_0) \right| \quad (\text{引理 } 10.6.2(2))$$

$$\leqslant \sum_{k=0}^{n} \left| f(x_0) - f\left(\frac{k}{n}\right) \right| p_{nk}(x_0) \quad (\text{引理 } 10.6.2(1))$$

$$= \sum_{k''} \left| f(x_0) - f\left(\frac{k''}{n}\right) \right| p_{nk''}(x_0) + \sum_{k'} \left| f(x_0) - f\left(\frac{k'}{n}\right) \right| p_{nk'}(x_0),$$

其中, 介于 0 与 n 之间的整数 k'' 和 k', 分别满足条件:

$$\left| \frac{k''}{n} - x_0 \right| < \delta \quad \text{及} \quad \left| \frac{k'}{n} - x_0 \right| \geqslant \delta.$$

由 (10.6.1), (10.6.2) 及引理 10.6.2, 可得

$$\sum_{k''} \left| f(x_0) - f\left(\frac{k''}{n}\right) \right| p_{nk''}(x_0) < \frac{\varepsilon}{2} \sum_{k''} p_{nk''}(x_0) \leqslant \frac{\varepsilon}{2}$$

及

$$\sum_{k'} \left| f(x_0) - f\left(\frac{k'}{n}\right) \right| p_{nk'}(x_0) \leqslant 2M \sum_{k'} p_{nk'}(x_0).$$

因为 $\left| \dfrac{k'}{n} - x_0 \right| \geqslant \delta$, 有

$$\left| \frac{k'/n - x_0}{\delta} \right| \geqslant 1.$$

所以

$$\frac{(k' - nx_0)^2}{n^2\delta^2} \geqslant 1.$$

于是

$$\sum_{k'} p_{nk'}(x_0) \leqslant \frac{1}{n^2\delta^2} \sum_{k'} (k - nx_0)^2 p_{nk'}(x_0)$$

$$\leqslant \frac{1}{n^2\delta^2} \sum_{k=0}^{n} (k - nx_0)^2 p_{nk}(x_0)$$

$$= \frac{1}{n^2\delta^2} \sum_{k=0}^{n} (k^2 - 2knx_0 + n^2x_0^2) p_{nk}(x_0)$$

$$= \frac{1}{n^2\delta^2} \sum_{k=0}^{n} [k(k-1) - k(2nx_0 - 1) + n^2x_0^2] p_{nk}(x_0)$$

$$= \frac{1}{n^2\delta^2}[n(n-1)x_0^2 - (2nx_0 - 1)nx_0 + n^2x_0^2] \quad (\text{引理 10.6.2})$$

$$= \frac{1}{n^2\delta^2}[n^2x_0^2 - nx_0^2 - 2n^2x_0^2 + nx_0 + n^2x_0^2]$$

$$= \frac{1}{n^2\delta^2}[nx_0(1 - x_0)] \leqslant \frac{1}{n\delta^2}.$$

于是

$$|f(x_0) - B_n[f(x_0)]| < \frac{\varepsilon}{2} + \frac{2M}{n\delta^2}.$$

现在, 只要 $n > 4M/(\delta^2\varepsilon)$, 我们就有 $|f(x_0) - B_n[f(x_0)]| < \varepsilon$. 所以

$$\lim_{n\to\infty} B_n[f(x_0)] = f(x_0).$$

(2) 由于 f 在有界闭区间 $[0,1]$ 上连续, f 在 $[0,1]$ 上一致连续 (定理 5.3.3). 对于任意的 $\varepsilon > 0$, 存在着 $\delta > 0$, 使得: 对于 $[0,1]$ 中的点 x, y, 有

$$|x - y| < \delta \Longrightarrow |f(x) - f(y)| < \frac{\varepsilon}{2}.$$

应用 (1) 的证明 (以 y 代替 x_0) 可以得知: 只要 $n > 4M/(\delta^2\varepsilon)$, 有

$$|f(y) - B_n[f(y)]| < \varepsilon, \quad \forall y \in [0,1].$$

因此, 当 $n > \dfrac{4M}{\delta^2\varepsilon}$ 时, 函数间的一致距离

$$d(f, B_n[f(\cdot)]) = \sup\{|f(y) - B_n[f(y)]| : y \in [0,1]\} < \varepsilon.$$

所以, 在 $[0,1]$ 上,

$$B_n[f(x)] \to f(x) \quad (\text{一致收敛}). \qquad \square$$

例 10.6.3 图 10.12 说明当 $f(x) = \left|x - \dfrac{1}{2}\right|$ 时, $B_n[f(x)]$ 在 $[0,1]$ 上一致逼近 $f(x)$ 的情形. 其中, 我们分别给出 $f(x) = \left|x - \dfrac{1}{2}\right|$, $B_{10}[f(x)]$, $B_{30}[f(x)]$ 及 $B_{50}[f(x)]$ 的图形. $\qquad \square$

推论 10.6.4 设 $f : [a,b] \to \mathbb{R}$ 连续, 则存在多项式 $p_n(x)$, 使得在 $[a,b]$ 上,

$$p_n(x) \to f(x) \quad (\text{一致收敛}).$$

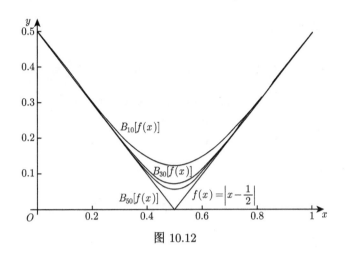

图 10.12

证明 考虑 $[0,1]$ 上的连续函数

$$g(x) := f(a(1-x) + bx).$$

由定理 10.6.1(2), 存在多项式 $B_n[g(x)]$, 使得在 $[0,1]$ 上

$$B_n[g(x)] \to g(x) \quad (\text{一致收敛}).$$

于是, 在 $[a,b]$ 上, 多项式

$$p_n(x) := B_n\left[g\left(\frac{x-a}{b-a}\right)\right] \to g\left(\frac{x-a}{b-a}\right) = f(x) \quad (\text{一致收敛}). \qquad \square$$

推论 10.6.5 若 f 是定义在 $\mathbb{R}$ 上以 2π 为周期的连续函数, 则存在三角多项式

$$T_n(x) = a_{n0} + \sum_{k=1}^{K_n} (a_{nk} \cos kx + b_{nk} \sin kx), \quad n = 1, 2, \cdots$$

在 $\mathbb{R}$ 上一致逼近 f. 在这里, 和的项数 K_n 可能随着 n 而改变.

证明 由推论 10.6.4, 对于任意的 $\varepsilon > 0$, 存在多项式 $p(x)$, 使得在 $[-\pi, \pi]$ 上,

$$d(f, p) = \sup\{|f(x) - p(x)| : x \in [-\pi, \pi]\} < \frac{\varepsilon}{6}.$$

令

$$q(x) := p(x) - (p(\pi) - p(-\pi))\frac{x+\pi}{2\pi}, \quad -\pi \leqslant x \leqslant \pi,$$

则 q 为 $[-\pi, \pi]$ 上的多项式函数, 而且 $q(-\pi) = q(\pi)$. 另一方面, 由于 $f(-\pi) = f(\pi)$, 我们有

$$|p(\pi) - p(-\pi)| \leqslant |p(\pi) - f(\pi)| + |f(-\pi) - p(-\pi)| < \frac{\varepsilon}{3}.$$

因此, 对于 $[-\pi, \pi]$ 中的 x, 有

$$
\begin{aligned}
|f(x) - q(x)| &= \left| f(x) - p(x) + (p(\pi) - p(-\pi)) \frac{x + \pi}{2\pi} \right| \\
&\leqslant |f(x) - p(x)| + |p(\pi) - p(-\pi)| \frac{x + \pi}{2\pi} \\
&< \frac{\varepsilon}{6} + \frac{\varepsilon}{3} = \frac{\varepsilon}{2}.
\end{aligned}
$$

所以, 在 $[-\pi, \pi]$ 上,

$$
d(f, q) = \sup \left\{ |f(x) - q(x)| : x \in [-\pi, \pi] \right\} < \frac{\varepsilon}{2}.
$$

作 q 的扩张 $q_{\mathrm{e}} : \mathbb{R} \to \mathbb{R}$, 使得

$$
q_{\mathrm{e}}(x) = q(x), \quad x \in [-\pi, \pi]
$$

及

$$
q_{\mathrm{e}}(2n\pi + x) = q_{\mathrm{e}}(x), \quad n \in \mathbb{Z}.
$$

因为 $q(-\pi) = q(\pi)$, 周期函数 q_{e} 在 $\mathbb{R}$ 上连续, 而且 q_{e}' 在 $\mathbb{R}$ 上分段连续. 由定理 10.5.11, q_{e} 的傅里叶级数在 $[-\pi, \pi]$ 上一致收敛到 q_{e}. 选取足够大的正整数 N, 使得在 $[-\pi, \pi]$ 上 (因而在整条实数线 $\mathbb{R}$ 上), q_{e} 的傅里叶级数的前 $2N + 1$ 项的部分和 $S_N[q_{\mathrm{e}}]$ 与 q_{e} 之差, 一致小于 $\frac{\varepsilon}{2}$, 即

$$
d(q_{\mathrm{e}}, S_N[q_{\mathrm{e}}]) = \sup \left\{ |q_{\mathrm{e}}(x) - S_N[q_{\mathrm{e}}(x)]| : x \in [-\pi, \pi] \right\} < \frac{\varepsilon}{2}.
$$

于是, 在 $[-\pi, \pi]$ 上

$$
d(f, S_N[q_{\mathrm{e}}]) \leqslant d(f, q_{\mathrm{e}}) + d(q_{\mathrm{e}}, S_N[q_{\mathrm{e}}]) < \frac{\varepsilon}{2} + \frac{\varepsilon}{2} = \varepsilon.
$$

由于 f 及三角函数多项式 $S_N[q_{\mathrm{e}}]$ 皆以 2π 为周期, 对 $\mathbb{R}$ 中的任意点 x 都成立着

$$
|f(x) - S_N[q_{\mathrm{e}}(x)]| < \varepsilon.
$$

　　最后, 依次令 $\varepsilon = 1, \dfrac{1}{2}, \dfrac{1}{3}, \cdots, \dfrac{1}{n}, \cdots$, 则得到三角多项式 $T_1, T_2, \cdots, T_n, \cdots$, 使得

$$
|f(x) - T_n(x)| < \frac{1}{n}, \quad \forall x \in \mathbb{R}, \ n = 1, 2, \cdots.
$$

换句话说, 在 $\mathbb{R}$ 上,

$$
T_n(x) \to f(x) \quad (\text{一致收敛}).
$$

$\square$

例 10.6.6 设 f 为定义在 $[a,b]$ 上的可积函数. 我们定义 f 的 n 阶矩(moment)为

$$M_n(f) := \frac{1}{b-a} \int_a^b f(x)x^n \, \mathrm{d}x, \quad n = 0,1,2,\cdots.$$

若 f 连续且其所有的 n 阶矩 $M_n[f]$ 皆等于 0, 则 f 在 $[a,b]$ 上恒等于 0. 因此, 若定义在 $[a,b]$ 上的连续函数 g,h 具有相同的所有 n 阶矩, 则在 $[a,b]$ 上 $g=h$.

证明 由推论 10.6.4, 存在多项式 $p_k(x)$, 使得: 在 $[a,b]$ 上,

$$p_k(x) \to f(x) \quad (\text{一致收敛}).$$

由定理 10.2.5,

$$\lim_{k\to\infty} \int_a^b f(x)p_k(x) \, \mathrm{d}x = \int_a^b f(x)^2 \, \mathrm{d}x.$$

然而, 由假设 $M_n[f]=0$, $n=0,1,2,\cdots$, 有

$$\int_a^b f(x)p_k(x) \, \mathrm{d}x = 0, \quad k = 0,1,2,\cdots.$$

所以

$$\int_a^b f(x)^2 \, \mathrm{d}x = 0.$$

由于 f^2 在 $[a,b]$ 上连续且非负,

$$f(x)^2 = 0, \quad \forall x \in [a,b],$$

于是, $f=0$ (参考命题 9.2.8). $\qquad\square$

习题 10.6

1. 证明引理 10.6.2.

2. 设 f 在 $[-\pi,\pi]$ 上连续, 证明:

(1) 若 f 为奇函数, 则存在奇多项式

$$p_n(x) = a_{n1}x + a_{n3}x^3 + \cdots + a_{n(2k_n+1)}x^{2k_n+1}$$

使得在 $[-\pi,\pi]$ 上,

$$p_n(x) \to f(x) \quad (\text{一致收敛}).$$

(2) 若 f 为偶函数, 则存在偶多项式

$$p_n(x) = a_{n0} + a_{n2}x^2 + \cdots + a_{n(2k_n)}x^{2k_n}$$

使得在 $[-\pi, \pi]$ 上,

$$p_n(x) \to f(x) \quad (\text{一致收敛}).$$

(3) 若 f 为奇 (或偶) 函数, 则在以上 (1) (或 (2)) 的奇 (或偶) 多项式可以改为正弦 (或余弦) 多项式.

3. 若 f 为以 2π 为周期的连续可微函数(continuously differentiable function), 即 f' 处处存在且连续. 证明: 对于任意的 $\varepsilon > 0$, 存在三角多项式 T, 使得以下两个不等式同时成立:

$$|f(x) - T(x)| < \varepsilon \quad \text{及} \quad |f'(x) - T'(x)| < \varepsilon, \quad \forall x \in \mathbb{R}.$$

4. 证明: 若 f 为以 2π 为周期的连续函数, 且

$$\int_{-\pi}^{\pi} f(x) \cos nx \, \mathrm{d}x = \int_{-\pi}^{\pi} f(x) \sin nx \, \mathrm{d}x = 0, \quad n = 0, 1, 2, \cdots,$$

则 $f = 0$.

5. 证明: 若 f 为定义在 $[-a, a]$ 上的奇的连续函数, 且

$$\int_{-a}^{a} f(x) x^{2k+1} \, \mathrm{d}x = 0, \quad k = 0, 1, 2, \cdots,$$

则 $f = 0$.

6. 试讨论在下列各情形中, 连续函数 $f : [0, \pi] \to \mathbb{R}$ 是否恒取零值.

(1) $\displaystyle\int_0^\pi f(x) x^{2n} \, \mathrm{d}x = 0,\ n = 0, 1, 2, \cdots$;

(2) $\displaystyle\int_0^\pi f(x) x^{2n+1} \, \mathrm{d}x = 0,\ n = 0, 1, 2, \cdots$;

(3) $\displaystyle\int_0^\pi f(x) \cos nx \, \mathrm{d}x = 0,\ n = 0, 1, 2, \cdots$;

(4) $\displaystyle\int_0^\pi f(x) \sin nx \, \mathrm{d}x = 0,\ n = 0, 1, 2, \cdots$.

7. 若 $f(x) = x^2$ $(0 \leqslant x \leqslant 1)$, 试问正整数 n 要取得多大时, 才能够保证

$$d(f, B_n[f]) = \sup_{0 \leqslant x \leqslant 1} |f(x) - B_n[f(x)]| < \frac{1}{1000}?$$

8. 证明: $F(x) = \mathrm{e}^x$ 在 $\mathbb{R}$ 上不可能写成多项式的一致收敛极限.

提示: 当 x 很大时, $p(x) \ll \mathrm{e}^x$, 其中 $p(x)$ 为任意的多项式函数.

9. 试举一例说明魏尔斯特拉斯逼近定理在开区间 $\left(-\dfrac{\pi}{2}, \dfrac{\pi}{2}\right)$ 上不成立.

提示: 利用题 8 及函数 $\tan x$.

第11章　简易多元微分学

11.1　紧致集合和极值定理

记 $\mathbb{R}^n = \underbrace{\mathbb{R} \times \mathbb{R} \times \cdots \times \mathbb{R}}_{n \text{ 个 } \mathbb{R}}$ 为 n 维实数向量空间. 记 $\mathbb{R}^n$ 中的 n 个基本单位向量为

$$
e_1 = \begin{pmatrix} 1 \\ 0 \\ 0 \\ 0 \\ \vdots \\ 0 \\ 0 \end{pmatrix}, \quad
e_2 = \begin{pmatrix} 0 \\ 1 \\ 0 \\ 0 \\ \vdots \\ 0 \\ 0 \end{pmatrix}, \quad
e_3 = \begin{pmatrix} 0 \\ 0 \\ 1 \\ 0 \\ \vdots \\ 0 \\ 0 \end{pmatrix}, \quad \cdots, \quad
e_n = \begin{pmatrix} 0 \\ 0 \\ 0 \\ 0 \\ \vdots \\ 0 \\ 1 \end{pmatrix}.
$$

一般地, 我们可以将任何 n 维向量 $x \in \mathbb{R}^n$ 写成 $e_1, e_2, e_3, \cdots, e_n$ 的线性组合.

$$
x = \begin{pmatrix} x_1 \\ x_2 \\ x_3 \\ \vdots \\ x_n \end{pmatrix} = x_1 e_1 + x_2 e_2 + x_3 e_3 + \cdots + x_n e_n.
$$

例如, 三维向量

$$
\begin{pmatrix} 3 \\ 2 \\ -1 \end{pmatrix} = 3 \begin{pmatrix} 1 \\ 0 \\ 0 \end{pmatrix} + 2 \begin{pmatrix} 0 \\ 1 \\ 0 \end{pmatrix} - \begin{pmatrix} 0 \\ 0 \\ 1 \end{pmatrix}
$$

$$
= 3 e_1 + 2 e_2 - e_3 = 3\hat{\imath} + 2\hat{\jmath} - \hat{k}.
$$

在这里, 我们采用了常用的记号

$$
\hat{\imath} = e_1, \quad \hat{\jmath} = e_2 \quad \text{及} \quad \hat{k} = e_3.
$$

对于两个 n 维向量 $x, y \in \mathbb{R}^n$, 我们定义它们的距离为

$$d(\boldsymbol{x}, \boldsymbol{y}) = \|\boldsymbol{x} - \boldsymbol{y}\| = \sqrt{(x_1 - y_1)^2 + (x_2 - y_2)^2 + \cdots + (x_n - y_n)^2}.$$

特别地, 称

$$\|\boldsymbol{x}\| := d(\boldsymbol{x}, 0) = \sqrt{x_1^2 + x_2^2 + \cdots + x_n^2}$$

为向量 $\boldsymbol{x}$ 的长度, 或范数 (norm). 由此, 我们定义 $\mathbb{R}^n$ 中向量列 $\{\boldsymbol{x}_m\}_m$ 的收敛性如下:

$$\boldsymbol{x} = \lim_{m \to \infty} \boldsymbol{x}_m \iff \lim_{m \to \infty} \|\boldsymbol{x} - \boldsymbol{x}_m\| = 0.$$

如果

$$\boldsymbol{x}_m = \begin{pmatrix} x_{m1} \\ x_{m2} \\ x_{m3} \\ \vdots \\ x_{mn} \end{pmatrix} \quad \text{和} \quad \boldsymbol{x} = \begin{pmatrix} x_1 \\ x_2 \\ x_3 \\ \vdots \\ x_n \end{pmatrix},$$

则

$$\boldsymbol{x} = \lim_{m \to \infty} \boldsymbol{x}_m \iff \lim_{m \to \infty} \sum_{k=1}^{n} (x_k - x_{mk})^2 = 0$$

$$\iff \lim_{m \to \infty} x_{mk} = x_k, \ k = 1, 2, \cdots, n.$$

设 $\boldsymbol{a} \in U \subseteq \mathbb{R}^n$. 如果存在 $\delta > 0$, 使得以 $\boldsymbol{a}$ 为中心, δ 为半径的 n 维圆球

$$B(\boldsymbol{a}; \delta) = \{\boldsymbol{x} \in \mathbb{R}^n : \|x - a\| < \delta\}$$

整个落入 U 中, 则我们称 $\boldsymbol{a}$ 为集合 U 的内点 (interior point). 集合 U 的所有内点构成其内部 (interior)

$$\text{Int}\, U = \{\boldsymbol{x} \in \mathbb{R}^n : \text{存在}\ \delta > 0, \text{使得}\ B(\boldsymbol{x}; \delta) \subseteq U\}.$$

定义 11.1.1 令 $U \subseteq \mathbb{R}^n$.
(1) 如果 $U = \text{Int}\, U$, 则称 U 为 $\mathbb{R}^n$ 中的开集 (open set).
(2) 如果 U 的余集 $\mathbb{R}^n \setminus U$ 是开集, 则称 U 为闭集 (closed set).
(3) 如果存在着常数 $r > 0$, 使得 $U \subseteq B(\boldsymbol{0}; r)$, 则称 U 为有界集 (bounded set).

命题 11.1.1 设 $C \subseteq \mathbb{R}^n$, 则 C 为闭集, 当且仅当,

$$\boldsymbol{x}_m \in C, \forall m = 1, 2, \cdots, \text{且}\ \boldsymbol{x}_m \to \boldsymbol{x} \in \mathbb{R}^n \implies \boldsymbol{x} \in C.$$

证明 假设 C 为 $\mathbb{R}^n$ 的闭子集. 令 $\boldsymbol{x}_m \in C, \forall m = 1, 2, \cdots,$ 且 $\boldsymbol{x}_m \to \boldsymbol{x} \in \mathbb{R}^n$. 如果 $\boldsymbol{x} \notin C$, 则 $\boldsymbol{x} \in U := \mathbb{R}^n \setminus C$. 由于 U 为开集, $\boldsymbol{x}$ 为 U 的内点. 于是, 存在 $\delta > 0$,

使得 $B(\boldsymbol{x};\delta) \subseteq U$. 因为 $\boldsymbol{x}_m \to \boldsymbol{x}$, 对于足够大的 m, 我们有 $\|\boldsymbol{x} - \boldsymbol{x}_m\| < \delta$; 换句话说, $\boldsymbol{x}_m \in B(\boldsymbol{x};\delta)$. 于是, 这些 $\boldsymbol{x}_m \in U \cap C = \varnothing$. 这个矛盾说明了 $\boldsymbol{x} \in C$.

现在假设所述的条件被满足. 我们要证明 C 是闭集, 或者等价地, 它的余集 $U = \mathbb{R}^n \setminus C$ 为开集. 如果 U 不是开集, 则存在着 $\boldsymbol{x}$, 使得

$$\boldsymbol{x} \in U, \quad 但是 \ \boldsymbol{x} \notin \operatorname{Int} U.$$

特别地, 对于 $m = 1, 2, \cdots$, 我们都有 $B\left(\boldsymbol{x};\dfrac{1}{m}\right) \not\subseteq U$. 换句话说, 存在着向量 $\boldsymbol{x}_m \in B\left(\boldsymbol{x};\dfrac{1}{m}\right)$, 但是 $\boldsymbol{x}_m \notin U$, 即 $\boldsymbol{x}_m \in C$. 因为

$$\|\boldsymbol{x} - \boldsymbol{x}_m\| < \frac{1}{m} \to 0,$$

由假设的条件, 我们有

$$\boldsymbol{x} = \lim_{m \to \infty} \boldsymbol{x}_m \in C.$$

然而, $\boldsymbol{x} \in U = \mathbb{R}^n \setminus C$. 这个矛盾说明了 C 是闭集. $\qquad\square$

定义 11.1.2　如果实值函数 $f : A \subseteq \mathbb{R}^n \to \mathbb{R}$ 满足条件: 对于 A 中的点 $\boldsymbol{x}_0$, 使得对任意给定的误差要求 $\varepsilon > 0$, 皆存在着对应的精确度条件 $\delta > 0$, 使得

$$\|\boldsymbol{x} - \boldsymbol{x}_0\| < \delta \ 及 \ \boldsymbol{x} \in A \implies |f(\boldsymbol{x}) - f(\boldsymbol{x}_0)| < \varepsilon,$$

则称 f 在点 $\boldsymbol{x}_0$ 上连续 (continuity). 如果 f 在 A 上处处连续, 则称 f 在 A 上连续.

对于 $\boldsymbol{x}_0 \in \mathbb{R}^n$, 如果存在集合 A 中的点列 $\{\boldsymbol{x}_m\}$, 使得所有的 $\boldsymbol{x}_m \neq \boldsymbol{x}_0$, 且 $\lim_{m \to \infty} \boldsymbol{x}_m = \boldsymbol{x}_0$, 则称 $\boldsymbol{x}_0$ 为 A 的聚点 (cluster point).

定理 11.1.2　设 $\boldsymbol{x}_0$ 为 A 的聚点. 函数 $f : A \subseteq \mathbb{R}^n \to \mathbb{R}$ 在点 $\boldsymbol{x}_0$ 处连续, 当且仅当,

$$\boldsymbol{x}_m \to \boldsymbol{x}_0 \implies f(\boldsymbol{x}_m) \to f(\boldsymbol{x}_0).$$

证明留作习题 (见习题 11 第 1 题 (1)). $\qquad\square$

我们要证明: 连续函数在 $\mathbb{R}^n$ 中的有界闭集上, 总会取得其最大值和最小值 (定理 11.1.6). 为了证明这个事实, 我们回顾一个基本定理.

定理 11.1.3 (戴德金确界存在定理)　设 $A \subseteq \mathbb{R}$, 且 $A \neq \varnothing$.

(1) 若 A 有上界, 则 A 的最小上界 $\sup A$ 存在;

(2) 若 A 有下界, 则 A 的最大下界 $\inf A$ 存在.

注意　我们不一定会有 $\inf A, \sup A \in A$. 根据定义,

$$\inf A \in A \Longleftrightarrow \inf A = \min A,$$

$$\sup A \in A \Longleftrightarrow \sup A = \max A.$$

例如, 当 $A = (0,1]$ 时, $\inf A = 0 \notin A$, $\sup A = 1 \in A$. 所以, $\max A = 1$, 但是 $\min A$ 不存在.

定理 11.1.4(魏尔斯特拉斯致密性定理)　任何在 $\mathbb{R}^n$ 中的有界向量列 $\{\boldsymbol{x}_m\}_m$, 必有在 $\mathbb{R}^n$ 中收敛的子列 $\{\boldsymbol{x}_{m_k}\}_k$.

证明　事实上, 在讨论一维的情形时, 我们已经证明了定理的结论. 应用数学归纳法, 我们假设定理对 $(n-1)$ 维有界向量列成立. 现在讨论 n 维向量列的情形. 令

$$\boldsymbol{x}_m = x_{m1}\boldsymbol{e}_1 + x_{m2}\boldsymbol{e}_2 + \cdots + x_{mn}\boldsymbol{e}_n \in \mathbb{R}^n, \quad m = 1, 2, \cdots.$$

对于由 $\boldsymbol{x}_m$ 的第 n 个坐标所构成的一维有界数列 $\{x_{mn}\}_m$, 有收敛的子列 $\{x_{m_h n}\}_h$. 我们更换 $\{\boldsymbol{x}_m\}_m$ 为新的 n 维向量列 $\{\boldsymbol{x}_{m_h}\}_h$. 于是, 不妨假设: 向量列 $\{\boldsymbol{x}_m\}_m$ 的第 n 个坐标数列 $\{x_{mn}\}_m$ 收敛.

接着, 考虑由 $\boldsymbol{x}_m$ 的第 1 个坐标到第 $n-1$ 个坐标所组成的 $(n-1)$ 维有界向量列 $\{\boldsymbol{y}_m\}_m$, 其中,

$$\boldsymbol{y}_m = x_{m1}\boldsymbol{e}_1 + x_{m2}\boldsymbol{e}_2 + \cdots + x_{m,n-1}\boldsymbol{e}_{n-1} \in \mathbb{R}^{n-1}, \quad m = 1, 2, \cdots.$$

由归纳法假设, $\{\boldsymbol{y}_m\}_m$ 在 $\mathbb{R}^{n-1}$ 有收敛的子列 $\{\boldsymbol{y}_{m_k}\}_k$. 于是, $\boldsymbol{x}_{m_k}$ 的每个坐标 $x_{m_k 1}, x_{m_k 2}, \cdots, x_{m_k, n-1}$ 和 $x_{m_k n}$ 皆收敛. 所以, 我们便得到 $\{\boldsymbol{x}_m\}_m$ 收敛的子列 $\{\boldsymbol{x}_{m_k}\}_k$. □

我们注意到, 在定理 11.1.4 中, 在集合 A 中的有界向量列 $\{\boldsymbol{x}_m\}_m$ 的收敛子列 $\{\boldsymbol{x}_{m_k}\}_k$, 其极限不一定会落在集合 A 中.

定义 11.1.3　设 $A \subseteq \mathbb{R}^n$.

(1) (i) 如果 $\{U_\lambda : \lambda \in \Lambda\}$ 是 $\mathbb{R}^n$ 中的一族开集合, A 是 $\mathbb{R}^n$ 的子集, 并且

$$A \subseteq \bigcup_{\lambda \in \Lambda} U_\lambda, \tag{11.1.1}$$

则称 $\{U_\lambda : \lambda \in \Lambda\}$ 为 A 的一个 开覆盖 (open covering).

(ii) 如果我们可以从中选出有限多个 $U_{\lambda_1}, U_{\lambda_2}, \cdots, U_{\lambda_k}$, 使得 $A \subseteq \bigcup_{j=1}^{k} U_{\lambda_j}$, 则称 $\{U_{\lambda_1}, U_{\lambda_2}, \cdots, U_{\lambda_k}\}$ 为 A 的开覆盖 (11.1.1) 的 有限子覆盖 (finite subcover).

(2) 如果 A 的任何开覆盖 $A \subseteq \bigcup_{\lambda \in \Lambda} U_\lambda$, 必具有有限子覆盖 $A \subseteq \bigcup_{j=1}^{k} U_{\lambda_j}$, 则称 A 为 紧致集, 或简称为 紧集 (compact set).

定义 11.1.4 如果在 $\mathbb{R}^n$ 的子集 A 中的任何向量列 $\{\boldsymbol{x}_m\}_m$, 皆具有在 A 中收敛的子列 $\{\boldsymbol{x}_{m_k}\}_k$, 即 $\boldsymbol{x} = \lim\limits_{k\to\infty} \boldsymbol{x}_{m_k} \in A$, 则称 A 为列紧致集, 或简称为列紧集 (sequentially compact set).

定理 11.1.5 设 $A \subset \mathbb{R}^n$. 以下各命题等价:

(1) A 是有界闭集;

(2) A 是列紧致集;

(3) A 是紧致集.

证明 (1) $\Longrightarrow$ (2): 设 $\{\boldsymbol{x}_m\}$ 是有界闭集 A 中的向量列. 于是 $\{\boldsymbol{x}_m\}$ 是有界的. 由魏尔斯特拉斯致密性定理 (定理 11.1.4), 存在着 $\{\boldsymbol{x}_m\}$ 在 $\mathbb{R}^n$ 中收敛的子列 $\{\boldsymbol{x}_{m_k}\}$. 由 A 的闭性, 命题 11.1.1 保证了子列的极限 $\boldsymbol{x} = \lim\limits_{k\to\infty} \boldsymbol{x}_{m_k} \in A$.

(2) $\Longrightarrow$ (3): 假设 $\{U_\lambda : \lambda \in \Lambda\}$ 是 A 的一个开覆盖. 我们首先证明存在一个正数 $\varepsilon > 0$ (称它为此开覆盖的 **勒贝格数**), 使得对任何 A 中的点 $\boldsymbol{x}$, 以 $\boldsymbol{x}$ 为中心、ε 为半径的开圆球 $B(\boldsymbol{x}; \varepsilon)$, 会整个落在某一个开集 U_λ 中, 即 $B(\boldsymbol{x}; \varepsilon) \subseteq U_\lambda$. 假若不然, 则对应于每一个 $\varepsilon = 1/m$, 存在着 A 中的点 $\boldsymbol{x}_m$, 使得没有任何一个 U_λ 会包含整个圆球 $B(\boldsymbol{x}_m; 1/m)$. 由条件 (2), 我们有收敛的球心子列:

$$\boldsymbol{x} = \lim_{k\to\infty} \boldsymbol{x}_{m_k} \in A \subseteq \bigcup_{\lambda\in\Lambda} U_\lambda.$$

特别地, 存在某个开集 U_{λ_0} 使得 $\boldsymbol{x} \in U_{\lambda_0}$. 由于 $\boldsymbol{x}$ 是 U_{λ_0} 的内点, 存在着 $\delta > 0$ 使得 $B(\boldsymbol{x}; \delta) \subseteq U_{\lambda_0}$. 由于 $\boldsymbol{x} = \lim\limits_{k\to\infty} \boldsymbol{x}_{m_k}$, 存在着指标 N, 使得当 $k > N$ 时, $\|\boldsymbol{x} - \boldsymbol{x}_{m_k}\| < \delta/2$. 由于 $m_k \geqslant k$, 当 $k \to \infty$ 时, 我们最后总会有 $\dfrac{1}{m_k} < \dfrac{\delta}{2}$, 于是

$$B\left(\boldsymbol{x}_{m_k}; \frac{1}{m_k}\right) \subseteq B\left(\boldsymbol{x}_{m_k}; \frac{\delta}{2}\right) \subseteq B(\boldsymbol{x}; \delta) \subseteq U_{\lambda_0}.$$

这和原来的假设: 没有一个 U_λ 会包含任何 $B(\boldsymbol{x}_m; 1/m)$ 相矛盾. 所以, 勒贝格数 ε 存在.

现在, 任取 A 中的一点 $\boldsymbol{x}_1$. 由以上的讨论, 得到一个开集 U_{λ_1}, 使得 $B(\boldsymbol{x}_1; \varepsilon) \subseteq U_{\lambda_1}$. 如果 $A \not\subseteq U_{\lambda_1}$, 可以选取 A 中的另一点 $\boldsymbol{x}_2 \notin U_{\lambda_1}$; 特别地, $\boldsymbol{x}_2 \notin B(\boldsymbol{x}_1; \varepsilon)$. 对于 $\boldsymbol{x}_2$, 会得到另一个开集 U_{λ_2}, 使得 $B(\boldsymbol{x}_2; \varepsilon) \subseteq U_{\lambda_2}$. 如果 $A \not\subseteq U_{\lambda_1} \cup U_{\lambda_2}$, 将会得到 A 中的点 $\boldsymbol{x}_3 \notin U_{\lambda_1} \cup U_{\lambda_2}$; 特别地, $\boldsymbol{x}_3 \notin B(\boldsymbol{x}_1; \varepsilon) \cup B(\boldsymbol{x}_2; \varepsilon)$. 同时, 也会得到一个开集 U_{λ_3}, 使得 $B(\boldsymbol{x}_3; \varepsilon) \subseteq U_{\lambda_3}$. 如果这个过程能够无限地进行下去, 则将会得到 A 中的一个向量列 $\{\boldsymbol{x}_m\}$, 使得 $\boldsymbol{x}_m \notin \bigcup_{j=1}^{m-1} B(\boldsymbol{x}_j; \varepsilon)$, 即

$$\|\boldsymbol{x}_m - \boldsymbol{x}_j\| \geqslant \varepsilon, \quad j = 1, 2, \cdots, m-1.$$

于是, $\{x_m\}$ 不可能有收敛的子列. 这与条件 (2) 矛盾. 因此, 我们必然会在有限 k 步后, 得到有限子覆盖 $A \subseteq \bigcup_{j=1}^{k} U_{\lambda_j}$.

(3) $\Longrightarrow$ (1): 观察: 开覆盖

$$A \subseteq \mathbb{R}^n = \bigcup_{m=1}^{\infty} B(\mathbf{0}; m)$$

具有有限的子覆盖

$$A \subseteq B(\mathbf{0}; m_1) \cup B(\mathbf{0}; m_2) \cup \cdots \cup B(\mathbf{0}; m_k) = B(\mathbf{0}; m_k),$$

其中我们假设同心圆球的半径 $m_1 < m_2 < \cdots < m_k$. 于是, A 是有界集合.

现在证明 A 是闭集. 等价地, 我们将证明 A 的余集 $B = \mathbb{R}^n \setminus A$ 是开集, 即 B 中每一点 y 皆是 B 的内点. 对于 A 中的每一点 x, 由于 x, y 分别属于不相交的集合 A, B 中, 所以 $x \neq y$. 令 $r_x = \|x - y\|/3 > 0$. 则 $B(x; r_x) \cap B(y; r_x) = \varnothing$. 由于

$$A = \bigcup_{x \in A} \{x\} \subseteq \bigcup_{x \in A} B(x; r_x)$$

是 A 的开覆盖, 由 (3), 存在着有限子覆盖

$$A \subseteq B(x_1; r_{x_1}) \cup B(x_2; r_{x_2}) \cup \cdots \cup B(x_k; r_{x_k}).$$

另一方面,

$$y \in B(y; r_{x_1}) \cap B(y; r_{x_2}) \cap \cdots \cap B(y; r_{x_k}) = B(y; r),$$

其中 $r = \min\{r_{x_1}, r_{x_2}, \cdots, r_{x_k}\}$. 由于

$$B(x_j; r_{x_j}) \cap B(y; r_{x_j}) = \varnothing, \quad j = 1, 2, \cdots, k,$$

我们得到

$$y \in B(y; r) \subseteq \mathbb{R}^n \setminus (B(x_1; r_{x_1}) \cup B(x_2; r_{x_2}) \cup \cdots \cup B(x_k; r_{x_k})) \subseteq \mathbb{R}^n \setminus A = B.$$

换句话说, B 中的每一个点 y 都是 B 的内点. 由于 B 中的每一个点 y 都是 B 的内点, B 是开集合. 因而, $A = \mathbb{R}^n \setminus B$ 是闭集合.　　　　　　　□

定理 11.1.6　设 f 为定义在紧致集合 K 上的连续函数, 则 f 在 A 上取得最大值及最小值. 即存在着点 $a, b \in K$, 使得

$$f(a) \leqslant f(x) \leqslant f(b), \quad \forall x \in K.$$

此时,

$$f(a) = \min_{x \in K} f(x), \quad f(b) = \max_{x \in K} f(x).$$

证明 我们首先证明 f 在紧致集 K 上有界. 假设 f 在 K 上没有界, 则存在着 K 中的向量列 $\{\boldsymbol{x}_m\}_m$, 使得

$$|f(\boldsymbol{x}_m)| \to +\infty.$$

由定理 11.1.5, $\{\boldsymbol{x}_m\}_m$ 具有在 K 中收敛的子列 $\{\boldsymbol{x}_{m_k}\}_k$. 令

$$\boldsymbol{x}_{m_k} \to \boldsymbol{x} \in K.$$

再由 f 的连续性, 我们得到一个矛盾:

$$|f(\boldsymbol{x})| = \lim_{k \to \infty} |f(\boldsymbol{x}_{m_k})| = +\infty.$$

所以, f 在 K 上有界.

接着, 由定理 11.1.3, 我们知道 f 在 $\mathbb{R}$ 中的有界值域 $f(K) \subset \mathbb{R}$, 有最小上界 $u = \sup f(K)$. 由 u 的最小性, 对于 $m = 1, 2, \cdots$, 我们知道 $u - 1/m$ 不会是 $f(K)$ 的上界. 因此, 存在着 K 中的向量 $\boldsymbol{x}_m$, 使得

$$u - \frac{1}{m} < f(\boldsymbol{x}_m).$$

另一方面, 由于 u 是 $f(K)$ 的上界, 且 $\boldsymbol{x}_m \in K$, 有 $f(\boldsymbol{x}_m) \leqslant u$. 于是,

$$u - \frac{1}{m} < f(\boldsymbol{x}_m) \leqslant u, \quad m = 1, 2, \cdots.$$

再次由定理 11.1.5, $\{\boldsymbol{x}_m\}_m$ 具有在 K 中收敛的子列 $\{\boldsymbol{x}_{m_k}\}_k$. 令 $\boldsymbol{b} = \lim_{k \to \infty} \boldsymbol{x}_{m_k} \in K$. 此时, 三明治定理保证了

$$f(\boldsymbol{b}) = \lim_{k \to \infty} f(\boldsymbol{x}_{m_k}) = u.$$

所以, $f(\boldsymbol{b}) = \max f(K)$. 同法可证: 存在 K 中的向量 $\boldsymbol{a}$, 使得 $f(\boldsymbol{a}) = \min f(K)$. $\qquad\square$

推论 11.1.7 假设函数 f 在 $\mathbb{R}^n$ 上连续, 且 $f \geqslant 0$.

(1) 若 $\lim\limits_{\|\boldsymbol{x}\| \to +\infty} f(\boldsymbol{x}) = 0$, 则 f 在 $\mathbb{R}^n$ 上取得最大值;

(2) 若 $\lim\limits_{\|\boldsymbol{x}\| \to +\infty} f(\boldsymbol{x}) = +\infty$, 则 f 在 $\mathbb{R}^n$ 上取得最小值.

证明 (1) 不妨假设存在着 $\mathbb{R}^n$ 中的点 $\boldsymbol{x}_0$, 使得 $f(\boldsymbol{x}_0) > 0$. 因为 $\lim\limits_{\|\boldsymbol{x}\| \to +\infty} f(\boldsymbol{x}) = 0$, 存在着 $M > 0$ 使得

$$\|\boldsymbol{x}\| > M \implies f(\boldsymbol{x}) < \frac{f(\boldsymbol{x}_0)}{2}.$$

特别地, $\|\boldsymbol{x}_0\| \leqslant M$. 另一方面, 由定理 11.1.6, 连续函数 f 在紧致集合

$$\overline{B(\boldsymbol{0}; M)} = \{\boldsymbol{x} \in \mathbb{R}^n : \|\boldsymbol{x}\| \leqslant M\}$$

上取得极大值 $f(\boldsymbol{d})$. 由于 $\boldsymbol{x}_0 \in \overline{B(\boldsymbol{0}; M)}$, 有

$$f(\boldsymbol{d}) = \max_{\boldsymbol{y} \in \overline{B(\boldsymbol{0};M)}} f(\boldsymbol{y}) \geqslant f(\boldsymbol{x}_0) > \frac{f(\boldsymbol{x}_0)}{2} \geqslant \sup_{\boldsymbol{x} \notin \overline{B(\boldsymbol{0};M)}} f(\boldsymbol{x}).$$

因此, $f(\boldsymbol{d}) = \max\limits_{\boldsymbol{x} \in \mathbb{R}^n} f(\boldsymbol{x})$.

(2) 不妨假设 f 在 $\mathbb{R}^n$ 上恒大于零; 否则, 0 就是 f 的最小值. 应用 (1) 于 $\mathbb{R}^n$ 上的连续正值函数 $g = 1/f$. 因为 $\lim\limits_{\|\boldsymbol{x}\| \to +\infty} g(\boldsymbol{x}) = 0$, 存在着 $\mathbb{R}^n$ 中的点 $\boldsymbol{c}$, 使得 $g(\boldsymbol{c}) = \max\limits_{\boldsymbol{x} \in \mathbb{R}^n} g(\boldsymbol{x})$. 等价地, $f(\boldsymbol{c}) = \min\limits_{\boldsymbol{x} \in \mathbb{R}^n} f(\boldsymbol{x})$. 　□

> **定义 11.1.5** 如果定义在 $\mathbb{R}^n$ 的子集 K 上的函数 $f : K \to \mathbb{R}$, 对于任意的 $\varepsilon > 0$, 皆对应着某个数 $\delta > 0$, 使得
>
> $$\|\boldsymbol{x} - \boldsymbol{y}\| < \delta \text{ 且 } \boldsymbol{x}, \boldsymbol{y} \in K \Longrightarrow |f(\boldsymbol{x}) - f(\boldsymbol{y})| < \varepsilon,$$
>
> 则称 f 在 K 上 **一致连续** 或 **均匀连续** (uniformly continuous).

定理 11.1.8 假设 $f : K \to \mathbb{R}$ 在紧致集合 K 上连续, 则 f 在 K 上一致连续.

证明 假设 f 在 K 上连续, 但不是一致连续. 于是, 存在着 $\varepsilon > 0$, 使得对任何 $\delta > 0$, 我们皆可以找到 K 中的点 $\boldsymbol{x}, \boldsymbol{y}$, 虽然 $\|\boldsymbol{x} - \boldsymbol{y}\| < \delta$, 但是 $|f(\boldsymbol{x}) - f(\boldsymbol{y})| \geqslant \varepsilon$. 特别地, 对应于 $\delta = 1/m$, 其中 $m = 1, 2, \cdots$, 皆存在着 K 中的点 $\boldsymbol{x}_m, \boldsymbol{y}_m$, 使得虽然

$$\|\boldsymbol{x}_m - \boldsymbol{y}_m\| < \frac{1}{m}, \quad \text{但是 } |f(\boldsymbol{x}_m) - f(\boldsymbol{y}_m)| \geqslant \varepsilon.$$

应用定理 11.1.5, 得到 $\{\boldsymbol{x}_m\}_m$ 的收敛子列 $\{\boldsymbol{x}_{m_i}\}_i$. 再次应用定理 11.1.5, 得到 $\{\boldsymbol{y}_{m_i}\}_i$ 的子列 $\{\boldsymbol{y}_{m_{i_j}}\}_j$. 由于向量列的子子列, 还是其子列, 我们不妨也将 $\{\boldsymbol{x}_{m_i}\}_i$ 更换为其子列 $\{\boldsymbol{x}_{m_{i_j}}\}_j$, 并且精简下标 $m_k = m_{i_j}$, 因而得到原向量列 $\{\boldsymbol{x}_m\}_m$ 和 $\{\boldsymbol{y}_m\}_m$ 的收敛子列 $\{\boldsymbol{x}_{m_k}\}_k$ 和 $\{\boldsymbol{y}_{m_k}\}_k$, 使得 $\boldsymbol{x} = \lim\limits_{k\to\infty} \boldsymbol{x}_{m_k}$ 和 $\boldsymbol{y} = \lim\limits_{k\to\infty} \boldsymbol{y}_{m_k}$ 皆在 K 中. 因为 $\|\boldsymbol{x}_{m_k} - \boldsymbol{y}_{m_k}\| < 1/m_k \to 0$, 得 $\boldsymbol{x} = \boldsymbol{y}$. 然而, 由 f 的连续性,

$$0 = |f(\boldsymbol{x}) - f(\boldsymbol{y})| = \lim_{k\to\infty} |f(\boldsymbol{x}_{m_k}) - f(\boldsymbol{y}_{m_k})| \geqslant \varepsilon > 0.$$

这个矛盾说明了 f 在 K 上的一致连续性. 　□

11.2　偏　导　数

以下, 假设 $U \subseteq \mathbb{R}^n$ 是开集. 设 $f : U \to \mathbb{R}$ 为定义在 U 上, 取实数值的函数. 记

$$y = f(\boldsymbol{x}) = f(x_1, x_2, \cdots, x_n).$$

当固定 U 中的一个点 $\boldsymbol{x} = (x_1, \cdots, x_{k-1}, x_k, x_{k+1}, \cdots, x_n)$ 时, 我们可以定义 n 元函数 f 在点 $\boldsymbol{x}$ 的 n 个分量函数 $f_k : \mathbb{R} \to \mathbb{R}$, $k = 1, 2, \cdots, n$. 其定义为

$$f_k(h) = f(\boldsymbol{x} + h\boldsymbol{e}_k) = f(x_1, \cdots, x_{k-1}, x_k + h, x_{k+1}, \cdots, x_n).$$

对于单变量函数 f_k, 我们可以考虑它在 $h = 0$ 处的导数:

$$f_k'(0) = \lim_{h \to 0} \frac{f_k(h) - f_k(0)}{h} = \lim_{h \to 0} \frac{f(\boldsymbol{x} + h\boldsymbol{e}_k) - f(\boldsymbol{x})}{h}$$
$$= \lim_{h \to 0} \frac{f(x_1, \cdots, x_{k-1}, x_k + h, x_{k+1}, \cdots, x_n) - f(x_1, \cdots, x_{k-1}, x_k, x_{k+1}, \cdots, x_n)}{h}.$$

如果这个导数存在, 则我们有如下定义.

> **定义 11.2.1**　多变量函数 f 在点 $\boldsymbol{x}$ 处对于变量 x_k 的偏导数 (partial derivative) 为
>
> $$D_k[f](\boldsymbol{x}) = \frac{\partial f}{\partial x_k}\bigg|_{\boldsymbol{x}} = \lim_{h \to 0} \frac{f(\boldsymbol{x} + h\boldsymbol{e}_k) - f(\boldsymbol{x})}{h}, \quad k = 1, 2, \cdots, n.$$

注意　在计算偏导数 $\dfrac{\partial f}{\partial x_k}$ 时, 我们将所有除 x_k 以外的变量 x_j, 都一律看成常数. 所以, 对多变量函数偏导数的计算和对单变量函数的导数计算, 基本上是一样的.

例 11.2.1　求函数 $z = x^3 \sin 2y$ 的偏导数函数.

解　$\qquad\qquad\qquad \dfrac{\partial z}{\partial x} = 3x^2 \sin 2y, \quad \dfrac{\partial z}{\partial y} = 2x^3 \cos 2y.$　　　　□

例 11.2.2　求 $\dfrac{\partial r}{\partial x}, \dfrac{\partial r}{\partial y}, \dfrac{\partial r}{\partial z}$, 其中函数

$$r = \sqrt{x^2 + y^2 + z^2}.$$

解　由于 $r^2 = x^2 + y^2 + z^2$, 有

$$2r \frac{\partial r}{\partial x} = 2x \implies \frac{\partial r}{\partial x} = \frac{x}{r} = \frac{x}{\sqrt{x^2 + y^2 + z^2}},$$
$$2r \frac{\partial r}{\partial y} = 2y \implies \frac{\partial r}{\partial y} = \frac{y}{r} = \frac{y}{\sqrt{x^2 + y^2 + z^2}},$$
$$2r \frac{\partial r}{\partial z} = 2z \implies \frac{\partial r}{\partial z} = \frac{z}{r} = \frac{z}{\sqrt{x^2 + y^2 + z^2}}.$$　　□

我们称 $D_k[f](\boldsymbol{x})$ 为 f 对于方向 $\boldsymbol{e}_k$ 的方向导数 $D_{\boldsymbol{e}_k}[f]$. 一般地, 如果 $\boldsymbol{u} = u_1 \boldsymbol{e}_1 + u_2 \boldsymbol{e}_2 + \cdots + u_n \boldsymbol{e}_n$ 为 $\mathbb{R}^n$ 的单位向量 (即 $\|\boldsymbol{u}\| = 1$), 我们定义 f 对于方向 $\boldsymbol{u}$ 的**方向导数** (directional derivative) 如下.

定义 11.2.2

$$D_{\boldsymbol{u}}[f](\boldsymbol{x}) = \lim_{h \to 0} \frac{f(\boldsymbol{x} + h\boldsymbol{u}) - f(\boldsymbol{x})}{h}$$

$$= \lim_{h \to 0} \frac{f(x_1 + hu_1, \cdots, x_n + hu_n) - f(x_1, \cdots, x_n)}{h}.$$

例 11.2.3　求函数

$$z = f(x, y) = x^2 + 3xy + y^2$$

在点 $(1, 2)$ 处的偏导数及其对于单位向量 $\boldsymbol{u} = \begin{pmatrix} 2/\sqrt{5} \\ -1/\sqrt{5} \end{pmatrix}$ 的方向导数 $D_{\boldsymbol{u}}[z](1, 2)$.

　　解　函数 $z = f(x, y) = x^2 + 3xy + y^2$ 在点 $(1, 2)$ 处的偏导数为

$$\frac{\partial z}{\partial x} = 2x + 3y \implies \left.\frac{\partial z}{\partial x}\right|_{(1,2)} = 2(1) + 3(2) = 8,$$

$$\frac{\partial z}{\partial y} = 3x + 2y \implies \left.\frac{\partial z}{\partial y}\right|_{(1,2)} = 3(1) + 2(2) = 7.$$

在点 $(1, 2)$ 处, $z = f(x, y)$ 对于

$$\boldsymbol{u} = \begin{pmatrix} u_1 \\ u_2 \end{pmatrix} = \begin{pmatrix} 2/\sqrt{5} \\ -1/\sqrt{5} \end{pmatrix}$$

的方向导数为

$$D_{\boldsymbol{u}}[f](1, 2) = \lim_{h \to 0} \frac{f(1 + hu_1, 2 + hu_2) - f(1, 2)}{h}$$

$$= \lim_{h \to 0} \frac{(1 + hu_1)^2 + 3(1 + hu_1)(2 + hu_2) + (2 + hu_2)^2 - 11}{h}$$

$$= \lim_{h \to 0} \frac{2hu_1 + h^2u_1^2 + 6hu_1 + 3hu_2 + 3h^2u_1u_2 + 4hu_2 + h^2u_2^2}{h}$$

$$= 8u_1 + 7u_2 = 8\left(\frac{2}{\sqrt{5}}\right) + 7\left(-\frac{1}{\sqrt{5}}\right) = \frac{9}{\sqrt{5}}. \qquad \square$$

　　我们现在讨论偏导数的几何意义. 考虑由二元函数

$$z = f(x, y)$$

所决定的空间曲面. 当给定 xy-平面上的一点 (x_0, y_0) 时, 我们利用函数 $f: \mathbb{R}^2 \to \mathbb{R}$ 赋予高度 $z_0 = f(x_0, y_0)$. 于是, 我们就得到三维空间 $\mathbb{R}^3$ 中的一点 $(x_0, y_0, z_0) = (x_0, y_0, f(x_0, y_0))$.

当在 xy-平面上, 通过点 (x_0, y_0) 画一条与 x 轴平行的水平线时, 该直线上的点都具有形如 (x, y_0) 的坐标. 换句话说, 点的 y-坐标不变而恒等于 y_0, 而其 x-坐标则可以自由变动. 考虑以 x 为变量的函数

$$z = f_1(x) = f(x, y_0),$$

将会得到一条与 xz-平面平行的曲线 γ. 事实上, γ 是曲面 $z = f(x, y)$ 与平面 $y = y_0$ 的交线. 这时, 偏导数 $\dfrac{\partial z}{\partial x}\Big|_{(x_0, y_0)} = f_1'(x_0)$ 等于 γ 在点 $(x_0, y_0, f(x_0, y_0))$ 处的切线的斜率. 如图 11.1 所示.

通过类似的讨论, 考虑以 y 为变量的函数 $z = f_2(y) = f(x_0, y)$, 我们也可以知道: 偏导数 $\dfrac{\partial z}{\partial y}\Big|_{(x_0, y_0)} = f_2'(y_0)$ 等于曲面 $z = f(x, y)$ 与平面 $x = x_0$ 相交的截曲线 β 在点 $(x_0, y_0, f(x_0, y_0))$ 处的切线的斜率. 如图 11.2 所示.

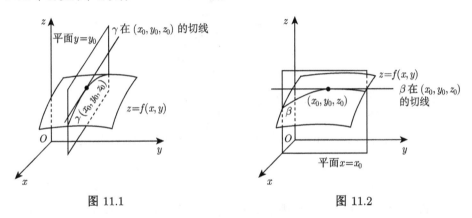

图 11.1   图 11.2

11.3 高阶偏导数

定义 11.3.1 函数 $z = f(x, y, \cdots)$ 的**二阶偏导数** 是其一阶偏导数的偏导数:

$$\frac{\partial}{\partial x}\left(\frac{\partial z}{\partial x}\right) = \frac{\partial^2 z}{\partial x^2} = D_1[D_1[f]] = (z_x)_x = z_{xx} = \cdots,$$

$$\frac{\partial}{\partial y}\left(\frac{\partial z}{\partial x}\right) = \frac{\partial^2 z}{\partial y \partial x} = D_2[D_1[f]] = (z_x)_y = z_{xy} = \cdots,$$

$$\frac{\partial}{\partial x}\left(\frac{\partial z}{\partial y}\right) = \frac{\partial^2 z}{\partial x \partial y} = D_1[D_2[f]] = (z_y)_x = z_{yx} = \cdots,$$

$$\frac{\partial}{\partial y}\left(\frac{\partial z}{\partial y}\right) = \frac{\partial^2 z}{\partial y^2} = D_2[D_2[f]] = (z_y)_y = z_{yy} = \cdots.$$

$$\cdots\cdots$$

如果 $z = f(x,y)$, 则二元函数 f 具有两个一阶偏导数 $\dfrac{\partial z}{\partial x}$ 和 $\dfrac{\partial z}{\partial y}$, 以及 4 个二阶偏导数 $\dfrac{\partial^2 z}{\partial x^2}$, $\dfrac{\partial^2 z}{\partial y \partial x}$, $\dfrac{\partial^2 z}{\partial x \partial y}$ 和 $\dfrac{\partial^2 z}{\partial y^2}$. 以此类推, 还可以定义 f 的 8 个三阶偏导数 $\dfrac{\partial^3 z}{\partial x^3} = \dfrac{\partial}{\partial x}\left(\dfrac{\partial}{\partial x}\left(\dfrac{\partial z}{\partial x} \right) \right)$, $\dfrac{\partial^3 z}{\partial y \partial x^2} = \dfrac{\partial}{\partial y}\left(\dfrac{\partial}{\partial x}\left(\dfrac{\partial z}{\partial x} \right) \right)$, $\cdots$, 16 个 4 阶偏导数, $\cdots$, 2^n 个 n 阶偏导数 $\cdots\cdots$. 虽然, 这些高阶偏导数定义都不一样, 但是, 在常见的情形下, 它们很多时候会相等.

例 11.3.1　求以下函数的二阶偏导数:

(1) $z = xy$;

(2) $z = xe^x \sin y$.

解　(1)
$$\frac{\partial z}{\partial x} = y, \quad \frac{\partial z}{\partial y} = x,$$
$$\frac{\partial^2 z}{\partial x^2} = 0, \quad \frac{\partial^2 z}{\partial x \partial y} = 1,$$
$$\frac{\partial^2 z}{\partial y \partial x} = 1, \quad \frac{\partial^2 z}{\partial y^2} = 0.$$

(2)
$$\frac{\partial z}{\partial x} = e^x \sin y + xe^x \sin y, \quad \frac{\partial z}{\partial y} = xe^x \cos y,$$
$$\frac{\partial^2 z}{\partial x^2} = 2e^x \sin y + xe^x \sin y, \quad \frac{\partial^2 z}{\partial x \partial y} = xe^x \cos y + e^x \cos y,$$
$$\frac{\partial^2 z}{\partial y \partial x} = e^x \cos y + xe^x \cos y, \quad \frac{\partial^2 z}{\partial y^2} = -xe^x \sin y. \qquad \square$$

定理 11.3.2　假设多元函数 $z = f(x, y, \cdots)$ 的二阶偏导数 $\dfrac{\partial^2 z}{\partial y \partial x}$ 和 $\dfrac{\partial^2 z}{\partial x \partial y}$ 在点 $(x_0, y_0, \cdots)$ 连续, 则有

$$\left. \frac{\partial^2 z}{\partial y \partial x} \right|_{(x_0, y_0, \cdots)} = \left. \frac{\partial^2 z}{\partial x \partial y} \right|_{(x_0, y_0, \cdots)}.$$

证明　我们不妨假设 $n = 2$ 及 $z = f(x, y)$. 考虑以下依赖于参数 h 的数值

$$\Delta(h) := f(x_0 + h, y_0 + h) - f(x_0, y_0 + h) - f(x_0 + h, y_0) + f(x_0, y_0).$$

定义 y 的函数

$$G(y) = f(x_0 + h, y) - f(x_0, y).$$

此时,

$$\Delta(h) = G(y_0 + h) - G(y_0).$$

应用中值定理于变量 y 的函数 $G(y)$, 我们得到介于 y_0 及 $y_0 + h$ 之间的 b, 使得

$$\frac{G(y_0 + h) - G(y_0)}{h} = G'(b).$$

于是

$$\Delta(h) = G'(b)h = \left(\frac{\partial f}{\partial y}(x_0 + h, b) - \frac{\partial f}{\partial y}(x_0, b) \right) h.$$

应用中值定理于变量 x 的函数 $W(x) = \dfrac{\partial f}{\partial y}(x, b)$, 得到介于 x_0 及 $x_0 + h$ 之间的 a, 使得

$$\frac{W(x_0 + h) - W(h)}{h} = W'(a) = \frac{\partial}{\partial x} \left[\frac{\partial f}{\partial y} \right](a, b).$$

于是

$$\Delta(h) = \left(\frac{\partial}{\partial x} \left[\frac{\partial f}{\partial y} \right](a, b)h \right) h = \left. \frac{\partial^2 f}{\partial x \partial y} \right|_{(a,b)} h^2. \tag{11.3.1}$$

注意, 数值 a, b 依赖于 h; 而且, 当 $h \to 0$ 时, $(a, b) \to (x_0, y_0)$.

现在, 交换次序,

$$\Delta(h) = f(x_0 + h, y_0 + h) - f(x_0 + h, y_0) - f(x_0, y_0 + h) + f(x_0, y_0).$$

再一次对 $\Delta(h)$ 作估计. 这次, 定义 x 的函数

$$U(x) = f(x, y_0 + h) - f(x, y_0).$$

此时,

$$\Delta(h) = U(x_0 + h) - U(x_0).$$

应用中值定理, 我们得到一个介于 x_0 和 $x_0 + h$ 的值 c, 使得

$$\frac{U(x_0 + h) - U(x_0)}{h} = U'(c).$$

于是

$$\Delta(h) = U'(c)h = \left(\frac{\partial f}{\partial x}(c, y_0 + h) - \frac{\partial f}{\partial x}(c, y_0) \right) h.$$

应用中值定理于 y 的函数 $V(y) = \dfrac{\partial f}{\partial x}(c, y)$, 我们得到一个介于 y_0 和 $y_0 + h$ 的 d, 使得

$$\frac{V(y_0 + h) - V(y_0)}{h} = V'(d) = \frac{\partial}{\partial y}\left[\frac{\partial f}{\partial x}\right](c, d).$$

由此, 我们得到 $\Delta(h)$ 的另外一个表示式:

$$\Delta(h) = \left(\frac{\partial}{\partial y}\left[\frac{\partial f}{\partial x}\right](c, d)h\right)h = \frac{\partial^2 f}{\partial y \partial x}\bigg|_{(c,d)} h^2. \tag{11.3.2}$$

这里的 c, d 也是依赖于 h, 而且, 当 $h \to 0$ 时, $(c, d) \to (x_0, y_0)$.

通过以上两种对 $\Delta(h)$ 的计算公式 (11.3.1) 和 (11.3.2), 得到等式

$$\frac{\partial^2 f}{\partial x \partial y}\bigg|_{(a,b)} = \frac{\partial^2 f}{\partial y \partial x}\bigg|_{(c,d)}.$$

基于二阶偏导数的连续性假设, 有

$$\frac{\partial^2 z}{\partial x \partial y}\bigg|_{(x_0, y_0)} = \lim_{h \to 0}\frac{\partial^2 f}{\partial x \partial y}\bigg|_{(a,b)} = \lim_{h \to 0}\frac{\partial^2 f}{\partial y \partial x}\bigg|_{(c,d)} = \frac{\partial^2 z}{\partial y \partial x}\bigg|_{(x_0, y_0)}. \qquad \square$$

注意 反复应用以上定理, 对于连续的高阶偏导数, 有

$$\frac{\partial^3 z}{\partial x \partial y \partial z} = \frac{\partial}{\partial x}\left(\frac{\partial^2 z}{\partial y \partial z}\right) = \frac{\partial}{\partial x}\left(\frac{\partial^2 z}{\partial z \partial y}\right)$$

$$= \frac{\partial^2}{\partial x \partial z}\left(\frac{\partial z}{\partial y}\right) = \frac{\partial^2}{\partial z \partial x}\left(\frac{\partial z}{\partial y}\right)$$

$$= \frac{\partial^3 z}{\partial z \partial x \partial y} = \frac{\partial^3 z}{\partial y \partial z \partial x} = \cdots,$$

$$\frac{\partial^n z}{\partial x^{n-k} \partial y^k} = \frac{\partial^n z}{\partial y^k \partial x^{n-k}}, \cdots.$$

11.4 全 微 分

考虑二元函数 f 的值的变化:

$$\Delta f = f(x + \Delta x, y + \Delta y) - f(x, y).$$

我们可以将从起始点 (x, y) 变成最终点 $(x + \Delta x, y + \Delta y)$ 的过程, 分解成两步. 如图 11.3 所示. 然后观察

$$\Delta f = f(x + \Delta x, y + \Delta y) - f(x, y + \Delta y)$$
$$+ f(x, y + \Delta y) - f(x, y).$$

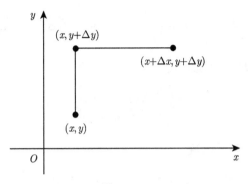

图 11.3

当 $\Delta x \to 0$ 时,

$$\frac{f(x + \Delta x, y + \Delta y) - f(x, y + \Delta y)}{\Delta x} \to \left.\frac{\partial f}{\partial x}\right|_{(x, y + \Delta y)}.$$

当 $\Delta y \to 0$ 时,

$$\frac{f(x, y + \Delta y) - f(x, y)}{\Delta y} \to \left.\frac{\partial f}{\partial y}\right|_{(x, y)}.$$

因此

$$f(x + \Delta x, y + \Delta y) - f(x, y + \Delta y) \approx \left.\frac{\partial f}{\partial x}\right|_{(x, y + \Delta y)} \Delta x,$$

$$f(x, y + \Delta y) - f(x, y) \approx \left.\frac{\partial f}{\partial y}\right|_{(x, y)} \Delta y.$$

当 Δx 和 Δy 很小时, 我们有估计

$$\Delta f \approx \left.\frac{\partial f}{\partial x}\right|_{(x, y + \Delta y)} \Delta x + \left.\frac{\partial f}{\partial y}\right|_{(x, y)} \Delta y$$

$$\approx \left.\frac{\partial f}{\partial x}\right|_{(x, y)} \Delta x + \left.\frac{\partial f}{\partial y}\right|_{(x, y)} \Delta y.$$

于是, 当 $\Delta x, \Delta y \to 0$ 时, 我们写成

$$\mathrm{d}f = \frac{\partial f}{\partial x}\mathrm{d}x + \frac{\partial f}{\partial y}\mathrm{d}y.$$

称 $\mathrm{d}f$ 为 f 的**全微分** (total differential).

定理 11.4.1 设 $z = f(x, y)$. 若 $\dfrac{\partial f}{\partial x}$ 及 $\dfrac{\partial f}{\partial y}$ 在点 (x, y) 处连续, 则

$$\Delta f = \frac{\partial f}{\partial x}\bigg|_{(x,y)} \Delta x + \frac{\partial f}{\partial y}\bigg|_{(x,y)} \Delta y + o(\sqrt{(\Delta x)^2 + (\Delta y)^2}).$$

这里, 估计的误差满足一阶逼近条件:

$$\lim_{\substack{\Delta x \to 0 \\ \Delta y \to 0}} \frac{o(\sqrt{(\Delta x)^2 + (\Delta y)^2})}{\sqrt{(\Delta x)^2 + (\Delta y)^2}} = 0.$$

证明　定义连续可微函数

$$g(x) = f(x, y + \Delta y) \text{ (将 } y + \Delta y \text{ 看成常数)} \quad \text{和} \quad h(y) = f(x, y) \text{ (将 } x \text{ 看成常数)}.$$

应用中值定理 (定理 6.4.4), 存在着介于 x 和 $x + \Delta x$ 之间的点 a, 以及介于 y 和 $y + \Delta y$ 之间的点 b, 使得

$$\begin{aligned}
\Delta f &= [f(x + \Delta x, y + \Delta y) - f(x, y + \Delta y)] + [f(x, y + \Delta y) - f(x, y)] \\
&= [g(x + \Delta x) - g(x)] + [h(y + \Delta y) - h(y)] \\
&= g'(a)\Delta x + h'(b)\Delta y \\
&= \frac{\partial f}{\partial x}\bigg|_{(a, y + \Delta y)} \Delta x + \frac{\partial f}{\partial y}\bigg|_{(x,b)} \Delta y \\
&= \frac{\partial f}{\partial x}\bigg|_{(x,y)} \Delta x + \frac{\partial f}{\partial y}\bigg|_{(x,y)} \Delta y \\
&\quad + \left(\frac{\partial f}{\partial x}\bigg|_{(a, y + \Delta y)} - \frac{\partial f}{\partial x}\bigg|_{(x,y)}\right) \Delta x + \left(\frac{\partial f}{\partial y}\bigg|_{(x,b)} - \frac{\partial f}{\partial y}\bigg|_{(x,y)}\right) \Delta y.
\end{aligned}$$

在这里, 误差

$$o(\sqrt{(\Delta x)^2 + (\Delta y)^2}) = \left(\frac{\partial f}{\partial x}\bigg|_{(a, y + \Delta y)} - \frac{\partial f}{\partial x}\bigg|_{(x,y)}\right) \Delta x + \left(\frac{\partial f}{\partial y}\bigg|_{(x,b)} - \frac{\partial f}{\partial y}\bigg|_{(x,y)}\right) \Delta y$$

满足一阶无穷小量条件:

$$\begin{aligned}
&\lim_{\substack{\Delta x \to 0 \\ \Delta y \to 0}} \left| \frac{o(\sqrt{(\Delta x)^2 + (\Delta y)^2})}{\sqrt{(\Delta x)^2 + (\Delta y)^2}} \right| \\
&= \lim_{\substack{\Delta x \to 0 \\ \Delta y \to 0}} \left| \frac{\left(\dfrac{\partial f}{\partial x}\bigg|_{(a, y + \Delta y)} - \dfrac{\partial f}{\partial x}\bigg|_{(x,y)}\right) \Delta x}{\sqrt{(\Delta x)^2 + (\Delta y)^2}} + \frac{\left(\dfrac{\partial f}{\partial y}\bigg|_{(x,b)} - \dfrac{\partial f}{\partial y}\bigg|_{(x,y)}\right) \Delta y}{\sqrt{(\Delta x)^2 + (\Delta y)^2}} \right| \\
&\leqslant \lim_{\substack{\Delta x \to 0 \\ \Delta y \to 0}} \left| \frac{\partial f}{\partial x}\bigg|_{(a, y + \Delta y)} - \frac{\partial f}{\partial x}\bigg|_{(x,y)} \right| + \left| \frac{\partial f}{\partial y}\bigg|_{(x,b)} - \frac{\partial f}{\partial y}\bigg|_{(x,y)} \right| = 0.
\end{aligned}$$

以上, 我们应用了不等式 $|\alpha| = \sqrt{\alpha^2} \leqslant \sqrt{\alpha^2 + \beta^2}$, 以及 $\dfrac{\partial f}{\partial x}$ 和 $\dfrac{\partial f}{\partial y}$ 在点 (x, y) 处的连续性. $\square$

定义 11.4.1 设 f 为二元函数. 如果 f 有一阶线性逼近

$$f(x + \Delta x, y + \Delta y) = f(x, y) + \frac{\partial f}{\partial x} \Delta x + \frac{\partial f}{\partial y} \Delta y + o(\sqrt{(\Delta x)^2 + (\Delta y)^2}),$$

则称 f 在点 (x, y) 处可微 (differentiable).

定理 11.4.2 若 f 的所有一阶偏导数皆存在且连续, 则 f 可微. 此时, 我们称 f 连续可微 (continuously differentiable), 也称 f 在 C^1 类中.

注意 利用矩阵乘法, 我们可以改写二元可微函数 f 的一阶逼近为

$$f(x + \Delta x, y + \Delta y) = f(x, y) + \begin{bmatrix} \dfrac{\partial f}{\partial x} & \dfrac{\partial f}{\partial y} \end{bmatrix} \begin{bmatrix} \Delta x \\ \Delta y \end{bmatrix} + o(\sqrt{(\Delta x)^2 + (\Delta y)^2}).$$

对比于单变量可微函数 g 的一阶逼近

$$g(x + \Delta x) = g(x) + g'(x)\Delta x + o(\Delta x),$$

我们可以定义二元函数 $f(x, y)$ 的导数 (矩阵) 为

$$Df = \begin{bmatrix} \dfrac{\partial f}{\partial x} & \dfrac{\partial f}{\partial y} \end{bmatrix}.$$

换句话说, f 的 (全) 导数 Df 是将其所有的偏导数, 放在一个 1×2 的矩阵里而得到. 以上的讨论, 对一般的 n 变量函数也适用. 例如, 若 $f(x, y, z)$ 可微, 则其导数矩阵为

$$Df = \begin{bmatrix} \dfrac{\partial f}{\partial x} & \dfrac{\partial f}{\partial y} & \dfrac{\partial f}{\partial z} \end{bmatrix}.$$

例 11.4.3 设 $z = x^2 y + y^2$, 则其全微分为

$$\mathrm{d}z = \frac{\partial z}{\partial x} \mathrm{d}x + \frac{\partial z}{\partial y} \mathrm{d}y = 2xy \, \mathrm{d}x + (x^2 + 2y) \, \mathrm{d}y,$$

其导数矩阵为

$$\begin{bmatrix} \dfrac{\partial z}{\partial x} & \dfrac{\partial z}{\partial y} \end{bmatrix} = \begin{bmatrix} 2xy & x^2 + 2y \end{bmatrix}. \qquad \square$$

例 11.4.4 设 $z = \mathrm{e}^{xy}$.

$$\mathrm{d}z = \frac{\partial z}{\partial x} \mathrm{d}x + \frac{\partial z}{\partial y} \mathrm{d}y = y\mathrm{e}^{xy} \, \mathrm{d}x + x\mathrm{e}^{xy} \, \mathrm{d}y.$$

在点 $(2,1)$ 处,

$$\mathrm{d}z|_{(2,1)} = 1 \cdot \mathrm{e}^2 \, \mathrm{d}x + 2\mathrm{e}^2 \, \mathrm{d}y = \mathrm{e}^2 \, \mathrm{d}x + 2\mathrm{e}^2 \, \mathrm{d}y,$$

其导数矩阵为

$$\left[\frac{\partial z}{\partial x} \quad \frac{\partial z}{\partial y} \right]\bigg|_{(2,1)} = \left[\mathrm{e}^2 \quad 2\mathrm{e}^2 \right]. \qquad \square$$

例 11.4.5　在温度 $T = 0\,℃$, 压强 $p = 1$ atm (标准大气压) 时, 1 mol $(n = 1)$ 分子量的理想气体体积 $V = 22.4$ L. 如果温度上升 $3\,℃$, 压强上升 0.015 atm, 求气体体积的约值.

解　由理想气体定律

$$pV = nRT$$

或

$$V = \frac{RT}{p} \quad (n = 1),$$

其中 R 为常数, 我们得到

$$\Delta V \approx \frac{\partial V}{\partial T}\Delta T + \frac{\partial V}{\partial p}\Delta p = \frac{R}{p}\Delta T + \left(-\frac{RT}{p^2} \right)\Delta p$$
$$= \frac{RT}{p}\left(\frac{\Delta T}{T} - \frac{\Delta p}{p} \right) = V\left(\frac{\Delta T}{T} - \frac{\Delta p}{p} \right).$$

现在, 代入 $T = 273$ K (热力学温度), $p = 1$ atm, $V = 22.4$ L, $\Delta T = 3$ K 及 $\Delta p = 0.015$ atm, 得

$$\Delta V \approx 22.4 \left(\frac{3}{273} - \frac{0.015}{1} \right) \approx -0.09 \text{ (L)}.$$

所以, 新的气体体积将会是

$$V_{新} \approx 22.4 + (-0.09) = 22.31 \text{ (L)}. \qquad \square$$

例 11.4.6　某物体被量得具有体积 $V = 4.45$ cm^3 和重量 $W = 30.80$ g. 若测量的绝对误差 $|\Delta V| \leqslant 0.01$ cm^3, $|\Delta W| \leqslant 0.01$ g, 求由此计算所得的物体的密度 $\rho = W/V$ 的 **绝对误差** 和 **相对误差**.

解　物体密度的测量值为

$$\rho_{测} = \frac{W}{V} = \frac{30.80}{4.45} = 6.92 (\text{g/cm}^3).$$

其相对误差

$$\left|\frac{\Delta\rho}{\rho}\right| \approx \left|\frac{\dfrac{\partial\rho}{\partial W}\Delta W + \dfrac{\partial\rho}{\partial V}\Delta V}{\rho}\right| \leqslant \frac{\left|\dfrac{\partial\rho}{\partial W}\Delta W\right| + \left|\dfrac{\partial\rho}{\partial V}\Delta V\right|}{\rho}$$

$$= \frac{\left|\dfrac{\Delta W}{V}\right| + \left|-\dfrac{W}{V^2}\Delta V\right|}{\rho} = \left|\frac{\Delta W}{W}\right| + \left|\frac{\Delta V}{V}\right|$$

$$\leqslant \frac{0.01}{30.08} + \frac{0.01}{4.45} = 0.0026 = 0.26\%.$$

因此, 物体密度的绝对误差

$$|\Delta\rho| \leqslant 0.0026\rho = 0.0026 \times 6.92 \approx 0.02.$$

所以, 我们对于物体的密度, 可以作出估计

$$\rho = 6.92 \pm 0.02 (\mathrm{g/cm^3}). \qquad\qquad \Box$$

11.5 链 式 法 则

设 $u = u(x, y)$ 及 $v = v(x, y)$. 于是, 我们既可以将

$$f(u, v) = f(u(x, y), v(x, y))$$

看成 u, v 的函数, 也可以看成 x, y 的函数.

定理 11.5.1 设 $z = f(u, v)$ 和变量替换 $u = u(x, y)$, $v = v(x, y)$ 皆可微. 作为 x, y 的函数, $z = f(u(x, y), v(x, y))$ 也可微.

$$\frac{\partial f}{\partial x} = \frac{\partial f}{\partial u}\frac{\partial u}{\partial x} + \frac{\partial f}{\partial v}\frac{\partial v}{\partial x},$$

$$\frac{\partial f}{\partial y} = \frac{\partial f}{\partial u}\frac{\partial u}{\partial y} + \frac{\partial f}{\partial v}\frac{\partial v}{\partial y}.$$

证明 因为

$$\Delta f = \frac{\partial f}{\partial u}\Delta u + \frac{\partial f}{\partial v}\Delta v + o(\sqrt{(\Delta u)^2 + (\Delta v)^2}),$$

所以

$$\frac{\Delta f}{\Delta x} = \frac{\partial f}{\partial u}\frac{\Delta u}{\Delta x} + \frac{\partial f}{\partial v}\frac{\Delta v}{\Delta x} + \frac{o(\sqrt{(\Delta u)^2 + (\Delta v)^2})}{\Delta x}.$$

由于

$$\lim_{\Delta x \to 0} \frac{o(\sqrt{(\Delta u)^2 + (\Delta v)^2})}{\Delta x} = \lim_{\Delta x \to 0} \frac{o(\sqrt{(\Delta u)^2 + (\Delta v)^2})}{\sqrt{(\Delta u)^2 + (\Delta v)^2}} \sqrt{\left(\frac{\Delta u}{\Delta x}\right)^2 + \left(\frac{\Delta v}{\Delta x}\right)^2}$$

$$= 0 \cdot \sqrt{\left(\frac{\partial u}{\partial x}\right)^2 + \left(\frac{\partial v}{\partial x}\right)^2} = 0,$$

我们得到

$$\frac{\partial f}{\partial x} = \lim_{\Delta x \to 0} \frac{\Delta f}{\Delta x} = \frac{\partial f}{\partial u}\frac{\partial u}{\partial x} + \frac{\partial f}{\partial v}\frac{\partial v}{\partial x}.$$

同理可证其他公式.   □

例 11.5.2   比照定理 11.5.1, 我们可以得到很多类似的链式法则. 例如: 若 $w = f(u, v)$, $u = u(x, y, z)$ 和 $v = v(x, y)$, 则 $w = f(u(x, y, z), v(x, y))$. 其偏导数可以计算如下.

由全微分公式

$$\mathrm{d}w = \frac{\partial w}{\partial u}\mathrm{d}u + \frac{\partial w}{\partial v}\mathrm{d}v,$$

有

$$\frac{\partial w}{\partial x} = \frac{\partial w}{\partial u}\frac{\partial u}{\partial x} + \frac{\partial w}{\partial v}\frac{\partial v}{\partial x},$$

$$\frac{\partial w}{\partial y} = \frac{\partial w}{\partial u}\frac{\partial u}{\partial y} + \frac{\partial w}{\partial v}\frac{\partial v}{\partial y},$$

$$\frac{\partial w}{\partial z} = \frac{\partial w}{\partial u}\frac{\partial u}{\partial z}.$$

注意   此时因为 v 独立于变量 z, 所以 $\dfrac{\partial v}{\partial z} = 0$.   □

例 11.5.3   设 $z = \mathrm{e}^u \sin v$, $u = xy$ 及 $v = x + y$, 则

$$\mathrm{d}z = \frac{\partial z}{\partial u}\mathrm{d}u + \frac{\partial z}{\partial v}\mathrm{d}v.$$

因此

$$\frac{\partial z}{\partial x} = \frac{\partial z}{\partial u}\frac{\partial u}{\partial x} + \frac{\partial z}{\partial v}\frac{\partial v}{\partial x}$$

$$= (\mathrm{e}^u \sin v)y + (\mathrm{e}^u \cos v) \cdot 1$$

$$= y\mathrm{e}^{xy} \sin(x + y) + \mathrm{e}^{xy} \cos(x + y),$$

$$\frac{\partial z}{\partial y} = \frac{\partial z}{\partial u}\frac{\partial u}{\partial y} + \frac{\partial z}{\partial v}\frac{\partial v}{\partial y}$$

$$= (\mathrm{e}^u \sin v)x + (\mathrm{e}^u \cos v) \cdot 1$$

$$= x\mathrm{e}^{xy} \sin(x + y) + \mathrm{e}^{xy} \cos(x + y).$$ □

注意 一般地, 如果

$$w = f(u_1, u_2, \cdots, u_m),$$

$$u_i = u_i(x_1, x_2, \cdots, x_n), \quad 1 \leqslant i \leqslant m$$

可微, 则

$$\mathrm{d}w = \frac{\partial f}{\partial u_1}\mathrm{d}u_1 + \frac{\partial f}{\partial u_2}\mathrm{d}u_2 + \cdots + \frac{\partial f}{\partial u_m}\mathrm{d}u_m.$$

因此

$$\frac{\partial w}{\partial x_j} = \frac{\partial f}{\partial u_1}\frac{\partial u_1}{\partial x_j} + \frac{\partial f}{\partial u_2}\frac{\partial u_2}{\partial x_j} + \cdots + \frac{\partial f}{\partial u_m}\frac{\partial u_m}{\partial x_j}$$

$$= \sum_{i=1}^{m} \frac{\partial f}{\partial u_i}\frac{\partial u_i}{\partial x_j}, \quad 1 \leqslant j \leqslant n.$$

例 11.5.4 设 $u(x, y)$ 可微, 引进极坐标变换

$$\begin{cases} x = r\cos\theta, \\ y = r\sin\theta, \end{cases}$$

我们有

$$\left(\frac{\partial u}{\partial x}\right)^2 + \left(\frac{\partial u}{\partial y}\right)^2 = \left(\frac{\partial u}{\partial r}\right)^2 + \frac{1}{r^2}\left(\frac{\partial u}{\partial \theta}\right)^2.$$

证明 因为

$$\mathrm{d}u = \frac{\partial u}{\partial x}\mathrm{d}x + \frac{\partial u}{\partial y}\mathrm{d}y,$$

所以

$$\frac{\partial u}{\partial r} = \frac{\partial u}{\partial x}\frac{\partial x}{\partial r} + \frac{\partial u}{\partial y}\frac{\partial y}{\partial r} = \frac{\partial u}{\partial x}\cos\theta + \frac{\partial u}{\partial y}\sin\theta,$$

$$\frac{\partial u}{\partial \theta} = \frac{\partial u}{\partial x}\frac{\partial x}{\partial \theta} + \frac{\partial u}{\partial y}\frac{\partial y}{\partial \theta} = -\frac{\partial u}{\partial x}r\sin\theta + \frac{\partial u}{\partial y}r\cos\theta.$$

因此

$$\left(\frac{\partial u}{\partial r}\right)^2 + \frac{1}{r^2}\left(\frac{\partial u}{\partial \theta}\right)^2 = \left(\frac{\partial u}{\partial x}\cos\theta + \frac{\partial u}{\partial y}\sin\theta\right)^2 + \left(-\frac{\partial u}{\partial x}\sin\theta + \frac{\partial u}{\partial y}\cos\theta\right)^2$$

$$= \left(\frac{\partial u}{\partial x}\right)^2 + \left(\frac{\partial u}{\partial y}\right)^2. \qquad \square$$

设 $z = f(u, v)$ 和 $(u, v) = W(x, y) = (u(x, y), v(x, y))$ 皆可微. 因此, 作为 x, y 的函数

$$z = f(W(x, y)) = f(u(x, y), v(x, y))$$

也可微. 对于变量替换

$$W : \begin{cases} u = u(x, y), \\ v = v(x, y), \end{cases}$$

我们引入其导数矩阵

$$DW = \begin{bmatrix} \dfrac{\partial u}{\partial x} & \dfrac{\partial u}{\partial y} \\ \dfrac{\partial v}{\partial x} & \dfrac{\partial v}{\partial y} \end{bmatrix}.$$

仿照一元复合函数的情形:

$$(f \circ g)'(x) = f'(g(x))g'(x),$$

我们可以利用矩阵形式, 改写链式法则如下

$$D[f \circ W]|_{(x,y)} = D[f]|_{(u,v)} D[W]|_{(x,y)},$$

即

$$\begin{bmatrix} \dfrac{\partial f}{\partial x} & \dfrac{\partial f}{\partial y} \end{bmatrix} = \begin{bmatrix} \dfrac{\partial f}{\partial u} & \dfrac{\partial f}{\partial v} \end{bmatrix} \begin{bmatrix} \dfrac{\partial u}{\partial x} & \dfrac{\partial u}{\partial y} \\ \dfrac{\partial v}{\partial x} & \dfrac{\partial v}{\partial y} \end{bmatrix}.$$

其他多变量函数, 经过变量替换后, 其偏导数的链式法则皆可依上述方法, 由其导数矩阵和变量替换的导数矩阵复合而得.

定理 11.5.5 (隐函数定理 (implicit function theorem))　设 $F(x, y)$ 为定义在平面上的点 (a, b) 的某个邻域的连续可微函数. 假设

$$F(a, b) = 0 \quad \text{且} \quad \left. \frac{\partial F}{\partial y} \right|_{(a,b)} \neq 0.$$

则存在着包含 a 的开区间 I, 使得由方程 $F(x, y) = 0$ 可以唯一地决定在 I 上的连续可微函数 $y = f(x)$, 使其满足条件

$$F(x, f(x)) = 0, \quad \forall x \in I.$$

此时, 我们有

$$f'(x) = \frac{\mathrm{d}y}{\mathrm{d}x} = -\frac{F_x}{F_y} = -\frac{\dfrac{\partial F}{\partial x}}{\dfrac{\partial F}{\partial y}}, \quad \forall x \in I.$$

证明 不妨假设 $\left.\dfrac{\partial F}{\partial y}\right|_{(a,b)} > 0$. 由 $\dfrac{\partial F}{\partial y}$ 的连续性, 我们知道 $\dfrac{\partial F}{\partial y}$ 在点 (a,b) 附近也是取正值的. 于是, 可以找到一个以点 (a,b) 为中心的开长方形 $I \times J$, 使得

$$\left.\frac{\partial F}{\partial y}\right|_{(x,y)} > 0, \quad \forall (x,y) \in I \times J.$$

假设: $b_1, b_2 \in J$ 且 $b_1 < b < b_2$. 定义在 J 上的连续可微函数 $g(y) = F(a,y)$. 由于

$$g'(y) = \left.\frac{\partial F}{\partial y}\right|_{(a,y)} > 0, \quad \forall y \in J,$$

函数 g 在 J 上严格单调上升. 因为 $g(b) = F(a,b) = 0$, 所以

$$F(a,b_1) = g(b_1) < 0 \quad \text{及} \quad F(a,b_2) = g(b_2) > 0.$$

由 F 的连续性, 通过选取较小的开区间 I, 我们可以进一步假设:

$$F(x,b_1) < 0 \quad \text{及} \quad F(x,b_2) > 0, \quad \forall x \in I.$$

由于连续函数 $F(x,\cdot)$ 在 J 严格上升, 应用介值定理 (定理 5.3.7), 我们将会得到唯一的 $y \in (b_1,b_2) \subset J$, 使得 $F(x,y) = 0$. 于是, 可以唯一确定函数 $f : I \to J \subseteq \mathbb{R}$, 使得

$$F(x,f(x)) = 0, \quad \forall x \in I.$$

特别地, $f(a) = b$.

接着, 证明 f 在点 a 处的连续性. 对于任意的 $\varepsilon > 0$, 我们可以考虑选取更小的开区间 J, 使得 $b \in J \subseteq (b-\varepsilon, b+\varepsilon)$. 此时, 点 b_1, b_2 可能需要改变位置, 连带 I 也可能会变小. 换句话说, 我们现在是限制函数 f, 考虑 f 在比它原来的定义域更小的开区间 I 上活动. 在以上的讨论中, 我们发现 $f(I) \subseteq J$. 如果取足够小的 $\delta > 0$, 使得 $(a-\delta, a+\delta) \subseteq I$, 则有

$$|x-a| < \delta \implies f(x) \in J \subseteq (b-\varepsilon, b+\varepsilon) \implies |f(x) - f(a)| = |f(x) - b| < \varepsilon.$$

由连续性的定义, 我们得知函数 f 在点 a 处连续. 如果将点 $(a,b) = (a, f(a))$ 改成其他点 $(x_0, f(x_0))$, 类似的讨论可以证明: f 在其定义域上的任何点 x_0 皆是连续的.

应用中值定理于单变量函数 $F(x+\Delta x, \cdot)$ 和 $F(\cdot, y)$, 得到

$$\begin{aligned}
0 = \Delta F &= F(x+\Delta x, y+\Delta y) - F(x,y) \\
&= (F(x+\Delta x, y+\Delta y) - F(x+\Delta x, y)) + (F(x+\Delta x, y) - F(x,y)) \\
&= \left.\frac{\partial F}{\partial y}\right|_{(x+\Delta x, d)} \cdot \Delta y + \left.\frac{\partial F}{\partial x}\right|_{(c,y)} \cdot \Delta x,
\end{aligned}$$

由此

$$\frac{\Delta y}{\Delta x} = -\frac{\left.\dfrac{\partial F}{\partial x}\right|_{(c,y)}}{\left.\dfrac{\partial F}{\partial y}\right|_{(x+\Delta x,d)}},$$

其中 $x < c < x + \Delta x$ 和 $y < d < y + \Delta y$.

令 $y = f(x)$ 及 $\Delta y = f(x + \Delta x) - f(x)$. 由于 $y = f(x)$ 的连续性, 当 $\Delta x \to 0$ 时, 有 $\Delta y \to 0$, 以及 $(c,d) \to (x,y)$. 于是, 由 $\dfrac{\partial F}{\partial x}$ 和 $\dfrac{\partial F}{\partial y}$ 的连续性,

$$f'(x) = \frac{\mathrm{d}y}{\mathrm{d}x} = \lim_{\Delta x \to 0} -\frac{\left.\dfrac{\partial F}{\partial x}\right|_{(c,y)}}{\left.\dfrac{\partial F}{\partial y}\right|_{(x+\Delta x,d)}} = -\frac{\left.\dfrac{\partial F}{\partial x}\right|_{(x,y)}}{\left.\dfrac{\partial F}{\partial y}\right|_{(x,y)}}. \qquad \square$$

例 11.5.6   设函数 $F(x,y)$ 在平面上的点 (a,b) 的某个邻域内, 具有直到二阶的连续偏导数, 且 $\dfrac{\partial F}{\partial y}$ 处处不为零. 依定理 11.5.5 可求得隐函数 $y = f(x)$ 满足 $F(x, f(x)) = 0$. 试求 $\dfrac{\mathrm{d}^2 y}{\mathrm{d}x^2}$.

解   应用链式法则于 x 的常数函数 $z = F(x,y) = F(x, f(x)) = 0$, 得

$$z_x := \frac{\mathrm{d}z}{\mathrm{d}x} = \frac{\partial F}{\partial x} + \frac{\partial F}{\partial y}\frac{\mathrm{d}y}{\mathrm{d}x} = F_x + F_y f'(x) = 0.$$

其中, $F_x = \dfrac{\partial F}{\partial x}$, $F_y = \dfrac{\partial F}{\partial y}$ 及 $f'(x) = \dfrac{\mathrm{d}y}{\mathrm{d}x}$. 于是

$$\mathrm{d}z_x = \mathrm{d}(F_x + F_y f'(x))$$
$$= \left[\frac{\partial F_x}{\partial x} + \frac{\partial F_y}{\partial x}f'(x) + F_y f''(x)\right]\mathrm{d}x + \left[\frac{\partial F_x}{\partial y} + \frac{\partial F_y}{\partial y}f'(x)\right]\mathrm{d}y = 0.$$

由此

$$\frac{\mathrm{d}^2 z}{\mathrm{d}x^2} = \frac{\mathrm{d}z_x}{\mathrm{d}x} = \frac{\partial F_x}{\partial x} + \frac{\partial F_y}{\partial x}f'(x) + F_y f''(x) + \frac{\partial F_x}{\partial y}f'(x) + \frac{\partial F_y}{\partial y}(f'(x))^2 = 0.$$

另一方面,

$$\frac{\partial F_y}{\partial x} = \frac{\partial}{\partial x}\left(\frac{\partial F}{\partial y}\right) = F_{yx} = F_{xy} = \frac{\partial F_x}{\partial y}.$$

所以

$$F_{xx} + 2F_{xy}f'(x) + F_y f''(x) + F_{yy}(f'(x))^2 = 0.$$

解之, 得

$$f''(x) = -\frac{F_{xx} + 2F_{xy}f'(x) + F_{yy}(f'(x))^2}{F_y}$$

$$= -\frac{F_{xx}(F_y)^2 - 2F_{xy}F_xF_y + F_{yy}(F_x)^2}{(F_y)^3}. \qquad \square$$

11.6 空间曲线的曲率和扭率

考虑空间曲线

$$\boldsymbol{r}(s) = (x(s), y(s), z(s)), \quad s \in I,$$

其中, 坐标函数 x, y, z 具有连续的二次导函数. 假设有界闭区间 $[a, b] \subset I$, 我们可以定义曲线 $\boldsymbol{r}$ 从 $s = a$ 到 $s = b$ 的弧长为

$$l(\overparen{\boldsymbol{r}(a)\boldsymbol{r}(b)}) = \int_a^b \sqrt{(x'(s))^2 + (y'(s))^2 + (z'(s))^2}\, \mathrm{d}s = \int_a^b \|\boldsymbol{r}'(s)\|\, \mathrm{d}s.$$

在这里,

$$\boldsymbol{r}'(s) = \begin{pmatrix} x'(s) \\ y'(s) \\ z'(s) \end{pmatrix}.$$

特别情形: 当

$$\|\boldsymbol{r}'(s)\| = \sqrt{(x'(s))^2 + (y'(s))^2 + (z'(s))^2} = 1, \quad \forall s \in [a, b]$$

时, 弧长

$$l(\overparen{\boldsymbol{r}(a)\boldsymbol{r}(b)}) = \int_a^b \|\boldsymbol{r}'(s)\|\, \mathrm{d}s = \int_a^b \mathrm{d}s = b - a.$$

此时, 我们称曲线 $\boldsymbol{r}$ 以弧长 s 为参数 (parameterized by arc length).

在以下的讨论中, 我们先假设空间曲线 $\boldsymbol{r}$ 以其弧长 s 为参数, 即 $\|\boldsymbol{r}'(s)\| = 1$, $\forall s \in I$. 在点 $\boldsymbol{r}(s_0) = (x(s_0), y(s_0), z(s_0))$ 处, 我们考虑曲线 $\boldsymbol{r}$ 的单位切线方向 $\boldsymbol{t}(s_0)$. 为此, 取曲线 $\boldsymbol{r}$ 上与 $\boldsymbol{r}(s_0)$ 接近的一个点 $\boldsymbol{r}(s) = (x(s), y(s), z(s))$. 观察连接这两点的弦线向量

$$\overrightarrow{\boldsymbol{r}(s_0)\boldsymbol{r}(s)} = \begin{pmatrix} x(s) - x(s_0) \\ y(s) - y(s_0) \\ z(s) - z(s_0) \end{pmatrix}.$$

我们以其标准化后的单位方向来估计单位切方向

$$t(s_0) \approx \frac{\overrightarrow{r(s_0)r(s)}}{\|\overrightarrow{r(s_0)r(s)}\|}$$

$$= \frac{1}{\sqrt{(x(s) - x(s_0))^2 + (y(s) - y(s_0))^2 + (z(s) - z(s_0))^2}} \begin{pmatrix} x(s) - x(s_0) \\ y(s) - y(s_0) \\ z(s) - z(s_0) \end{pmatrix}.$$

当 $s \to s_0$ 时, 将有

$$t(s_0) = \lim_{s \to s_0} \frac{\overrightarrow{r(s_0)r(s)}}{\|\overrightarrow{r(s_0)r(s)}\|}$$

$$= \lim_{s \to s_0} \frac{1}{s - s_0} \begin{pmatrix} x(s) - x(s_0) \\ y(s) - y(s_0) \\ z(s) - z(s_0) \end{pmatrix}$$

$$\times \lim_{s \to s_0} \frac{1}{\dfrac{\sqrt{(x(s) - x(s_0))^2 + (y(s) - y(s_0))^2 + (z(s) - z(s_0))^2}}{s - s_0}}$$

$$= \frac{r'(s_0)}{\sqrt{(x'(s_0))^2 + (y'(s_0))^2 + (z'(s_0))^2}} = \frac{r'(s_0)}{\|r'(s_0)\|} = r'(s_0).$$

因此, 以弧长 s 为参数的空间曲线 r 在点 $r(s_0)$ 处的单位 切向量 (tangent vector) 为

$$t(s_0) = r'(s_0).$$

接着, 我们在 $r(s_0)$ 附近取点 $r(s)$, 观察其上的单位切向量的变化. 当 $s \to s_0$ 时,

$$\frac{t(s) - t(s_0)}{s - s_0} = \frac{r'(s) - r'(s_0)}{s - s_0} \to t'(s_0) = r''(s_0).$$

令

$$n(s_0) = \frac{t'(s_0)}{\|t'(s_0)\|} = \frac{r''(s_0)}{\|r''(s_0)\|}$$

为空间曲线 r 在点 $r(s_0)$ 处的单位 法向量 (normal vector). 此时, 单位切向量 $t(s_0)$ 将朝单位法向量 $n(s_0)$ 的方向转向, 其转动的速率为 曲率 (curvature)

$$\kappa(s_0) = \|t'(s_0)\| = \|r''(s_0)\|.$$

事实上,

$$t'(s_0) = r''(s_0) = \|r''(s_0)\| \frac{r''(s_0)}{\|r''(s_0)\|} = \kappa(s_0)n(s_0).$$

我们令

$$R(s_0) = \frac{1}{\kappa(s_0)}$$

为空间曲线 r 在点 $r(s_0)$ 处的 **曲率半径** (radius of curvature). 形象地说, 在曲线 r 上的点 $r(s_0)$ 处, 我们能够以半径为 $R(s_0)$ 的圆与之相切. 因此, 如果曲率 $\kappa(s_0)$ 越大, 则在点 $r(s_0)$ 处, 与曲线相切的圆的半径 $R(s_0)$ 越小, 所以, 曲线形越弯曲; 反之, 如果曲率 $\kappa(s_0)$ 越小, 则在点 $r(s_0)$ 处, 与曲线相切的圆的半径 $R(s_0)$ 越大, 所以, 曲线形越平直. 当曲率 $\kappa(s_0) = 0$ 时, 我们可以想象曲线 r 在点 $r(s_0)$ 处近似于直线.

例 11.6.1 考虑落在 xy-平面上, 以原点为中心, $R > 0$ 为半径的圆. 圆上的点可以表示成

$$r(s) = \left(R\cos\frac{s}{R}, R\sin\frac{s}{R}, 0 \right), \quad 0 \leqslant s \leqslant 2\pi R.$$

此时,

$$r'(s) = \begin{pmatrix} -\sin\dfrac{s}{R} \\ \cos\dfrac{s}{R} \\ 0 \end{pmatrix}.$$

于是

$$\|r'(s)\| = \sqrt{\left(-\sin\frac{s}{R} \right)^2 + \left(\cos\frac{s}{R} \right)^2 + 0^2} = 1, \quad 0 \leqslant s \leqslant 2\pi R.$$

所以, 圆 r 是以其弧长 s 为参数的. 由此, 圆的单位切向量 t 为

$$t(s) = r'(s) = \begin{pmatrix} -\sin\dfrac{s}{R} \\ \cos\dfrac{s}{R} \\ 0 \end{pmatrix}.$$

再次微分, 得

$$t'(s) = r''(s) = \begin{pmatrix} -\dfrac{1}{R}\cos\dfrac{s}{R} \\ -\dfrac{1}{R}\sin\dfrac{s}{R} \\ 0 \end{pmatrix}.$$

因此, 圆的曲率为

$$\kappa(s) = \|t'(s)\| = \sqrt{\left(-\frac{1}{R}\cos\frac{s}{R} \right)^2 + \left(-\frac{1}{R}\sin\frac{s}{R} \right)^2 + 0^2} = \frac{1}{R}.$$

圆的曲率半径为

$$R(s) = \frac{1}{\kappa(s)} = R.$$

圆的单位法向量 n 为

$$\boldsymbol{n}(s) = \frac{\boldsymbol{t}'(s)}{\|\boldsymbol{t}'(s)\|} = \frac{\boldsymbol{t}'(s)}{\kappa(s)} = R\boldsymbol{t}'(s) = \begin{pmatrix} -\cos\dfrac{s}{R} \\ -\sin\dfrac{s}{R} \\ 0 \end{pmatrix}.$$

所以, 在圆的每一点 $\boldsymbol{r}(s)$ 处, 单位法方向 $\boldsymbol{n}(s)$ 为该点指向圆心的径向. 另一方面, 单位切方向以曲率 $\kappa(s) = 1/R$ 为速度转向法方向. 当 $R > 0$ 越大时, 转向越慢, 并且圆弧越近似于直线. 例如, 我们都是身处于地球表面之上, 往南往北都是在大圆周上运动. 由于地球的半径很大, 所以, 我们会感觉到, 都是在进行直线运动. □

引理 11.6.2 设

$$\boldsymbol{u}(s) = \begin{pmatrix} u_1(s) \\ u_2(s) \\ u_3(s) \end{pmatrix}$$

为空间中的单位向量场, 即有 $\|\boldsymbol{u}(s)\|$ 恒等于 1. 如果 $\boldsymbol{u}$ 的坐标函数 u_1, u_2, u_3 可微, 则

$$\boldsymbol{u}'(s) \perp \boldsymbol{u}(s), \quad \forall s.$$

证明 因为

$$u_1^2(s) + u_2^2(s) + u_3^2(s) = \|\boldsymbol{u}(s)\|^2 = 1, \quad \forall s,$$

对两边求导, 得

$$2u_1(s)u_1'(s) + 2u_2(s)u_2'(s) + 2u_3(s)u_3'(s) = 0, \quad \forall s.$$

因此, 对于任何的参数 s, 三维向量 $\boldsymbol{u}'(s)$ 和 $\boldsymbol{u}(s)$ 的内积 $\boldsymbol{u}'(s) \cdot \boldsymbol{u}(s) = 0$. 于是,

$$\boldsymbol{u}'(s) = \begin{pmatrix} u_1'(s) \\ u_2'(s) \\ u_3'(s) \end{pmatrix} \perp \begin{pmatrix} u_1(s) \\ u_2(s) \\ u_3(s) \end{pmatrix} = \boldsymbol{u}(s), \quad \forall s. \qquad \square$$

推论 11.6.3 以弧长 s 为参数的空间曲线 $\boldsymbol{r}$, 其单位切向量 $\boldsymbol{t}$ 与单位法向量 $\boldsymbol{n}$ 处处相互垂直, 即

$$\boldsymbol{t}(s) \perp \boldsymbol{n}(s), \quad \forall s.$$

以相互垂直的单位切向量 $t(s_0)$ 和单位法向量 $n(s_0)$, 在曲线 r 的点 $r(s_0)$ 上, 张成 tn-平面, 称之为曲线的 密切平面 (osculating plane). 我们可以近似地想象: 曲线 r 在点 $r(s_0)$ 处, 局部地可以看成 tn-密切平面上的曲线. 事实上, 分别应用泰勒定理于坐标函数 $x(s)$, $y(s)$ 和 $z(s)$, 得到向量值函数的 二阶逼近:

$$\begin{pmatrix} x(s) \\ y(s) \\ z(s) \end{pmatrix} = \begin{pmatrix} x(s_0) \\ y(s_0) \\ z(s_0) \end{pmatrix} + (s - s_0) \begin{pmatrix} x'(s_0) \\ y'(s_0) \\ z'(s_0) \end{pmatrix} + \frac{(s - s_0)^2}{2} \begin{pmatrix} x''(s_0) \\ y''(s_0) \\ z''(s_0) \end{pmatrix} + \begin{pmatrix} \varepsilon_x \\ \varepsilon_y \\ \varepsilon_z \end{pmatrix},$$

其中的误差满足二阶无穷小条件:

$$\lim_{s \to s_0} \frac{\varepsilon_x}{(s - s_0)^2} = \lim_{s \to s_0} \frac{\varepsilon_y}{(s - s_0)^2} = \lim_{s \to s_0} \frac{\varepsilon_z}{(s - s_0)^2} = 0.$$

将以上写成向量形式, 我们得到

$$\overrightarrow{r(s_0)r(s)} = (s - s_0)r'(s_0) + \frac{(s - s_0)^2}{2} r''(s_0) + o((s - s_0)^2)$$

$$= (s - s_0)t(s_0) + \frac{(s - s_0)^2}{2} \kappa(s_0)n(s_0) + o((s - s_0)^2). \tag{11.6.1}$$

其中, 误差向量的长度满足二阶无穷小量条件:

$$\lim_{s \to s_0} \frac{\|o((s - s_0)^2)\|}{(s - s_0)^2} = \lim_{s \to s_0} \frac{\sqrt{(\varepsilon_x)^2 + (\varepsilon_y)^2 + (\varepsilon_z)^2}}{(s - s_0)^2} = 0.$$

为了更好地描述空间曲线 r 在 tn-密切平面以外的变化, 我们考虑与 t 和 n 相垂直的第三个单位方向

$$b = t \times n.$$

在这里, 等式的右边为三维向量场 t 和 n 的向量积. 我们称 $b(s_0)$ 为曲线 r 在点 $r(s_0)$ 处的单位 副法向量 (binormal vector). 于是, 在点 $r(s_0)$ 处, 我们可以建构局部的三维直角 tab-坐标系统. 如图 11.4 所示.

我们继续考虑空间曲线 r 的 tn-密切平面的变化, 或者等价地, 我们可以考虑 tn-密切平面本身的单位法向量 b 的变化趋势:

$$b' = (t \times n)' = t' \times n + t \times n'.$$

因为 $t' = \kappa n$, 所以 $t' \times n = 0$. 于是,

$$b' = t \times n' \implies b' \perp t.$$

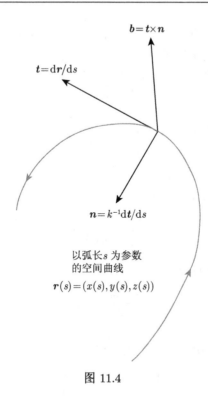

$b = t \times n$

$t = \mathrm{d}r/\mathrm{d}s$

$n = k^{-1}\mathrm{d}t/\mathrm{d}s$

以弧长 s 为参数
的空间曲线
$r(s) = (x(s), y(s), z(s))$

图 11.4

另一方面, 由引理 11.6.2, 我们知道

$$\|\boldsymbol{b}(s)\| = 1, \ \forall s \implies \boldsymbol{b}' \perp \boldsymbol{b}.$$

所以, 在三维直角 $\boldsymbol{tnb}$-坐标系统下, $\boldsymbol{b}'$ 和 $\boldsymbol{n}$ 处处平行. 因此, 存在着实值函数 $\tau(s)$, 使得

$$\boldsymbol{b}'(s) = -\tau(s)\boldsymbol{n}(s), \quad \forall s.$$

我们称 $\tau(s_0)$ 为空间曲线 $\boldsymbol{r}$ 在点 $\boldsymbol{r}(s_0)$ 处的 扭率 (torsion). 由于 $\|\boldsymbol{n}(s)\| = 1$, 所以

$$\tau(s) = -\boldsymbol{b}'(s) \cdot \boldsymbol{n}(s), \quad \forall s.$$

此时, 空间曲线 $\boldsymbol{r}$ 在点 $\boldsymbol{r}(s_0)$ 的副法向量 $\boldsymbol{b}(s_0)$, 以扭率 $\tau(s_0)$ 为速度, 朝法向量 $\boldsymbol{n}(s_0)$ 的反方向变动. 于是, 当扭率 $\tau(s_0) > 0$ 时, 曲线 $\boldsymbol{r}$ 本身在点 $\boldsymbol{r}(s_0)$ 处, 朝副法向量 $\boldsymbol{b}$ 的方向正向抬升. 如果扭率 $\tau(s_0) < 0$, 则曲线 $\boldsymbol{r}$ 在点 $\boldsymbol{r}(s_0)$ 处, 朝副法方向 $\boldsymbol{b}$ 反向下降. 至于曲线往 $\boldsymbol{b}$ 方向的上升或下降的速度, 则由扭率 $\tau(s)$ 的大小所决定.

例 11.6.4　考虑 螺旋线 (helix). 它的参数表示式为

$$\boldsymbol{r}(s) = \left(a\cos\frac{s}{c}, a\sin\frac{s}{c}, \frac{bs}{c} \right), \quad \forall s \in \mathbb{R}.$$

在这里, 常数 $c = \sqrt{a^2 + b^2}$. 观察:

$$r'(s) = \frac{1}{c} \begin{pmatrix} -a\sin\dfrac{s}{c} \\ a\cos\dfrac{s}{c} \\ b \end{pmatrix}.$$

由于

$$\|r'(s)\| = \frac{1}{c}\sqrt{\left(-a\sin\frac{s}{c}\right)^2 + \left(a\cos\frac{s}{c}\right)^2 + b^2} = 1, \quad \forall s \in \mathbb{R},$$

所以, s 是螺旋线的弧长. 因此, 单位切向量

$$t(s) = r'(s) = \frac{1}{c} \begin{pmatrix} -a\sin\dfrac{s}{c} \\ a\cos\dfrac{s}{c} \\ b \end{pmatrix}, \quad \forall s \in \mathbb{R}.$$

由此,

$$t'(s) = \frac{a}{c^2} \begin{pmatrix} -\cos\dfrac{s}{c} \\ -\sin\dfrac{s}{c} \\ 0 \end{pmatrix}, \quad \forall s \in \mathbb{R}.$$

于是, 螺旋线的曲率

$$\kappa(s) = \frac{a}{c^2} = \frac{a}{a^2 + b^2}$$

和单位法向量

$$n(s) = \begin{pmatrix} -\cos\dfrac{s}{c} \\ -\sin\dfrac{s}{c} \\ 0 \end{pmatrix}, \quad \forall s \in \mathbb{R}.$$

再者, 螺旋线的副法向量为

$$b(s) = t(s) \times n(s) = \frac{1}{c} \begin{pmatrix} b\sin\dfrac{s}{c} \\ -b\cos\dfrac{s}{c} \\ a \end{pmatrix}, \quad \forall s \in \mathbb{R}.$$

因为

$$b'(s) = \frac{b}{c^2} \begin{pmatrix} \cos\dfrac{s}{c} \\ \sin\dfrac{s}{c} \\ 0 \end{pmatrix} = -\frac{b}{c^2} n(s),$$

我们得知螺旋线的扭率

$$\tau(s) = -\boldsymbol{b}'(s) \cdot \boldsymbol{n}(s) = \frac{b}{c^2} = \frac{b}{a^2 + b^2}, \quad \forall s \in \mathbb{R}. \qquad \square$$

至此, 有关以弧长 s 为参数的空间曲线 $\boldsymbol{r}(s)$ 的性质, 基本上可以由 $\boldsymbol{tnb}$-坐标系统、曲率 $\kappa(s)$ 和扭率 $\tau(s)$ 所刻画.

现在, 我们讨论一般的参数曲线

$$\boldsymbol{r}(t) = (x(t), y(t), z(t)), \quad t \in I,$$

其中, 假设坐标函数 x, y, z 都是变量 t 的二次连续可微函数. 此时, 对应于参数从 0 变动到 t 的一段曲线的弧长为

$$s(t) = \int_0^t \|\boldsymbol{r}'(u)\| \, \mathrm{d}u.$$

由微积分基本定理,

$$s'(t) = \|\boldsymbol{r}'(t)\|, \quad \forall t. \tag{11.6.2}$$

由定义, 单位切向量

$$\boldsymbol{t}(t) = \frac{\boldsymbol{r}'(t)}{\|\boldsymbol{r}'(t)\|} = \frac{\boldsymbol{r}'(t)}{s'(t)}. \tag{11.6.3}$$

由于曲线的法向量和曲率是单位切向量对于弧长的变化方向和变化率, 为了推导出法向量和曲率的公式, 我们需要多作一些理论推导. 假设 $s'(t) = \|\boldsymbol{r}'(t)\|$ 处处非零. 此时, 由反函数定理, 我们可以将参数 t 看成弧长 s 的函数, 记为 $t = t(s)$. 我们现在以弧长 $s = s(t)$ 为参数, 重新定义新的曲线 $\tilde{\boldsymbol{r}}$ 如下:

$$\tilde{\boldsymbol{r}}(s) = \boldsymbol{r}(t(s)).$$

事实上, 新的曲线 $\tilde{\boldsymbol{r}}$ 和原来的曲线 $\boldsymbol{r}$ 有相同的轨迹, 但是具有不同的 "速度". 相应地, 曲线 $\tilde{\boldsymbol{r}}$ 的单位切向量

$$\tilde{\boldsymbol{t}}(s) = \boldsymbol{t}(t(s)) \quad \text{或} \quad \boldsymbol{t}(t) = \tilde{\boldsymbol{t}}(s(t)).$$

由链式法则

$$\boldsymbol{t}'(t) = \tilde{\boldsymbol{t}}'(s)s'(t) = \tilde{\boldsymbol{t}}'(s)\|\boldsymbol{r}'(t)\|. \tag{11.6.4}$$

因为单位法向量

$$\boldsymbol{n}(t) = \tilde{\boldsymbol{n}}(s) = \frac{\tilde{\boldsymbol{t}}'(s)}{\|\tilde{\boldsymbol{t}}'(s)\|},$$

因此 $n(t)$ 平行于 $t'(t)$. 所以

$$n(t) = \frac{t'(t)}{\|t'(t)\|}.$$

由于曲率 $\kappa(t) = \tilde{\kappa}(s) = \|\tilde{t}'(s)\|$, 通过 (11.6.4), 有

$$\kappa(t) = \frac{\|t'(t)\|}{\|r'(t)\|}. \tag{11.6.5}$$

另一方面, 由 (11.6.3) 推出

$$r'(t) = s'(t)t(t).$$

对等式两边求导 $\dfrac{\mathrm{d}}{\mathrm{d}t}$, 得

$$r''(t) = s''(t)t(t) + s'(t)t'(t).$$

在以上两个等式的两边, 各自分别作向量积:

$$r'(t) \times r''(t) = s'(t)t(t) \times (s''(t)t(t) + s'(t)t'(t)) = s'(t)^2 t(t) \times t'(t).$$

注意到 $t(t)$ 为单位向量, 引理 11.6.2 保证 $t(t) \perp t'(t)$. 因此, 由 (11.6.2) 得到

$$\|r'(t) \times r''(t)\| = s'(t)^2\|t(t)\|\,\|t'(t)\| = s'(t)^2\|t'(t)\| = \|r'(t)\|^2\|t'(t)\|.$$

代入 (11.6.5), 我们得到一般空间参数曲线 $r(t)$ 的曲率公式

$$\kappa(t) = \frac{\|r'(t) \times r''(t)\|}{\|r'(t)\|^3}.$$

我们将以上的讨论总结为如下定理.

定理 11.6.5 给定参数曲线

$$r(t) = (x(t), y(t), z(t)), \quad t \in I,$$

其中, 假设坐标函数 x, y, z 都是变量 t 的二次连续可微函数. 如果 $\|r'(t)\| \neq 0$, 则在点 $r(t)$ 处, 曲线的单位切向量 $t(t)$、单位法向量 $n(t)$ 和单位副法向量 $b(t)$, 分别为

$$t(t) = \frac{r'(t)}{\|r'(t)\|}, \quad n(t) = \frac{t'(t)}{\|t'(t)\|} \quad \text{和} \quad b(t) = t(t) \times n(t).$$

再者, 其曲率 $\kappa(t)$ 和扭率 $\tau(t)$ 分别为

$$\kappa(t) = \frac{\|t'(t)\|}{\|r'(t)\|} = \frac{\|r'(t) \times r''(t)\|}{\|r'(t)\|^3},$$

$$\tau(t) = \frac{(r'(t) \times r''(t)) \cdot r'''(t)}{\|r'(t) \times r''(t)\|^2},$$

其中 "×" 代表三维向量的向量积, "·" 代表内积.

证明　我们只需证明扭率的公式. 考虑以弧长 s 为参数的空间曲线 $\boldsymbol{r}(s)$. 它的单位切向量 $\boldsymbol{t}(s) = \boldsymbol{r}'(s)$, 单位法向量 $\boldsymbol{n}(s) = \boldsymbol{t}'(s)/\kappa(s)$ 及单位副法向量 $\boldsymbol{b}(s) = \boldsymbol{t}(s) \times \boldsymbol{n}(s)$. 在这里, 我们假设曲率 $\kappa(s) = \|\boldsymbol{t}'(s)\| = \|\boldsymbol{r}''(s)\| \neq 0$. 于是

$$\tau(s) = -\boldsymbol{n}(s) \cdot \boldsymbol{b}'(s) = -\boldsymbol{n}(s) \cdot (\boldsymbol{t}(s) \times \boldsymbol{n}(s))' = -\boldsymbol{n}(s) \cdot (\boldsymbol{t}(s) \times \boldsymbol{n}'(s)).$$

因为

$$\boldsymbol{n}(s) = \frac{1}{\kappa(s)}\boldsymbol{t}'(s) = \frac{1}{\kappa(s)}\boldsymbol{r}''(s),$$

所以

$$\tau(s) = -\frac{1}{\kappa(s)}\boldsymbol{r}''(s) \cdot \left(\boldsymbol{r}'(s) \times \frac{\mathrm{d}}{\mathrm{d}s}\left(\frac{1}{\kappa(s)}\boldsymbol{r}''(s)\right)\right) = \frac{1}{\kappa(s)^2}\boldsymbol{r}''(s) \cdot (\boldsymbol{r}'(s) \times \boldsymbol{r}'''(s)).$$

由于 $\|\boldsymbol{r}'(s)\| = 1, \forall s$, 引理 11.6.2 保证 $\boldsymbol{r}'(s) \perp \boldsymbol{r}''(s)$, 因此

$$\|\boldsymbol{r}'(s) \times \boldsymbol{r}''(s)\| = \|\boldsymbol{r}'(s)\|\,\|\boldsymbol{r}''(s)\| = \kappa(s).$$

综上,

$$\tau(s) = \frac{(\boldsymbol{r}'(s) \times \boldsymbol{r}''(s)) \cdot \boldsymbol{r}'''(s)}{\|\boldsymbol{r}'(s) \times \boldsymbol{r}''(s)\|^2}.$$

对于一般参数曲线 $\boldsymbol{r}(t)$, 令 $s = \|\boldsymbol{r}'(t)\|$ 为弧长. 由链式法则

$$\boldsymbol{r}'(t) = \frac{\mathrm{d}\boldsymbol{r}(s(t))}{\mathrm{d}t} = \frac{\mathrm{d}\boldsymbol{r}(s)}{\mathrm{d}s}\frac{\mathrm{d}s}{\mathrm{d}t},$$

$$\boldsymbol{r}''(t) = \frac{\mathrm{d}^2\boldsymbol{r}(s(t))}{\mathrm{d}t^2} = \frac{\mathrm{d}^2\boldsymbol{r}(s)}{\mathrm{d}s^2}\left(\frac{\mathrm{d}s}{\mathrm{d}t}\right)^2 + \frac{\mathrm{d}\boldsymbol{r}(s)}{\mathrm{d}s}\frac{\mathrm{d}^2s}{\mathrm{d}t^2},$$

$$\boldsymbol{r}'''(t) = \frac{\mathrm{d}^3\boldsymbol{r}(s(t))}{\mathrm{d}t^3} = \frac{\mathrm{d}^3\boldsymbol{r}(s)}{\mathrm{d}s^3}\left(\frac{\mathrm{d}s}{\mathrm{d}t}\right)^3 + 2\frac{\mathrm{d}^2\boldsymbol{r}(s)}{\mathrm{d}s^2}\frac{\mathrm{d}^2s}{\mathrm{d}t^2}\frac{\mathrm{d}s}{\mathrm{d}t} + \frac{\mathrm{d}^2\boldsymbol{r}(s)}{\mathrm{d}s^2}\left(\frac{\mathrm{d}^2s}{\mathrm{d}t^2}\right)^2 + \frac{\mathrm{d}\boldsymbol{r}(s)}{\mathrm{d}s}\frac{\mathrm{d}^3s}{\mathrm{d}t^3}.$$

于是

$$\boldsymbol{r}'(t) \times \boldsymbol{r}''(t) = s'(t)^3\left(\frac{\mathrm{d}\boldsymbol{r}(s)}{\mathrm{d}s} \times \frac{\mathrm{d}^2\boldsymbol{r}(s)}{\mathrm{d}s^2}\right),$$

$$(\boldsymbol{r}'(t) \times \boldsymbol{r}''(t)) \cdot \boldsymbol{r}'''(t) = s'(t)^6\left(\left(\frac{\mathrm{d}\boldsymbol{r}(s)}{\mathrm{d}s} \times \frac{\mathrm{d}^2\boldsymbol{r}(s)}{\mathrm{d}s^2}\right) \cdot \frac{\mathrm{d}^3\boldsymbol{r}(s)}{\mathrm{d}s^3}\right).$$

因此, 扭率为

$$\tau(t) = \frac{\left(\dfrac{\mathrm{d}\boldsymbol{r}(s)}{\mathrm{d}s} \times \dfrac{\mathrm{d}^2\boldsymbol{r}(s)}{\mathrm{d}s^2}\right) \cdot \dfrac{\mathrm{d}^3\boldsymbol{r}(s)}{\mathrm{d}s^3}}{\left\|\dfrac{\mathrm{d}\boldsymbol{r}(s)}{\mathrm{d}s} \times \dfrac{\mathrm{d}^2\boldsymbol{r}(s)}{\mathrm{d}s^2}\right\|^2} = \frac{\boldsymbol{r}'''(t) \cdot (\boldsymbol{r}'(t) \times \boldsymbol{r}''(t))}{\|\boldsymbol{r}'(t) \times \boldsymbol{r}''(t)\|^2}. \qquad \square$$

11.7 切平面与梯度

我们知道空间中通过点 $P = (x_0, y_0, z_0)$ 的平面方程为

$$A(x - x_0) + B(y - y_0) + C(z - z_0) = 0, \tag{11.7.1}$$

其中,

$$\boldsymbol{n} = A\hat{\imath} + B\hat{\jmath} + C\hat{k}$$

为这个平面的 **法向量** (normal vector). 若令 $Q = (x, y, z)$ 为落在平面上的任意点, 它与点 $P = (x_0, y_0, z_0)$ 构成平面上的向量

$$\overrightarrow{PQ} = \begin{pmatrix} x - x_0 \\ y - y_0 \\ z - z_0 \end{pmatrix}.$$

由 (11.7.1) 得知平面上的向量 $\overrightarrow{PQ}$ 和法向量 $\boldsymbol{n}$ 的内积为零, 所以互相垂直. 事实上, 定义平面的方程 (11.7.1) 说明了: 在平面上, 所有通过点 P 的向量, 恰好都垂直于平面的法向量 $\boldsymbol{n}$, 即

$$\text{点 } Q \text{ 落在平面上} \Longleftrightarrow \overrightarrow{PQ} \perp \boldsymbol{n}.$$

注意   虽然平面的法向量不是唯一的, 但是任何两支法向量都是平行的. 所以, 上式中的条件 $\overrightarrow{PQ} \perp \boldsymbol{n}$, 并不会因为我们选择了不同的法向量而产生歧义.

考虑由连续可微函数 g 所决定的光滑空间曲面

$$g(x, y, z) = 0.$$

设 $P = (x_0, y_0, z_0)$ 为曲面上的一点. 设 $t \mapsto \boldsymbol{r}(t) := (x(t), y(t), z(t))$ 为曲面上通过点 P 的一条光滑曲线, 即有

$$g(\boldsymbol{r}(t)) = g(x(t), y(t), z(t)) = 0, \quad \forall t.$$

我们假设 $\boldsymbol{r}(0) = (x(0), y(0), z(0)) = P = (x_0, y_0, z_0)$. 曲线 $\boldsymbol{r}$ 在点 P 处的 **切向量** 为

$$\boldsymbol{r}'(0) = \begin{pmatrix} x'(0) \\ y'(0) \\ z'(0) \end{pmatrix}.$$

曲面上每一条通过点 P 的光滑曲线都给出了一支通过点 P 的切向量. 所有通过曲面上点 P 的切向量构成一个平面. 我们称这个平面为曲面在点 P 处的 **切平面**

(tangent plane) T_P. 换句话说,

$$\text{点 } Q \text{ 落在切平面 } T_P \text{ 上} \Longleftrightarrow \overrightarrow{PQ} \text{是切向量}.$$

这给出切平面的定义:

$$T_P = \{Q : \overrightarrow{PQ} = r'(0), \text{其中 } r \text{ 为曲面上的光滑曲线}, \text{ 且 } r(0) = P\}.$$

现在, 我们要找出切平面 T_P 的法向量. 设 r 为曲面 $g(x,y,z) = 0$ 上的曲线, 且 $r(0) = P$. 特别地, 对所有 t 都成立着 $g(r(t)) = g(x(t), y(t), z(t)) = 0$. 对变量 t 的常数函数 $g(r(t))$ 求导, 得

$$\frac{\mathrm{d}g}{\mathrm{d}t} = \frac{\partial g}{\partial x}x'(t) + \frac{\partial g}{\partial y}y'(t) + \frac{\partial g}{\partial z}z'(t) = 0, \quad \forall t.$$

于是, g 的梯度向量 (gradient vector) $\nabla g = \begin{pmatrix} \dfrac{\partial g}{\partial x} \\[2mm] \dfrac{\partial g}{\partial y} \\[2mm] \dfrac{\partial g}{\partial z} \end{pmatrix}$ 与曲线 r 的切向量 $r' = \begin{pmatrix} x'(t) \\ y'(t) \\ z'(t) \end{pmatrix}$

处处垂直, 即

$$\nabla g|_{(x(t),y(t),z(t))} \perp r'(t), \quad \forall t.$$

特别地,

$$\nabla g|_{(x_0,y_0,z_0)} \perp r'(0), \quad \text{其中 } r'(0) \text{ 为切平面 } T_P \text{ 上的向量}.$$

由此可知, 对于曲面 $g(x,y,z) = 0$ 上的点 (x_0, y_0, z_0), 梯度向量 $\nabla g(x_0, y_0, z_0)$ 为切平面 T_P 的法向量.

总的来说, 我们有如下定义.

定义 11.7.1 设 $P(x_0, y_0, z_0)$ 为光滑曲面 $g(x,y,z) = 0$ 上的一点. 在点 P 上曲面的切平面 T_P 的方程为

$$\frac{\partial g}{\partial x}\bigg|_{(x_0,y_0,z_0)}(x - x_0) + \frac{\partial g}{\partial y}\bigg|_{(x_0,y_0,z_0)}(y - y_0) + \frac{\partial g}{\partial z}\bigg|_{(x_0,y_0,z_0)}(z - z_0) = 0.$$

其中, 切平面 T_P 的法向量为 g 在点 $P(x_0, y_0, z_0)$ 上的梯度

$$\nabla g|_P = \left(\frac{\partial g}{\partial x}\hat{\imath} + \frac{\partial g}{\partial y}\hat{\jmath} + \frac{\partial g}{\partial z}\hat{k}\right)\bigg|_{(x_0,y_0,z_0)}.$$

另一方面, 我们也有如下定义.

定义 11.7.2 设 $P(x_0, y_0, z_0)$ 为光滑曲面 $g(x, y, z) = 0$ 上的一点. 在点 P 上曲面的**法线** (normal line) 具有参数方程

$$x = x_0 + \frac{\partial g}{\partial x}t, \quad y = y_0 + \frac{\partial g}{\partial y}t, \quad z = z_0 + \frac{\partial g}{\partial z}t,$$

其中, t 为参数. 在这里, 所有偏导数都是在点 P 计算.

如果曲面是由方程

$$z = f(x, y)$$

所给出的, 我们可以将之改写成

$$g(x, y, z) = 0,$$

其中

$$g(x, y, z) = z - f(x, y).$$

因此, 切平面的法向量

$$\left. \begin{pmatrix} \dfrac{\partial g}{\partial x} \\[2mm] \dfrac{\partial g}{\partial y} \\[2mm] \dfrac{\partial g}{\partial z} \end{pmatrix} \right|_{(x_0, y_0, z_0)} = \left. \begin{pmatrix} -\dfrac{\partial f}{\partial x} \\[2mm] -\dfrac{\partial f}{\partial y} \\[2mm] 1 \end{pmatrix} \right|_{(x_0, y_0, z_0)}.$$

于是, 曲面 $z = f(x, y)$ 在点 $(x_0, y_0, f(x_0, y_0))$ 处的切平面的方程为

$$-\frac{\partial f}{\partial x}(x - x_0) - \frac{\partial f}{\partial y}(y - y_0) + (z - f(x_0, y_0)) = 0$$

或

$$z = f(x_0, y_0) + \frac{\partial f}{\partial x}(x - x_0) + \frac{\partial f}{\partial y}(y - y_0).$$

在这里, 二元函数 f 的所有偏导数都是在点 (x_0, y_0) 处计算的.

例 11.7.1 给定曲面

$$z = \ln(1 + x^2 + y^2).$$

求在点 $P = (1, 1, \ln 3)$ 处, 曲面的切平面 T_P 和法线的方程.

解 令

$$g(x, y, z) = z - \ln(1 + x^2 + y^2),$$

则

$$\nabla g = \begin{pmatrix} \dfrac{\partial g}{\partial x} \\[2mm] \dfrac{\partial g}{\partial y} \\[2mm] \dfrac{\partial g}{\partial z} \end{pmatrix} = \begin{pmatrix} -\dfrac{2x}{1+x^2+y^2} \\[3mm] -\dfrac{2y}{1+x^2+y^2} \\[2mm] 1 \end{pmatrix}.$$

特别地,

$$\nabla g|_{(1,1,\ln 3)} = \begin{pmatrix} -2/3 \\ -2/3 \\ 1 \end{pmatrix}.$$

所以, 在点 P 处, 曲面的切平面 T_P 的方程为

$$-\frac{2}{3}(x-1) - \frac{2}{3}(y-1) + (z - \ln 3) = 0$$

及其法线的参数方程为

$$\begin{cases} x = 1 - 2t/3, \\ y = 1 - 2t/3, \\ z = \ln 3 + t. \end{cases} \qquad \Box$$

11.8　最速上升、下降方向与极值

以下, 我们以 $D_k[f]$ 表示 n-元函数 $z = f(x_1, x_2, \cdots, x_n)$ 对第 k 个变量 x_k 的偏导数, 即

$$D_k[f] = \frac{\partial f}{\partial x_k}, \quad k = 1, 2, \cdots.$$

比照 $n = 3$ 的情形, 我们称

$$\nabla f|_P = \begin{pmatrix} D_1[f] \\ D_2[f] \\ \vdots \\ D_n[f] \end{pmatrix}\Bigg|_P$$

为 f 在点 P 处的*梯度向量* (gradient vector).

引理 11.8.1　设 n-元函数 f 在点 P_0 处可微, $\boldsymbol{u} \in \mathbb{R}^n$ 为单位向量, 则 f 在点 P_0 处沿着 $\boldsymbol{u}$ 的方向导数为

$$D_u[f](P_0) = \nabla f|_{\boldsymbol{P}_0} \cdot \boldsymbol{u} = (u_1 D_1[f] + u_2 D_2[f] + \cdots + u_n D_n[f])(P_0).$$

证明 对于从点 P_0 处, 沿 $\boldsymbol{u}$ 方向移动, 所得到的点 $P = P_0 + h\boldsymbol{u}$, 其位移向量为

$$\overrightarrow{P_0 P} = h\boldsymbol{u} = \begin{pmatrix} u_1 h \\ u_2 h \\ \vdots \\ u_n h \end{pmatrix}.$$

由于 f 在 P_0 处可微, 我们有一阶线性逼近

$$f(P) = f(P_0) + \frac{\partial f}{\partial x_1} u_1 h + \frac{\partial f}{\partial x_2} u_2 h + \cdots + \frac{\partial f}{\partial x_n} u_n h + o(h)$$

$$= f(P_0) + D_1[f] u_1 h + D_2[f] u_2 h + \cdots + D_n[f] u_n h + o(h).$$

于是

$$D_u[f](P_0) = \lim_{h \to 0} \frac{f(P_0 + h\boldsymbol{u}) - f(P_0)}{h}$$

$$= \lim_{h \to 0} \frac{D_1[f] u_1 h + D_2[f] u_2 h + \cdots + D_n[f] u_n h + o(h)}{h}$$

$$= D_1[f] u_1 + D_2[f] u_2 + \cdots + D_n[f] u_n + \lim_{h \to 0} \frac{o(h)}{h}$$

$$= D_1[f] u_1 + D_2[f] u_2 + \cdots + D_n[f] u_n.$$

以上, f 的各个偏导数 $D_k[f]$ 皆在点 P_0 处计算. □

定理 11.8.2 三元函数 $f(x, y, z)$ 在点 $P_0 = (x_0, y_0, z_0)$ 处的 **最速上升方向** (steepest increasing direction) 和 **最速下降方向** (steepest decreasing direction) 分别为 $\nabla f|_{P_0}$ 和 $-\nabla f|_{P_0}$.

证明 令 $\boldsymbol{u}$ 为单位方向. 观察变化量

$$f(P_0 + h\boldsymbol{u}) - f(P_0)$$

$$= h D_{\boldsymbol{u}}[f](P_0) + o(h)$$

$$= h \left(\left.\frac{\partial f}{\partial x}\right|_{P_0} u_1 + \left.\frac{\partial f}{\partial y}\right|_{P_0} u_2 + \left.\frac{\partial f}{\partial z}\right|_{P_0} u_3 \right) + o(h)$$

$$= h \nabla f|_{P_0} \cdot \boldsymbol{u} + o(h).$$

因为

$$|\nabla f \cdot \boldsymbol{u}| = \|\nabla f\| \|\boldsymbol{u}\| \cos\theta = \|\nabla f\| \cos\theta \leqslant \|\nabla f\|,$$

其中, θ 为 $\boldsymbol{u}$ 与 ∇f 的夹角. 由此可见, 最大的变化量发生在单位方向 $\boldsymbol{u}$ 与 f 的梯度向量 ∇f 平行的时候. 于是, 函数 f 在点 P_0 处的最速上升方向为 $\boldsymbol{u} = \nabla f|_{P_0}$, 而最速下降方向为 $\boldsymbol{u} = -\nabla f|_{P_0}$. □

如果连续可微的多元函数 $f(x_1, x_2, \cdots, x_n)$ 在点 P 处取得其局部的极大值或极小值 $f(P)$, 那么, 在点 P 处, f 再没有严格上升或者严格下降的方向了. 换句话说, 在 P 处 f 的梯度向量应该为零向量, 即

$$\nabla f|_P = \begin{pmatrix} D_1[f] \\ D_2[f] \\ \vdots \\ D_n[f] \end{pmatrix}\Bigg|_P = \begin{pmatrix} 0 \\ 0 \\ \vdots \\ 0 \end{pmatrix},$$

或者

$$\frac{\partial f}{\partial x_1}\bigg|_P = \frac{\partial f}{\partial x_2}\bigg|_P = \cdots = \frac{\partial f}{\partial x_n}\bigg|_P = 0.$$

我们将满足以上条件的点 P, 称为连续可微函数 f 的 临界点.

以上的讨论提示我们, f 的极值点应该都是 f 的临界点. 以下, 我们以二元函数为例, 说明如何求取多元函数的极值点.

定理 11.8.3   设二元函数 f 在点 (x_0, y_0) 处具有偏导数, 且 $f(x_0, y_0)$ 为 f 的 (局部) 极 (大、小) 值. 我们有

$$\frac{\partial f}{\partial x}\bigg|_{(x_0,y_0)} = \frac{\partial f}{\partial y}\bigg|_{(x_0,y_0)} = 0.$$

证明   定义 x 的函数 $g(x) = f(x, y_0)$. 因为 g 在 $x = x_0$ 处取极值, 有

$$\frac{\mathrm{d}g}{\mathrm{d}x}\bigg|_{x=x_0} = 0 \implies \frac{\partial f}{\partial x}\bigg|_{(x_0,y_0)} = 0.$$

同理, 也有

$$\frac{\partial f}{\partial y}\bigg|_{(x_0,y_0)} = 0. \qquad\qquad \square$$

直观地说, 如果函数 f 在平面上的点 $P = (x_0, y_0)$ 处取得极值, 则曲面 $z = f(x, y)$ 在空间中的点 $M = (x_0, y_0, f(x_0, y_0))$ 处, 从 x-方向或者 y-方向来看, 都是呈现山峰或者山谷的样子, 所以都应该有水平的切线. 如图 11.5 和图 11.6 所示. 因此, 曲面在此点的切平面会是水平面; 或者说, 切平面的法向量为

$$\boldsymbol{n} = \begin{pmatrix} -\dfrac{\partial f}{\partial x} \\ -\dfrac{\partial f}{\partial y} \\ 1 \end{pmatrix}\Bigg|_{(x_0,y_0,f(x_0,y_0))} = \begin{pmatrix} 0 \\ 0 \\ 1 \end{pmatrix}.$$

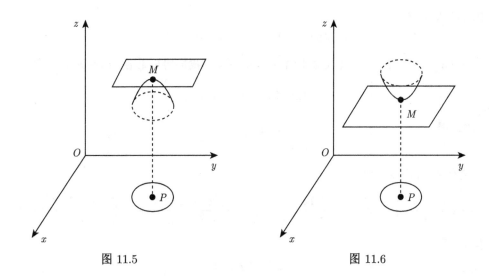

图 11.5   图 11.6

例 11.8.4 求 x 及 α 的值, 使得由图 11.7 所示图形构造的薄铁片水槽的截面面积为最大.

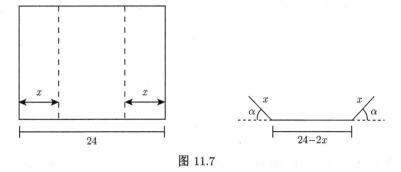

图 11.7

解 截面面积由梯形公式给出

$$A(x,\alpha) = \frac{(24-2x)+(24-2x+2x\cos\alpha)}{2}x\sin\alpha$$
$$= 24x\sin\alpha - 2x^2\sin\alpha + x^2\cos\alpha\sin\alpha,$$

其中, $0 \leqslant x \leqslant 12$ 及 $0 \leqslant \alpha \leqslant \dfrac{\pi}{2}$. 解联立方程组

$$\frac{\partial A}{\partial x} = 24\sin\alpha - 4x\sin\alpha + 2x\cos\alpha\sin\alpha = 0, \tag{11.8.1}$$

$$\frac{\partial A}{\partial \alpha} = 24x\cos\alpha - 2x^2\cos\alpha - x^2\sin^2\alpha + x^2\cos^2\alpha = 0. \tag{11.8.2}$$

由 (11.8.1) 得

$$2\sin\alpha(12 - 2x + x\cos\alpha) = 0.$$

因为 $\sin\alpha = 0$ 时, 面积会取最小值 $A = 0$, 因此, 我们可以假设 $\sin\alpha \neq 0$. 于是

$$12 - 2x + x\cos\alpha = 0.$$

由此, 得

$$\cos\alpha = \frac{2x - 12}{x}.$$

以之代入 (11.8.2), 得

$$24x\left(\frac{2x-12}{x}\right) - 2x^2\left(\frac{2x-12}{x}\right) - x^2\left(\frac{x^2-(2x-12)^2}{x^2}\right) + x^2\left(\frac{(2x-12)^2}{x^2}\right) = 0.$$

化简, 得

$$x^2 - 8x = 0.$$

所以

$$x = 0 \quad 或 \quad x = 8.$$

然而, 当 $x = 0$ 时, 面积取最小值 $A = 0$, 不合题意. 因此, 选

$$x = 8,$$

并得

$$\cos\alpha = \frac{2\cdot 8 - 12}{8} = \frac{1}{2}.$$

于是

$$\alpha = \frac{\pi}{3}.$$

至此, 我们得到 f 唯一有可能取最大值的临界点 $(x, \alpha) = (8, \pi/3)$. 由于本问题必有最大值解 (应用定理 11.1.6), 我们得到结论: 最大的截面面积发生在我们取 $x = 8$ 及 $\alpha = \pi/3$ 时. 此时, 得到最大值

$$A(8, \pi/3) = 48\sqrt{3} \approx 83. \qquad \square$$

11.9　极值的二阶判别法

设 f 为二阶连续可微函数, 即 f 的所有二阶偏导数 $\dfrac{\partial^2 f}{\partial x\partial y}$ 皆存在而且连续. 假设 (x_0, y_0) 是 f 的临界点, 即

$$\left.\frac{\partial f}{\partial x}\right|_{(x_0,y_0)} = \left.\frac{\partial f}{\partial y}\right|_{(x_0,y_0)} = 0.$$

我们研究 f 在点 (x_0, y_0) 上取极 (大、小) 值的充分条件. 令 $\boldsymbol{u} = \begin{pmatrix} h \\ k \end{pmatrix}$ 为平面上的单位向量. 我们考虑函数值 $f(x, y)$ 在点 (x_0, y_0) 附近, 依方向 $\boldsymbol{u}$ 做微小振动后的变化:

$$\Delta f = f(x_0 + th, y_0 + tk) - f(x_0, y_0),$$

其中 $t > 0$ 是很小的量. 令

$$g(t) = f(x_0 + th, y_0 + tk),$$

则

$$
\begin{aligned}
g'(t) &= \frac{\mathrm{d}g}{\mathrm{d}t} = \frac{\partial f}{\partial x}\frac{\mathrm{d}x}{\mathrm{d}t} + \frac{\partial f}{\partial y}\frac{\mathrm{d}y}{\mathrm{d}t} \\
&= \frac{\partial f}{\partial x}\frac{\mathrm{d}(x_0 + th)}{\mathrm{d}t} + \frac{\partial f}{\partial y}\frac{\mathrm{d}(y_0 + tk)}{\mathrm{d}t} \\
&= \frac{\partial f}{\partial x}h + \frac{\partial f}{\partial y}k.
\end{aligned}
$$

在这里, f 的两个偏导数都是在点 $(x_0 + th, y_0 + tk)$ 处计算. 于是

$$
\begin{aligned}
g''(t) &= \frac{\mathrm{d}}{\mathrm{d}t}\left(\frac{\partial f}{\partial x}h + \frac{\partial f}{\partial y}k\right) \\
&= \frac{\partial^2 f}{\partial x^2}h^2 + \frac{\partial^2 f}{\partial y \partial x}kh + \frac{\partial^2 f}{\partial x \partial y}hk + \frac{\partial^2 f}{\partial y^2}k^2 \\
&= \frac{\partial^2 f}{\partial x^2}h^2 + 2\frac{\partial^2 f}{\partial x \partial y}hk + \frac{\partial^2 f}{\partial y^2}k^2.
\end{aligned}
$$

在这里, f 的三个二阶偏导数也都是在点 $(x_0 + th, y_0 + tk)$ 处计算. 对变量 t 的函数 g 在 $t = 0$ 处作二阶逼近 ("以抛代曲") 得

$$g(t) = g(0) + g'(0)t + \frac{g''(0)}{2}t^2 + o(t^2),$$

其中误差满足 $\lim\limits_{t \to 0} o(t^2)/t^2 = 0$. 现在,

$$g(0) = f(x_0, y_0), \qquad g'(0) = \left.\frac{\partial f}{\partial x}\right|_{(x_0, y_0)} h + \left.\frac{\partial f}{\partial y}\right|_{(x_0, y_0)} k = 0,$$

$$g''(0) = \left.\frac{\partial^2 f}{\partial x^2}\right|_{(x_0, y_0)} h^2 + 2\left.\frac{\partial^2 f}{\partial x \partial y}\right|_{(x_0, y_0)} hk + \left.\frac{\partial^2 f}{\partial y^2}\right|_{(x_0, y_0)} k^2.$$

因此

$$\Delta f = f(x_0 + th, y_0 + tk) - f(x_0, y_0) = g(t) - g(0)$$

$$= \frac{1}{2}\left[\frac{\partial^2 f}{\partial x^2}\bigg|_{(x_0,y_0)} h^2 + 2\frac{\partial^2 f}{\partial x \partial y}\bigg|_{(x_0,y_0)} hk + \frac{\partial^2 f}{\partial y^2}\bigg|_{(x_0,y_0)} k^2 \right] t^2 + o(t^2)$$

$$= \frac{t^2}{2}\left[\frac{\partial^2 f}{\partial x^2}\bigg|_{(x_0,y_0)} h^2 + 2\frac{\partial^2 f}{\partial x \partial y}\bigg|_{(x_0,y_0)} hk + \frac{\partial^2 f}{\partial y^2}\bigg|_{(x_0,y_0)} k^2 + \frac{2o(t^2)}{t^2} \right].$$

因为 $\lim_{t\to 0} o(t^2)/t^2 = 0$, 当变化量 $|t|$ 很小时,

$$\frac{\partial^2 f}{\partial x^2}\bigg|_{(x_0,y_0)} h^2 + 2\frac{\partial^2 f}{\partial x \partial y}\bigg|_{(x_0,y_0)} hk + \frac{\partial^2 f}{\partial y^2}\bigg|_{(x_0,y_0)} k^2 > 0 \Longrightarrow \Delta f > 0,$$

$$\frac{\partial^2 f}{\partial x^2}\bigg|_{(x_0,y_0)} h^2 + 2\frac{\partial^2 f}{\partial x \partial y}\bigg|_{(x_0,y_0)} hk + \frac{\partial^2 f}{\partial y^2}\bigg|_{(x_0,y_0)} k^2 < 0 \Longrightarrow \Delta f < 0.$$

令

$$A = \frac{\partial^2 f}{\partial x^2}\bigg|_{(x_0,y_0)}, \quad B = \frac{\partial^2 f}{\partial x \partial y}\bigg|_{(x_0,y_0)} \quad 及 \quad C = \frac{\partial^2 f}{\partial y^2}\bigg|_{(x_0,y_0)}.$$

以下, 我们分几个情形来讨论.

(1) 假设 $AC - B^2 > 0$. 此时, 我们必有 $A \neq 0$. 考虑:

$$Ah^2 + 2Bhk + Ck^2 = A\left[h^2 + 2h\left(\frac{Bk}{A}\right) + \left(\frac{Bk}{A}\right)^2 \right] - \left(\frac{B^2k^2}{A}\right) + Ck^2$$

$$= A\left(h + \frac{Bk}{A} \right)^2 + \frac{AC - B^2}{A} k^2.$$

当 $|t|$ 很小时, 我们得到

$$A > 0 \Longrightarrow \text{对所有单位方向 } \boldsymbol{u} = \begin{pmatrix} h \\ k \end{pmatrix}, \ Ah^2 + 2Bhk + Ck^2 > 0$$

$$\Longrightarrow \text{对所有单位方向 } \boldsymbol{u} = \begin{pmatrix} h \\ k \end{pmatrix}, \ \Delta f > 0$$

$$\Longrightarrow \text{对所有单位方向 } \boldsymbol{u} = \begin{pmatrix} h \\ k \end{pmatrix}, \ f(x_0 + th, y_0 + tk) > f(x_0, y_0)$$

$$\Longrightarrow f(x_0, y_0) \text{ 为 } f \text{ 的局部极小值.}$$

同理得

$$A < 0 \Longrightarrow f(x_0, y_0) \text{ 为 } f \text{ 的局部极大值.}$$

(2) 假设 $AC - B^2 < 0$.

(i) 当 $A > 0$ 时, 若取变动方向 $\boldsymbol{u} = \begin{pmatrix} h \\ k \end{pmatrix} = \begin{pmatrix} 1 \\ 0 \end{pmatrix}$, 我们将有

$$Ah^2 + 2Bhk + Ck^2 = A\left(h + \frac{Bk}{A}\right)^2 + \frac{AC - B^2}{A}k^2 = A > 0;$$

但是, 若我们取变动的方向为 $\boldsymbol{u} = \begin{pmatrix} h \\ k \end{pmatrix} = \begin{pmatrix} B \\ -A \end{pmatrix}$, 就会有

$$Ah^2 + 2Bhk + Ck^2 = A\left(h + \frac{Bk}{A}\right)^2 + \frac{AC - B^2}{A}k^2 = \frac{AC - B^2}{A}(-A)^2 < 0.$$

所以, 在点 (x_0, y_0) 附近, 依某些方向, 例如 $\boldsymbol{u} = \begin{pmatrix} 1 \\ 0 \end{pmatrix}$, 变化量 $\Delta f > 0$, 即 f 在

(x_0, y_0) 处取局部的严格极小值; 而依另外一些方向, 例如 $\boldsymbol{u} = \begin{pmatrix} B \\ -A \end{pmatrix}$, 变化量

$\Delta f < 0$, 即 f 在 (x_0, y_0) 处取局部的严格极大值. 此时, 我们称 (x_0, y_0) 为 f 的鞍点 (saddle point).

(ii) 对于 $A < 0$ 的情形, 相同的推理可得: (x_0, y_0) 仍是 f 的鞍点.

(iii) 如果 $A = 0$, 我们可以交换变量 x 和 y 的角色, 得到结论: 当 $C \neq 0$ 时, (x_0, y_0) 仍然是 f 的鞍点.

(iv) 如果 $A = C = 0$, 由于 $AC - B^2 < 0$, 我们知道 $B \neq 0$. 此时

$$\Delta f = \left[2Bhk + \frac{o(t^2)}{t^2}\right]t^2.$$

假设 $B > 0$. 在 (x_0, y_0) 处, 若依方向 $\boldsymbol{u} = \begin{pmatrix} h \\ k \end{pmatrix} = \begin{pmatrix} 1 \\ 1 \end{pmatrix}$ 变动, 则变化量 $\Delta f > 0$;

但是, 若依方向 $\boldsymbol{u} = \begin{pmatrix} 1 \\ -1 \end{pmatrix}$ 变动, 则变化量 $\Delta f < 0$. 所以, 此时 (x_0, y_0) 还是 f 的鞍点. 对于 $B < 0$ 的情形, 我们也可以作类似的讨论, 由此同样得到 (x_0, y_0) 是 f 的鞍点的结论.

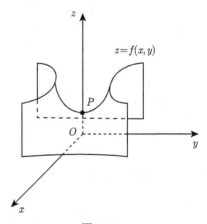

如图 11.8 所示, 若依 $\pm x$-方向变化, f 在 $(0, 0)$ 处取局部的严格极大值; 若依 $\pm y$-方向变化, f 在 $(0, 0)$ 处则取局部的严格极小值. 所以, $(0, 0)$ 为 f 的鞍点.

图 11.8

总结:

极值的二阶判别法 假设 (x_0, y_0) 是二阶连续可微函数 f 的临界点, 即

$$\left.\frac{\partial f}{\partial x}\right|_{(x_0, y_0)} = \left.\frac{\partial f}{\partial y}\right|_{(x_0, y_0)} = 0.$$

令

$$A = \left.\frac{\partial^2 f}{\partial x^2}\right|_{(x_0, y_0)}, \quad B = \left.\frac{\partial^2 f}{\partial x \partial y}\right|_{(x_0, y_0)} \quad 及 \quad C = \left.\frac{\partial^2 f}{\partial y^2}\right|_{(x_0, y_0)}.$$

(1) $AC - B^2 > 0$ 且 $A > 0 \implies f(x_0, y_0)$ 为 f 的局部极小值.

(2) $AC - B^2 > 0$ 且 $A < 0 \implies f(x_0, y_0)$ 为 f 的局部极大值.

(3) $AC - B^2 < 0 \implies (x_0, y_0)$ 为 f 的鞍点.

(4) $AC - B^2 = 0 \implies$ 判别法没有结论.

> **定义 11.9.1** 设 f 为二阶连续可微函数. 定义 f 在点 (x_0, y_0) 处的黑塞 (Hessian) 矩阵为
>
> $$H(f)(x_0, y_0) = \begin{bmatrix} \dfrac{\partial^2 f}{\partial x^2} & \dfrac{\partial^2 f}{\partial x \partial y} \\ \dfrac{\partial^2 f}{\partial x \partial y} & \dfrac{\partial^2 f}{\partial y^2} \end{bmatrix}_{(x_0, y_0)}.$$

应用黑塞矩阵, 我们可以简化极值的二阶判别法如下.

定理 11.9.1 (极值的二阶判别法) 设 (x_0, y_0) 为二阶连续可微函数 f 的临界点.

(1) $\det H(f) = \begin{vmatrix} \dfrac{\partial^2 f}{\partial x^2} & \dfrac{\partial^2 f}{\partial x \partial y} \\ \dfrac{\partial^2 f}{\partial x \partial y} & \dfrac{\partial^2 f}{\partial y^2} \end{vmatrix}_{(x_0, y_0)} > 0$, 且

(i) $\left.\dfrac{\partial^2 f}{\partial x^2}\right|_{(x_0, y_0)} > 0 \implies f(x_0, y_0)$ 为 f 的局部极小值.

(ii) $\left.\dfrac{\partial^2 f}{\partial x^2}\right|_{(x_0, y_0)} < 0 \implies f(x_0, y_0)$ 为 f 的局部极大值.

(2) $\det H(f) < 0 \implies (x_0, y_0)$ 为 f 的鞍点.

例 11.9.2 讨论函数

$$z = f(x, y) = \frac{x^2}{a^2} + \frac{y^2}{b^2} \quad (a > 0, b > 0)$$

的极值.

解 计算

$$\frac{\partial z}{\partial x} = \frac{2x}{a^2}, \quad \frac{\partial z}{\partial y} = \frac{2y}{b^2},$$

$$\frac{\partial^2 z}{\partial x^2} = \frac{2}{a^2}, \quad \frac{\partial^2 z}{\partial x \partial y} = 0, \quad \frac{\partial^2 z}{\partial y^2} = \frac{2}{b^2}.$$

在 $(0,0)$ 处, 函数 f 的黑塞矩阵的行列式为

$$\det H(f) = \begin{vmatrix} \dfrac{\partial^2 f}{\partial x^2} & \dfrac{\partial^2 f}{\partial x \partial y} \\[2mm] \dfrac{\partial^2 f}{\partial x \partial y} & \dfrac{\partial^2 f}{\partial y^2} \end{vmatrix}_{(x_0, y_0)} = \begin{vmatrix} \dfrac{2}{a^2} & 0 \\[2mm] 0 & \dfrac{2}{b^2} \end{vmatrix} = \frac{4}{a^2 b^2} > 0.$$

因为 $\left. \dfrac{\partial^2 f}{\partial x^2} \right|_{(x_0, y_0)} = \dfrac{2}{a^2} > 0$, 由二阶判别法得知: f 在 $(0,0)$ 处取极小值 $f(0,0) = 0$. $\square$

11.10　最小二乘法

假设变量 x, y 服从线性关系

$$y = ax + b,$$

其中常数 a, b 待定. 再假设由实验测量得到 n 组数据:

$$(x_1, y_1), (x_2, y_2), \cdots, (x_n, y_n).$$

由于实验测量存在着误差, a, b 不能简单地由两组数据所决定, 所以, 我们将这 n 次实验, 组合起来看成在 n 维向量空间 $\mathbb{R}^n$ 中的一次实验. 在完全没有误差的理想情形下, 我们应该会得到向量等式:

$$\begin{pmatrix} y_1 \\ y_2 \\ \vdots \\ y_n \end{pmatrix} = \begin{pmatrix} ax_1 + b \\ ax_2 + b \\ \vdots \\ ax_n + b \end{pmatrix}.$$

然而, 由于实验的误差, 我们将会有一支 n 维误差向量

$$\varepsilon = \begin{pmatrix} y_1 - (ax_1 + b) \\ y_2 - (ax_2 + b) \\ \vdots \\ y_n - (ax_n + b) \end{pmatrix}.$$

我们希望选出适当的系数 a 和 b, 使得这支误差向量 ε 为最小 (短), 换句话说, 要使得 ε 的长度

$$\|\varepsilon\| = \sqrt{\sum_{i=1}^{n}[y_i - (ax_i + b)]^2}$$

为最小. 于是有以下的 **最小二乘法** (method of least square).

定理 11.10.1   对于给定的数据 $(x_1, y_1), (x_2, y_2), \cdots, (x_n, y_n)$, 为了使得

$$f(a, b) := \sum_{i=1}^{n}[y_i - (ax_i + b)]^2 \quad \text{为最小},$$

我们可以设

$$a = \frac{n\sum_{i=1}^{n} x_i y_i - \left(\sum_{i=1}^{n} x_i\right)\left(\sum_{i=1}^{n} y_i\right)}{n\sum_{i=1}^{n} x_i^2 - \left(\sum_{i=1}^{n} x_i\right)^2},$$

以及

$$b = \frac{\left(\sum_{i=1}^{n} y_i\right)\left(\sum_{i=1}^{n} x_i^2\right) - \left(\sum_{i=1}^{n} x_i\right)\left(\sum_{i=1}^{n} x_i y_i\right)}{n\sum_{i=1}^{n} x_i^2 - \left(\sum_{i=1}^{n} x_i\right)^2}.$$

证明   由于问题的本质, 必存在合适的解 a, b (应用推论 11.1.7). 所以, 我们只需要求取 f 的所有临界点, 代入比较即可. 我们注意到: 测量数据 x_i, y_i 为常数; 计算

$$\frac{\partial f}{\partial a} = \frac{\partial}{\partial a}\left(\sum_{i=1}^{n}[y_i - (ax_i + b)]^2\right) = -\sum_{i=1}^{n} 2x_i[y_i - (ax_i + b)],$$

以及

$$\frac{\partial f}{\partial b} = \frac{\partial}{\partial b}\left(\sum_{i=1}^{n}[y_i - (ax_i + b)]^2\right) = -\sum_{i=1}^{n} 2[y_i - (ax_i + b)].$$

为了求 f 的临界点, 我们解方程组 $\dfrac{\partial f}{\partial a} = \dfrac{\partial f}{\partial b} = 0$. 由此, 得

$$\sum_{i=1}^{n} x_i[y_i - (ax_i + b)] = 0,$$

$$\sum_{i=1}^{n} x_i y_i - a \sum_{i=1}^{n} x_i^2 - b \sum_{i=1}^{n} x_i = 0, \tag{11.10.1}$$

以及

$$\sum_{i=1}^{n} [y_i - (ax_i + b)] = 0,$$

$$\sum_{i=1}^{n} y_i - a \sum_{i=1}^{n} x_i - nb = 0. \tag{11.10.2}$$

联立 (11.10.1) 和 (11.10.2), 我们可以解出

$$a = \frac{n \sum\limits_{i=1}^{n} x_i y_i - \left(\sum\limits_{i=1}^{n} x_i \right) \left(\sum\limits_{i=1}^{n} y_i \right)}{n \sum\limits_{i=1}^{n} x_i^2 - \left(\sum\limits_{i=1}^{n} x_i \right)^2},$$

$$b = \frac{\left(\sum\limits_{i=1}^{n} y_i \right) \left(\sum\limits_{i=1}^{n} x_i^2 \right) - \left(\sum\limits_{i=1}^{n} x_i \right) \left(\sum\limits_{i=1}^{n} x_i y_i \right)}{n \sum\limits_{i=1}^{n} x_i^2 - \left(\sum\limits_{i=1}^{n} x_i \right)^2}. \qquad \Box$$

应用统计学的记号:

$$\bar{x} = \frac{\sum\limits_{i=1}^{n} x_i}{n} \quad \text{和} \quad \bar{y} = \frac{\sum\limits_{i=1}^{n} y_i}{n},$$

我们有

$$a = \frac{\overline{xy} - \bar{x}\,\bar{y}}{\overline{x^2} - \bar{x}^2} \quad \text{和} \quad b = \frac{\bar{y}\,\overline{x^2} - \bar{x}\,\overline{xy}}{\overline{x^2} - \bar{x}^2}.$$

11.11 拉格朗日乘子法

考虑带条件的极值问题:

$$\begin{aligned} \max/\min \quad & f(x, y, z) \\ \text{s.t.} \quad & g(x, y, z) = 0. \end{aligned}$$

假设函数 f 在点 (x_0, y_0, z_0) 处取得其在曲面 $g(x, y, z) = 0$ 上的极值, 那么, 对于所有在曲面上, 通过点 (x_0, y_0, z_0) 的曲线,

$$\boldsymbol{r}(t) = (x(t), y(t), z(t)),$$

$$\boldsymbol{r}(0) = (x_0, y_0, z_0)$$

作为变量 t 的函数, $f(\boldsymbol{r}(t))$ 也会在 $t = 0$ 处取极值. 于是, 在 $t = 0$ 处,

$$\frac{\mathrm{d}f(\boldsymbol{r}(t))}{\mathrm{d}t} = \frac{\partial f}{\partial x}\frac{\mathrm{d}x}{\mathrm{d}t} + \frac{\partial f}{\partial y}\frac{\mathrm{d}y}{\mathrm{d}t} + \frac{\partial f}{\partial z}\frac{\mathrm{d}z}{\mathrm{d}t} = 0,$$

即

$$\nabla f(x_0, y_0, z_0) = \left.\begin{pmatrix} \dfrac{\partial f}{\partial x} \\[2mm] \dfrac{\partial f}{\partial y} \\[2mm] \dfrac{\partial f}{\partial z} \end{pmatrix}\right|_{(x_0, y_0, z_0)} \perp \left.\begin{pmatrix} x'(t) \\ y'(t) \\ z'(t) \end{pmatrix}\right|_{t=0}$$

以上的讨论, 对落在曲面 $g(x, y, z) = 0$ 上的任何曲线 $\boldsymbol{r}$ 都成立. 所以, $\nabla f(x_0, y_0, z_0)$ 是切平面 $T_{(x_0, y_0, z_0)}$ 的法向量. 于是, $\nabla f(x_0, y_0, z_0)$ 与 $\nabla g(x_0, y_0, z_0)$ 平行. 因此, 存在常数 λ, 使得

$$\nabla f(x_0, y_0, z_0) = \lambda \nabla g(x_0, y_0, z_0). \tag{11.11.1}$$

将上式的坐标分量写出来, 在点 (x_0, y_0, z_0) 处, 我们得到一组联立方程:

$$\frac{\partial f}{\partial x} = \lambda \frac{\partial g}{\partial x},$$

$$\frac{\partial f}{\partial y} = \lambda \frac{\partial g}{\partial y},$$

$$\frac{\partial f}{\partial z} = \lambda \frac{\partial g}{\partial z}.$$

再加上点 (x_0, y_0, z_0) 落在曲面 $g(x, y, z) = 0$ 之上的这个条件, 我们有第四个方程

$$g(x_0, y_0, z_0) = 0.$$

利用以上 4 个联立方程, 我们希望能够解出 4 个未知数 x_0, y_0, z_0, λ, 其中 (x_0, y_0, z_0) 为 f 在曲面上的临界点, 也就是 f 取得极值的可能点.

我们称以上求条件极值问题的解法为拉格朗日乘子法(method of Lagrange multiplier), 其中, λ 被称为拉格朗日乘子 (Lagrange multiplier).

例 11.11.1   求在所有周长为 l 的三角形中, 面积为最大者.

解   设三角形的三边分别为 x, y, z, 面积为 A. 由**海伦公式** (Heron's formula),

$$A = \sqrt{s(s-x)(s-y)(s-z)},$$

其中

$$s = \frac{x+y+z}{2} = \frac{l}{2}.$$

要解条件极值问题:

$$\max \quad A^2 = s(s-x)(s-y)(s-z)$$

$$\text{s.t.} \quad x+y+z = l = 2s.$$

在这里, 我们暂时忽略边长的限制条件:

$$0 \leqslant x, y, z \leqslant 2s. \tag{11.11.2}$$

令 $f(x,y,z) = s(s-x)(s-y)(s-z)$ 和 $g(x,y,z) = x+y+z-2s$. 定义**拉格朗日函数** $L(x,y,z,\lambda) = f(x,y,z) - \lambda g(x,y,z)$, 即

$$L(x,y,z,\lambda) = s(s-x)(s-y)(s-z) - \lambda(x+y+z-2s).$$

对应必要性条件 (11.11.1), 我们建立向量函数方程

$$\nabla L = \nabla f - \lambda \nabla g = 0.$$

换句话说, 要解联立方程组:

$$\frac{\partial L}{\partial x} = -s(s-y)(s-z) - \lambda = 0, \tag{11.11.3}$$

$$\frac{\partial L}{\partial y} = -s(s-x)(s-z) - \lambda = 0, \tag{11.11.4}$$

$$\frac{\partial L}{\partial z} = -s(s-x)(s-y) - \lambda = 0, \tag{11.11.5}$$

$$\frac{\partial L}{\partial \lambda} = -(x+y+z-2s) = 0. \tag{11.11.6}$$

若 $\lambda = 0$, 则由 (11.11.3), (11.11.4) 或 (11.11.5) 得 $x = s$, $y = s$ 或 $z = s$. 此时, 面积 $A = 0$ 取最小值.

若 $\lambda \neq 0$, 则由 (11.11.3)—(11.11.5) 得

$$s - x = s - y = s - z.$$

代入 (11.11.6), 得

$$x = y = z = \frac{2s}{3} = \frac{l}{3}.$$

这一组数也同时满足边长的限制条件 (11.11.2). 此时, 三角形为正三角形, 其面积

$$A = \sqrt{s(s-x)(s-y)(s-z)} = \frac{s^2}{3\sqrt{3}} = \frac{l^2}{12\sqrt{3}}$$

为唯一的可能最大值. 由于问题的性质 (应用定理 11.1.6), 我们得知这就是所求的最大面积. □

对于超过一个限制条件的极值问题, 我们也可以试着用拉格朗日乘子法.

考虑带条件的极值问题:

$$
\begin{aligned}
\max/\min \quad & f(x,y,z) \\
\text{s.t.} \quad & g_1(x,y,z) = 0, \\
& g_2(x,y,z) = 0.
\end{aligned}
$$

此时, 极值问题的能行域 (feasible region) 是由两个曲面所交成的集合

$$S = \{(x,y,z) \in \mathbb{R}^3 : g_1(x,y,z) = g_2(x,y,z) = 0\}.$$

这个交集 S 有可能只包含几个孤立点, 可能是一条曲线, 也有可能是一个曲面.

假设函数 f 在 S 上的点 (x_0, y_0, z_0) 处, 取得其在能行域 S 上的极值. 我们假设 S 在极值点 (x_0, y_0, z_0) 的附近, 包含一段通过点 (x_0, y_0, z_0) 的曲线,

$$
\begin{aligned}
\boldsymbol{r}(t) &= (x(t), y(t), z(t)), \\
\boldsymbol{r}(0) &= (x_0, y_0, z_0).
\end{aligned}
$$

仿照之前的讨论, 作为变量 t 的函数, $f(\boldsymbol{r}(t))$ 也会在 $t = 0$ 处取极值. 于是, 在 $t = 0$ 处,

$$\frac{\mathrm{d}f(\boldsymbol{r}(t))}{\mathrm{d}t} = \frac{\partial f}{\partial x}\frac{\mathrm{d}x}{\mathrm{d}t} + \frac{\partial f}{\partial y}\frac{\mathrm{d}y}{\mathrm{d}t} + \frac{\partial f}{\partial z}\frac{\mathrm{d}z}{\mathrm{d}t} = 0,$$

即

$$\nabla f(x_0, y_0, z_0) \perp \boldsymbol{r}'(0) = \left.\begin{pmatrix} x'(t) \\ y'(t) \\ z'(t) \end{pmatrix}\right|_{t=0}.$$

在这里, 我们换个说法: 目标函数 f 的梯度向量 $\nabla f\,|_{(x_0, y_0, z_0)}$, 落在一个以 $\boldsymbol{r}'(0)$ 为法向量的平面 E 上.

另一方面, 由于曲线 r 同时落在曲面 $g_1(x, y, z) = 0$ 和 $g_2(x, y, z) = 0$ 上, 其切向量 $r'(0)$ 与两个曲面在点 (x_0, y_0, z_0) 处的切平面的法向量 $\nabla g_1|_{(x_0, y_0, z_0)}$ 和 $\nabla g_2|_{(x_0, y_0, z_0)}$ 垂直. 因此, $\nabla g_1|_{(x_0, y_0, z_0)}$ 和 $\nabla g_2|_{(x_0, y_0, z_0)}$ 也落在平面 E 上.

现在, 如果 $\nabla g_1|_{(x_0, y_0, z_0)}$ 和 $\nabla g_2|_{(x_0, y_0, z_0)}$ 不是互相平行, 或者说, 它们是线性独立的, 则这两支向量会张成整个平面 E. 此时, 由于向量 $\nabla f|_{(x_0, y_0, z_0)}$ 也落在 E 上, 于是, 存在着常数 λ_1 和 λ_2, 使得

$$\nabla f(x_0, y_0, z_0) = \lambda_1 \nabla g_1(x_0, y_0, z_0) + \lambda_2 \nabla g_2(x_0, y_0, z_0). \tag{11.11.7}$$

将上式的坐标分量写出来, 在点 (x_0, y_0, z_0) 处, 我们得到一组联立方程:

$$\frac{\partial f}{\partial x} = \lambda_1 \frac{\partial g_1}{\partial x} + \lambda_2 \frac{\partial g_2}{\partial x},$$

$$\frac{\partial f}{\partial y} = \lambda_1 \frac{\partial g_1}{\partial y} + \lambda_2 \frac{\partial g_2}{\partial y},$$

$$\frac{\partial f}{\partial z} = \lambda_1 \frac{\partial g_1}{\partial z} + \lambda_2 \frac{\partial g_2}{\partial z}.$$

再加上点 (x_0, y_0, z_0) 落在曲面 $g_1(x, y, z) = 0$ 和 $g_2(x, y, z) = 0$ 之上的条件, 我们有第四个和第五个方程:

$$g_1(x_0, y_0, z_0) = 0,$$

$$g_2(x_0, y_0, z_0) = 0.$$

利用以上 5 个联立方程, 我们希望能够解出 5 个未知数 $x_0, y_0, z_0, \lambda_1, \lambda_2$, 其中, (x_0, y_0, z_0) 为 f 在能行域 S 上的临界点, 也就是 f 取得极值的可能点.

以上的讨论假设了: 两个曲面 $g_1(x, y, z) = 0$ 和 $g_2(x, y, z) = 0$ 在极值点 (x_0, y_0, z_0) 处的梯度向量

$$\nabla g_1|_{(x_0, y_0, z_0)} = \begin{pmatrix} \dfrac{\partial g_1}{\partial x} \\ \dfrac{\partial g_1}{\partial y} \\ \dfrac{\partial g_1}{\partial z} \end{pmatrix} \Bigg|_{(x_0, y_0, z_0)} \quad \text{和} \quad \nabla g_2|_{(x_0, y_0, z_0)} = \begin{pmatrix} \dfrac{\partial g_2}{\partial x} \\ \dfrac{\partial g_2}{\partial y} \\ \dfrac{\partial g_2}{\partial z} \end{pmatrix} \Bigg|_{(x_0, y_0, z_0)}$$

能够张成整个二维平面. (于是保证了: 可以将 $\nabla f|_{(x_0, y_0, z_0)}$ 表示成 $\nabla g_1|_{(x_0, y_0, z_0)}$ 和 $\nabla g_2|_{(x_0, y_0, z_0)}$ 的线性组合.) 这个条件相当于以下的 2×3 偏导数矩阵

$$\begin{bmatrix} \dfrac{\partial g_1}{\partial x} & \dfrac{\partial g_1}{\partial y} & \dfrac{\partial g_1}{\partial z} \\ \dfrac{\partial g_2}{\partial x} & \dfrac{\partial g_2}{\partial y} & \dfrac{\partial g_2}{\partial z} \end{bmatrix}$$

在点 (x_0, y_0, z_0) 处满秩 (full rank), 即其具有一个 2×2 的可逆子矩阵.

特别地, 如果 g_1, g_2 处处有线性独立的梯度向量, 则对于条件极值问题的所有临界点, 我们总可以找到拉格朗日乘子 λ_1, λ_2, 满足向量方程 (11.11.7). 举例如下.

例 11.11.2   求平面

$$x + y + z = 1$$

及平面

$$x - y = 1$$

所交成的直线上的点与点 $(1, 2, 3)$ 的最短距离.

解   由题意, 我们要解以下的条件极值问题:

$$\begin{aligned} \min \quad & d^2 = (x-1)^2 + (y-2)^2 + (z-3)^2 \\ \text{s.t.} \quad & x + y + z - 1 = 0, \\ & x - y - 1 = 0. \end{aligned}$$

仿照上题方法, 作拉格朗日函数

$$L(x, y, z, \lambda_1, \lambda_2) = (x-1)^2 + (y-2)^2 + (z-3)^2 - \lambda_1(x+y+z-1) - \lambda_2(x-y-1).$$

解联立方程组:

$$\frac{\partial L}{\partial x} = 2(x-1) - \lambda_1 - \lambda_2 = 0, \tag{11.11.8}$$

$$\frac{\partial L}{\partial y} = 2(y-2) - \lambda_1 + \lambda_2 = 0, \tag{11.11.9}$$

$$\frac{\partial L}{\partial z} = 2(z-3) - \lambda_1 = 0, \tag{11.11.10}$$

$$\frac{\partial L}{\partial \lambda_1} = -(x+y+z-1) = 0, \tag{11.11.11}$$

$$\frac{\partial L}{\partial \lambda_2} = -(x-y-1) = 0. \tag{11.11.12}$$

通过 (11.11.8), (11.11.9) 和 (11.11.10), 我们得到

$$2(x+y+z) - 12 - 3\lambda_1 = 0.$$

代入 (11.11.11), 得

$$2 - 12 - 3\lambda_1 = 0 \implies \lambda_1 = -\frac{10}{3}.$$

再由 (11.11.8) 和 (11.11.9), 给出

$$2(x - y) + 2 - 2\lambda_2 = 0.$$

由 (11.11.12), 得

$$\lambda_2 = 2.$$

于是, 由 (11.11.8), 得

$$2x - 2 + \frac{10}{3} - 2 = 0 \implies x = \frac{1}{3};$$

由 (11.11.9), 得

$$2y - 4 + \frac{10}{3} + 2 = 0 \implies y = -\frac{2}{3};$$

由 (11.11.10), 得

$$2z - 6 + \frac{10}{3} = 0 \implies z = \frac{4}{3}.$$

应用推论 11.1.7, 我们得知点 $(1, 2, 3)$ 到交线的最短距离, 发生在 f 唯一的临界点 $\left(\frac{1}{3}, -\frac{2}{3}, \frac{4}{3}\right)$ 上, 其值为

$$d = \sqrt{\left(\frac{1}{3} - 1\right)^2 + \left(-\frac{2}{3} - 2\right)^2 + \left(\frac{4}{3} - 3\right)^2} = \frac{\sqrt{93}}{3}.$$

注意 此时, 两个限制曲面 $g_1(x, y, z) = x + y + z - 1 = 0$ 和 $g_2(x, y, z) = x - y - 1 = 0$ 的梯度向量

$$\nabla g_1 = \begin{pmatrix} 1 \\ 1 \\ 1 \end{pmatrix} \quad \text{和} \quad \nabla g_2 = \begin{pmatrix} 1 \\ -1 \\ 0 \end{pmatrix}$$

处处线性独立; 事实上, 矩阵

$$\begin{bmatrix} \dfrac{\partial g_1}{\partial x} & \dfrac{\partial g_1}{\partial y} & \dfrac{\partial g_1}{\partial z} \\ \dfrac{\partial g_2}{\partial x} & \dfrac{\partial g_2}{\partial y} & \dfrac{\partial g_2}{\partial z} \end{bmatrix} = \begin{bmatrix} 1 & 1 & 1 \\ 1 & -1 & 0 \end{bmatrix}$$

处处满秩. □

通过拉格朗日乘子法得到的临界点, 有可能是我们要求的极值点, 也有可能不是. 所以, 我们要用其他的方法, 再进一步决定答案. 另一方面, 当限制条件函数的梯度向量 ∇g_1 和 ∇g_2 不足以张成包含 ∇f 的平面时, 以上的讨论失效. 以下的例子说明, 有些时候, 极值点不一定可以由拉格朗日乘子法求得.

例 11.11.3   考虑以下条件极值问题:

$$\min \quad f(x, y, z) = y + z^2$$
$$\text{s.t.} \quad g_1(x, y, z) = x - y^2 = 0,$$
$$g_2(x, y, z) = 2x - y^2 = 0.$$

易见抛物面 $x - y^2 = 0$ 和 $2x - y^2 = 0$ 交于 z-坐标轴. 所以, 条件极值问题的唯一解是 $f(0, 0, 0) = 0$.

但是, 如果我们应用拉格朗日乘子法, 解向量方程

$$\nabla f = \lambda_1 \nabla g_1 + \lambda_2 g_2$$

或

$$\begin{pmatrix} 0 \\ 1 \\ 2z \end{pmatrix} = \lambda_1 \begin{pmatrix} 1 \\ -2y \\ 0 \end{pmatrix} + \lambda_2 \begin{pmatrix} 2 \\ -2y \\ 0 \end{pmatrix},$$

在满足限制条件 $x = y = 0$ 的要求下, 我们将不会得到任何 λ_1 和 λ_2 的解答. 因此, 拉格朗日乘子法没法给出本例的极值点 $(0, 0, 0)$. 此时, 矩阵

$$\begin{bmatrix} \dfrac{\partial g_1}{\partial x} & \dfrac{\partial g_1}{\partial y} & \dfrac{\partial g_1}{\partial z} \\ \dfrac{\partial g_2}{\partial x} & \dfrac{\partial g_2}{\partial y} & \dfrac{\partial g_2}{\partial z} \end{bmatrix}\Bigg|_{(0,0,0)} = \begin{bmatrix} 1 & 0 & 0 \\ 2 & 0 & 0 \end{bmatrix}$$

的秩只有 1, 不是满秩. 因此, 由 $\nabla g_1|_{(0,0,0)}$ 和 $\nabla g_2|_{(0,0,0)}$ 生成的平面退化为一维直线, 即 x 轴, 并且不包含向量 $\nabla f|_{(0,0,0)} = \hat{j}$.   □

对于具有更多变量和具有更多限制条件的极值问题, 仿照以上的讨论, 我们可以得到如下定理.

定理 11.11.4(拉格朗日乘子法 (method of Lagrange multiplier))   考虑带条件的极值问题:

$$\max / \min \quad f(x_1, \cdots, x_n)$$
$$\text{s.t.} \quad g_1(x_1, \cdots, x_n) = 0,$$
$$\vdots$$
$$g_m(x_1, \cdots, x_n) = 0,$$

其中 $m < n$. 假设目标函数 f 和限制条件函数 $g_1, \cdots, g_m$ 都是连续可微的. 假设在极值点 $P = (x_{10}, \cdots, x_{n0})$ 处, $m \times n$ 矩阵

$$\begin{bmatrix} \dfrac{\partial g_1}{\partial x_1} & \cdots & \dfrac{\partial g_1}{\partial x_n} \\ \vdots & \ddots & \vdots \\ \dfrac{\partial g_m}{\partial x_1} & \cdots & \dfrac{\partial g_m}{\partial x_n} \end{bmatrix}$$

满秩, 即其具有一个 $m \times m$ 的可逆子矩阵. 则存在常数 $\lambda_1, \cdots, \lambda_m$, 使得 n 维向量方程

$$\nabla f = \lambda_1 \nabla g_1 + \cdots + \lambda_m \nabla g_m \tag{11.11.13}$$

在 $P = (x_{10}, \cdots, x_{n0})$ 处成立.

将 (11.11.13) 的 n 个坐标分量写出来, 在点 $(x_{10}, \cdots, x_{n0})$ 处, 我们得到一组 n 个的联立方程. 再加上点 $(x_{10}, \cdots, x_{n0})$ 落在曲面 $g_1(x_1, \cdots, x_n) = 0, \cdots,$ $g_m(x_1, \cdots, x_n) = 0$ 上的 m 个条件, 共有 $n+m$ 个联立方程. 我们希望从中能够解出 $n+m$ 个未知数 $x_{10}, \cdots, x_{n0}, \lambda_1, \cdots, \lambda_m$, 其中, $(x_{10}, \cdots, x_{n0})$ 为 f 在能行域上的临界点, 也就是 f 取得极值的可能点.

习　题　11

1. 试证:

(1) 定理 11.1.2.

(2) 对于函数

$$f(x, y) = \frac{x - y}{x + y}, \quad x + y \neq 0,$$

我们有

$$\lim_{x \to 0} \lim_{y \to 0} f(x, y) \neq \lim_{y \to 0} \lim_{x \to 0} f(x, y).$$

因此, $\lim\limits_{\substack{x \to 0 \\ y \to 0}} f(x, y)$ 不存在.

(3) 对于函数

$$f(x, y) = \frac{2xy}{x^2 + y^2}, \quad (x, y) \neq (0, 0),$$

我们有

$$\lim_{x \to 0} f(x, kx) = \frac{2k}{1 + k^2}, \quad k \in \mathbb{R}.$$

因此, $\lim\limits_{\substack{x \to 0 \\ y \to 0}} f(x, y)$ 不存在.

(4) 考虑函数

$$f(x, y) = \frac{x^2 y}{x^4 + y^2}, \quad xy \neq 0.$$

我们有

$$\lim_{x \to 0} f(x, kx) = 0, \quad x \in \mathbb{R}.$$

但是, f 在点 $(0,0)$ 处不连续.

2. 试求函数

$$u = x^2 + y^2 + z^2 + 2xy + 2yz + 2zx$$

的所有一阶及二阶偏导数.

3. 设

$$f(x) = \begin{cases} \dfrac{xy(x^2 - y^2)}{x^2 + y^2}, & (x,y) \neq (0,0), \\ 0, & (x,y) = (0,0). \end{cases}$$

证明

$$\frac{\partial f}{\partial x}(x,y) = \begin{cases} \dfrac{x^4 y - y^5 + 4x^2 y^3}{(x^2 + y^2)^2}, & (x,y) \neq (0,0), \\ 0, & (x,y) = (0,0) \end{cases}$$

以及

$$\frac{\partial f}{\partial y}(x,y) = \begin{cases} \dfrac{x^5 - 4x^3 y^2 - xy^4}{(x^2 + y^2)^2}, & (x,y) \neq (0,0), \\ 0, & (x,y) = (0,0). \end{cases}$$

此时,

$$\frac{\partial^2 f}{\partial y \partial x}\bigg|_{(0,0)} = -1, \quad \frac{\partial^2 f}{\partial x \partial y}\bigg|_{(0,0)} = 1.$$

两者并不相等.

4. 考虑函数

$$f(x,y) = \begin{cases} 1, & xy = 0, \\ 0, & xy \neq 0. \end{cases}$$

试证: $f_x(0,0) = f_y(0,0) = 0$, 但是 f 在点 $(0,0)$ 处不连续.

5. 考虑函数

$$f(x,y) = x^2 - xy + y^2.$$

求 f 在点 $(1,1)$ 处, 依单位方向 $\boldsymbol{u} = \cos\theta\hat{i} + \sin\theta\hat{j}$ 计算的方向导数 $D_{\boldsymbol{u}}f(1,1)$. 试问: 当 θ 取何值时, $D_{\boldsymbol{u}}f(1,1)$ 取最大值、最小值或 0.

6. 求

$$u = x + \sin\frac{y}{2} + \arctan\frac{z}{y}$$

的全微分.

7. (1) 设 $z = f(x^2 - y^2, e^{xy})$. 求 $\dfrac{\partial z}{\partial x}$ 和 $\dfrac{\partial z}{\partial y}$.

(2) 设 $z = uv + \sin t$, $u = e^t$ 及 $v = \cos t$. 求 $\dfrac{dz}{dt}$.

8. 计算以下空间曲线在每一点上的单位切方向、单位法方向、单位副法方向、曲率和扭率.

(1) $\boldsymbol{r}(t) = (x_0 + at, y_0 + bt, z_0 + ct)$, $t \in \mathbb{R}$, 其中常数 a, b, c 满足条件 $a^2 + b^2 + c^2 = 1$.

(2) $\boldsymbol{r}(t) = (\cos t, \ln \tan(t/2), \sin t)$, $\pi/2 \leqslant t < \pi$.

(3) $\boldsymbol{r}(t) = (3t - t^3, 3t^2, 3t + t^3)$, $t \in \mathbb{R}$.

9. 试求曲线

$$\begin{cases} y = x, \\ z = x^2 \end{cases}$$

在点 $(1, 1, 1)$ 处的切线和法平面的方程.

10. 验证密切平面表达式 (11.6.1).

11. 给定曲面 $z = \cos(x + y)$. 求在点 $\left(\dfrac{\pi}{4}, \dfrac{\pi}{4}, 0\right)$ 处, 曲面的切平面和法线的方程.

12. 试求椭球面

$$\frac{x^2}{a^2} + \frac{y^2}{b^2} + \frac{z^2}{c^2} = 1$$

在点 (α, β, γ) 处的切平面和法线的方程.

13. 试求椭球面

$$x^2 + y^2 + z^2 - xy = 1$$

(1) 在 xy-平面上的投影区域;

(2) 在 yz-平面上的投影区域;

(3) 在 zx-平面上的投影区域.

提示: 椭球面的法向量为 $\boldsymbol{n} = (2x - y)\hat{\imath} + (2y - x)\hat{\jmath} + 2z\hat{k}$. 当投影到 xy-平面时, $\hat{k}$ 分量会消失, 因此在原方程中, 取 $z = 0$ 即得其在 xy-平面上的投影.

14. 讨论函数

$$z = \frac{x^2}{a^2} - \frac{y^2}{b^2} \quad (a > 0, b > 0)$$

的极值.

15. 已知 $y = ax^2 + bx + c$, 其中系数 a, b, c 待定. 现测得 n 组数据 (x_1, y_1), (x_2, y_2), $\cdots$, (x_n, y_n). 试应用最小二乘法的原理, 求出最合适的常数 a, b, c.

16. 求解条件极值问题

$$\max / \min \quad z = x + y$$
$$\text{s.t.} \quad x^2 + y^2 = 1.$$

17. 求空间中的一点 (a, b, c) 到平面

$$Ax + By + Cz + D = 0$$

的最短距离.

18. 考虑以下的极值问题:

$$\min \quad z = x^2 + 2xy + w^2,$$

其中限制条件如下

$$2x + y + 3w = 24 \quad \text{及} \quad x + w = 8.$$

试以拉格朗日乘子法解之.

19. 假设正实数 p, q 满足条件 $\dfrac{1}{p}+\dfrac{1}{q}=1$. 令 $a_1, a_2, \cdots, a_n$ 为非负的实数, 且 $x_1, x_2, \cdots, x_n$ 为非负的变量. 对于常数 $A > 0$, 考虑以下之极值问题:

$$\min\ u = \left(\sum_{i=1}^{n} a_i^p\right)^{\frac{1}{p}} \left(\sum_{i=1}^{n} x_i^q\right)^{\frac{1}{q}},$$

其中限制条件如下

$$\sum_{i=1}^{n} a_i x_i = A.$$

试以拉格朗日乘子法解之. 试由此推出 赫尔德不等式 (Hölder's inequality)

$$\sum_{i=1}^{n} a_i x_i \leqslant \left(\sum_{i=1}^{n} a_i^p\right)^{\frac{1}{p}} \left(\sum_{i=1}^{n} x_i^q\right)^{\frac{1}{q}}.$$

第12章 简易多元积分学

12.1 重 积 分

12.1.1 二重积分

设 $D \subset \mathbb{R}^2$ 为平面上的区域. 我们在此假设 D 是有界和闭的, 所以是紧致的. 令 $f : D \to \mathbb{R}$ 为连续函数. 因为 D 是紧致集, 定理 11.1.6 保证了 f 在 D 上是有界的, 即

$$\|f\| := \max\{|f(\boldsymbol{x})| : \boldsymbol{x} \in D\} < +\infty.$$

考虑以平面区域 D 为底, 以曲面 $z = f(x,y)$ 为顶的曲顶柱体.

定义 12.1.1 我们记柱体的体积为 **二重积分** (double integral)

$$V = \iint_D f(x,y) \,\mathrm{d}\sigma.$$

类似于一元函数的积分, 我们分割平面上有界闭的区域 D 为若干个有界闭的小区域

$$D = D_1 \cup D_2 \cup \cdots \cup D_n,$$

使得其中任何两个相异的小区域的交集的面积为零. 令 D 的 (有限) 面积为 σ, 而每个小区域 D_k 的面积为 $\Delta\sigma_k$. 令

$$m_k = \min\{f(x,y) : (x,y) \in D_k\},$$
$$M_k = \max\{f(x,y) : (x,y) \in D_k\}.$$

我们分别以 m_k 和 M_k 为高, 作两个以 D_k 为底的长方柱体. 由于以曲面 $z = f(x,y)$ 为顶, 以 D_k 为底的小曲顶柱体介于这两者之间, 我们得到其体积 ΔV_k 的估计:

$$m_k \Delta\sigma_k \leqslant \Delta V_k \leqslant M_k \Delta\sigma_k, \quad k = 1, 2, \cdots, n.$$

由此, 得到整个曲顶柱体的体积 V 的上、下界:

$$\sum_{k=1}^{n} m_k \Delta\sigma_k \leqslant V \leqslant \sum_{k=1}^{n} M_k \Delta\sigma_k.$$

如果我们将分割越加精细, 下和 $\sum\limits_{k=1}^{n} m_k \Delta\sigma_k$ 会往上增加, 而上和 $\sum\limits_{k=1}^{n} M_k \Delta\sigma_k$ 会往下减少. 于是, 我们就会得到越来越好的估计.

事实上, 应用 f 在紧致集 D 上的一致连续性 (定理 11.1.8), 对于任意的 $\varepsilon > 0$, 当分割出来的小区域 D_k 的直径小于某个常数 $\delta > 0$ 时, 有

$$|f(x,y) - f(x',y')| < \frac{\varepsilon}{\sigma}, \quad \forall (x,y),(x',y') \in D_k.$$

于是

$$0 \leqslant M_i - m_i < \frac{\varepsilon}{\sigma}.$$

我们可以假定当各个小区域 D_k 的直径一致地趋向零, 因而它们的最大面积

$$\|\Delta\sigma_k\| := \max_k \Delta\sigma_k \to 0$$

时, (一致) 连续函数 f 在各个小区域 D_k 上的高、低柱体的体积的总差别

$$0 \leqslant \sum_{k=1}^{n}(M_k - m_k)\Delta\sigma_k \leqslant \sum_{k=1}^{n} \frac{\varepsilon}{\sigma}\Delta\sigma_k = \frac{\varepsilon}{\sigma}\cdot\sigma = \varepsilon.$$

因此, 高、低柱体的体积的值会趋向于相同的一个有限值. 所以,

$$V = \lim_{\|\Delta\sigma_k\|\to 0}\sum_{k=1}^{n} m_k\Delta\sigma_k = \lim_{\|\Delta\sigma_k\|\to 0}\sum_{k=1}^{n} M_k\Delta\sigma_k.$$

在此处及往后,

当我们说各个小区域 D_k 的最大面积 $\|\Delta\sigma_k\| \to 0$ 时, 蕴涵了各个小区域 D_k 的最大直径也是趋向于零的假设.

如果我们在每个小区域中任选一点 $(x_k, y_k) \in D_k$, 则有

$$m_k \leqslant f(x_k, y_k) \leqslant M_k, \quad k = 1, 2, \cdots, n.$$

若以 D_k 为底, $f(x_k, y_k)$ 为高, 我们得到的长方柱体的体积为 $f(x_k,y_k)\Delta\sigma_k$. 易见,

$$m_k\Delta\sigma_k \leqslant f(x_k,y_k)\Delta\sigma_k \leqslant M_k\Delta\sigma_k, \quad k = 1, 2, \cdots, n.$$

因此

$$\sum_{k=1}^{n} m_k\Delta\sigma_k \leqslant \sum_{k=1}^{n} f(x_k,y_k)\Delta\sigma_k \leqslant \sum_{k=1}^{n} M_k\Delta\sigma_k.$$

由三明治定理, 对于定义在有界闭集 D 上的连续函数 f, 有

$$V = \iint_D f(x,y)\mathrm{d}\sigma = \lim_{\|\Delta\sigma_k\| \to 0} \sum_{k=1}^{n} f(x_k, y_k)\Delta\sigma_k.$$

定理 12.1.1 (重积分的四则运算)　设函数 f, g 在有界闭的平面区域 D 上连续, k 为常数及 $D = D_1 \cup D_2$, 其中, D_1, D_2 为 D 的两个有界闭子区域, 且其交集的面积为零.

(1) $\iint_D kf(x,y)\mathrm{d}\sigma = k \iint_D f(x,y)\mathrm{d}\sigma$;

(2) $\iint_D (f(x,y) \pm g(x,y))\mathrm{d}\sigma = \iint_D f(x,y)\mathrm{d}\sigma \pm \iint_D g(x,y)\mathrm{d}\sigma$;

(3) $\iint_D f(x,y)\mathrm{d}\sigma = \iint_{D_1} f(x,y)\mathrm{d}\sigma + \iint_{D_2} f(x,y)\mathrm{d}\sigma$;

(4) D 的面积 $= \iint_D \mathrm{d}\sigma$.

当我们分割积分区域 D 时, 可以将大部分的 D_k 取成矩形, 使得其他小区域加总起来的区域 D' 的面积 $\varepsilon \geqslant 0$ 很小. 于是

$$\left| \iint_{D'} f(x,y)\mathrm{d}\sigma \right| \leqslant \|f\| \iint_{D'} \mathrm{d}\sigma = \|f\|\varepsilon.$$

所以

$$\iint_D f(x,y)\mathrm{d}\sigma = \sum_k \iint_{D_k} f(x,y)\mathrm{d}\sigma + \iint_{D'} f(x,y)\mathrm{d}\sigma \approx \sum_k \iint_{D_k} f(x,y)\mathrm{d}\sigma.$$

当使得 $\varepsilon \to 0$ 时,

$$\sum_k \iint_{D_k} f(x,y)\mathrm{d}\sigma \to \iint_D f(x,y)\mathrm{d}\sigma.$$

因此, 不妨假设 $D = \bigcup_k D_k$ 可以分割成若干个矩形子区域的并集, 其中任何两个相异的子区域的交集的面积为零.

小矩形 D_k 的面积为 $\Delta\sigma_k = \Delta x_k \Delta y_k$. 写成微分的形式, 有

$$\mathrm{d}\sigma = \mathrm{d}x\mathrm{d}y.$$

设矩形

$$D_k = [a,b] \times [c,d] = \{(x,y) : a \leqslant x \leqslant b,\ c \leqslant y \leqslant d\}.$$

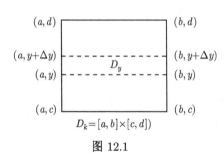

图 12.1

我们将矩形 D_k 再分割成若干个平行的小长方形. 如图 12.1 所示, 这些小长方形具有形式

$$D_y = [a, b] \times [y, y + \Delta y].$$

固定 $[c, d]$ 中的值 y. 垂直于水平线段

$$\{(x, y) : a \leqslant x \leqslant b\}$$

之上, 与曲面 $z = f(x, y)$ 所得到的截面的面积为

$$A(y) = \int_a^b f(x, y) \mathrm{d}x.$$

由此, 我们可以对以长方形 D_y 为底, 曲面 $z = f(x, y)$ 为高的曲顶柱体的体积作出估计

$$\Delta V_y \approx A(y) \Delta y.$$

将这样的小长方形 D_y 合起来, 就有一个对以 D_k 为底, 曲面 $z = f(x, y)$ 为高的曲顶柱体的体积的估计

$$\iint_{D_k} f(x, y) \mathrm{d}\sigma \approx \sum_i A(y_i) \Delta_i.$$

当分割趋于无限精细时, 有

$$\iint_{D_k} f(x, y) \mathrm{d}\sigma = \lim_{\|\Delta y_i\| \to 0} \sum_i A(y_i) \Delta y_i$$

$$= \int_c^d A(y) \mathrm{d}y = \int_c^d \left[\int_a^b f(x, y) \mathrm{d}x \right] \mathrm{d}y.$$

如果我们交换变量 x, y 的角色, 可以改变以上的积分次序. 换句话说, 对于矩形的积分区域 D_k, 有 **富比尼定理** (Fubini's theorem):

$$\iint_{[a,b] \times [c,d]} f(x, y) \mathrm{d}\sigma = \int_c^d \int_a^b f(x, y) \mathrm{d}x \mathrm{d}y = \int_a^b \int_c^d f(x, y) \mathrm{d}y \mathrm{d}x.$$

最后, 我们将对每个小矩形 D_y 的结果合并, 会发现以上化二重积分为**二次积分**的公式, 也会对整个积分区域 D 有效. 特别地, 有如下定理.

定理 12.1.2　设平面区域

$$D = \{(x, y) : c \leqslant y \leqslant d, \ \psi(y) \leqslant x \leqslant \varphi(y)\}$$

$$= \bigcup_{c \leqslant y \leqslant d} \{(x, y) : \psi(y) \leqslant x \leqslant \varphi(y)\},$$

其中 $\psi, \varphi : [c, d] \to \mathbb{R}$ 为连续函数, 且 $\psi(y) \leqslant \varphi(y)$ 处处成立. 设 $f : D \to \mathbb{R}$ 为连续函数, 则

$$\iint_D f(x, y) \,\mathrm{d}\sigma = \int_c^d \left[\int_{\psi(y)}^{\varphi(y)} f(x, y)\mathrm{d}x \right] \mathrm{d}y.$$

如果以上的变量 x 和 y 角色交换, 也会得到类似的化二重积分为二次积分的公式.

例 12.1.3 计算

$$I = \iint_D xy\mathrm{d}\sigma,$$

其中, 如图 12.2 所示,

(1) D 是长方形;

(2) D 是三角形;

(3) D 是椭圆形的四分之一.

解 (1) 分解

$$D = \bigcup_{0 \leqslant x \leqslant a} \{(x, y) : 0 \leqslant y \leqslant b\}.$$

由此,

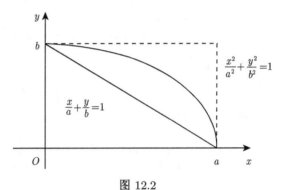

图 12.2

$$I = \iint_D xy \,\mathrm{d}\sigma = \int_0^a \left[\int_0^b xy\mathrm{d}y \right] \mathrm{d}x = \int_0^a \frac{xy^2}{2} \Big|_{y=0}^{y=b} \mathrm{d}x$$
$$= \int_0^a \frac{xb^2}{2}\mathrm{d}x = \frac{x^2 b^2}{4} \Big|_0^a = \frac{a^2 b^2}{4}.$$

(2) 分解

$$D = \bigcup_{0 \leqslant x \leqslant a} \left\{ (x, y) : 0 \leqslant y \leqslant b\left(1 - \frac{x}{a}\right) \right\}.$$

由此,

$$I = \iint_D xy\mathrm{d}\sigma = \int_0^a \left[\int_0^{b\left(1 - \frac{x}{a}\right)} xy\mathrm{d}y \right] \mathrm{d}x$$
$$= \int_0^a \frac{xy^2}{2} \Big|_{y=0}^{y=b\left(1 - \frac{x}{a}\right)} \mathrm{d}x = \int_0^a \frac{xb^2 \left(1 - \frac{x}{a}\right)^2}{2}\mathrm{d}x$$
$$= \frac{b^2}{2} \int_0^a x - \frac{2x^2}{a} + \frac{x^3}{a^2}\mathrm{d}x = \frac{b^2}{2} \left(\frac{x^2}{2} - \frac{2x^3}{3a} + \frac{x^4}{4a^2} \right) \Big|_0^a = \frac{a^2 b^2}{24}.$$

(3) 分解

$$D = \bigcup_{0 \leqslant x \leqslant a} \left\{ (x,y) : 0 \leqslant y \leqslant b\sqrt{\left(1 - \frac{x^2}{a^2}\right)} \right\}.$$

由此,

$$I = \iint_D xy\mathrm{d}\sigma = \int_0^a \left[\int_0^{b\sqrt{\left(1 - \frac{x^2}{a^2}\right)}} xy\mathrm{d}y \right] \mathrm{d}x$$

$$= \int_0^a \frac{xy^2}{2} \Big|_{y=0}^{y=b\sqrt{\left(1 - \frac{x^2}{a^2}\right)}} \mathrm{d}x = \int_0^a \frac{xb^2\left(1 - \frac{x^2}{a^2}\right)}{2} \mathrm{d}x$$

$$= \frac{b^2}{2} \int_0^a \left(x - \frac{x^3}{a^2} \right) \mathrm{d}x = \frac{b^2}{2} \left(\frac{x^2}{2} - \frac{x^4}{4a^2} \right) \Big|_0^a = \frac{a^2b^2}{8}. \qquad \square$$

例 12.1.4　计算

$$\int_0^1 \int_x^1 \mathrm{e}^{y^2} \mathrm{d}y\mathrm{d}x.$$

解　由于区域

$$\bigcup_{0 \leqslant x \leqslant 1} \{(x,y) : x \leqslant y \leqslant 1\} = \bigcup_{0 \leqslant y \leqslant 1} \{(x,y) : 0 \leqslant x \leqslant y\},$$

所以

$$\int_0^1 \int_x^1 \mathrm{e}^{y^2} \mathrm{d}y\mathrm{d}x = \int_0^1 \int_0^y \mathrm{e}^{y^2} \mathrm{d}x\mathrm{d}y$$

$$= \int_0^1 y\mathrm{e}^{y^2} \mathrm{d}y = \frac{1}{2} \int_0^1 \mathrm{e}^{y^2} \mathrm{d}y^2$$

$$= \frac{1}{2} \mathrm{e}^{y^2} \Big|_0^1 = \frac{1}{2}(\mathrm{e} - 1). \qquad \square$$

例 12.1.5　计算

$$I = \iint_D \frac{\sin y}{y} \mathrm{d}x\mathrm{d}y,$$

其中 D 是由 $y = x$ 和 $y^2 = x$ 围成的平面区域.

解　由于区域

$$D = \bigcup_{0 \leqslant y \leqslant 1} \{(x,y) : y^2 \leqslant x \leqslant y\},$$

所以

$$I = \int_0^1 \int_{y^2}^y \frac{\sin y}{y} \mathrm{d}x\mathrm{d}y = \int_0^1 \frac{x\sin y}{y} \Big|_{x=y^2}^{x=y} \mathrm{d}y$$

$$= \int_0^1 (\sin y - y\sin y)\mathrm{d}y = 1 - \sin 1.$$

(如果将区域分解为 $D = \bigcup_{0 \leqslant x \leqslant 1}\{(x,y) : x \leqslant y \leqslant \sqrt{x}\}$ 会怎么样?) □

例 12.1.6 求由曲面

$$z = 1 - 4x^2 - y^2$$

与坐标平面 $z=0$ 所围成的立体的体积 V.

解 我们考虑立体在第一卦限的部分. 如图 12.3 所示. 所求的体积是此时的 4 倍. 分解

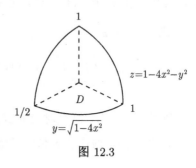

$$D = \{(x,y) : x \geqslant 0, y \geqslant 0, 1 - 4x^2 - y^2 \geqslant 0\}$$
$$= \bigcup_{0 \leqslant x \leqslant 1/2} \{(x,y) : 0 \leqslant y \leqslant \sqrt{1 - 4x^2}\}.$$

图 12.3

由此, 得

$$
\begin{aligned}
V &= 4 \iint_D z \mathrm{d}\sigma \\
&= 4 \int_0^{1/2} \left[\int_0^{\sqrt{1-4x^2}} (1 - 4x^2 - y^2) \mathrm{d}y \right] \mathrm{d}x \\
&= 4 \int_0^{1/2} \left(y - 4x^2 y - \frac{y^3}{3} \right) \Big|_{y=0}^{y=\sqrt{1-4x^2}} \mathrm{d}x \\
&= \frac{8}{3} \int_0^{1/2} (1 - 4x^2)^{3/2} \mathrm{d}x \\
&= \frac{4}{3} \int_0^{\pi/2} \cos^4 \theta \mathrm{d}\theta \quad \left(\text{代换 } x = \frac{1}{2} \sin\theta \right) \\
&= \frac{1}{3} \int_0^{\pi/2} (1 + \cos 2\theta)^2 \mathrm{d}\theta \\
&= \frac{1}{3} \int_0^{\pi/2} \left(1 + 2\cos 2\theta + \cos^2 2\theta \right) \mathrm{d}\theta \\
&= \frac{1}{3} \int_0^{\pi/2} \left(1 + 2\cos 2\theta + \frac{1 + \cos 4\theta}{2} \right) \mathrm{d}\theta \\
&= \frac{1}{3} \left(\frac{3\theta}{2} + \sin 2\theta + \frac{\sin 4\theta}{8} \right) \Big|_0^{\pi/2} = \frac{\pi}{4}.
\end{aligned}
$$

□

12.1.2 三重积分

仿照二重积分, 我们定义三重积分 (triple integral) 如下. 设 $\mathcal{V} \subset \mathbb{R}^3$ 为空间中的紧致立体区域. 设 $f : \mathcal{V} \to \mathbb{R}$ 连续. 分割 $\mathcal{V} = \bigcup_i \mathcal{V}_i$ 为有限多个紧致的子区域 $\mathcal{V}_i$, 使得其中任何两个相异的子区域的交集的体积为零. 对每一个子区域 $\mathcal{V}_i$, 我们任选

其中的点 $(x_i, y_i, z_i) \in \mathcal{V}_i$, 作和 $\sum_i f(x_i, y_i, z_i)\Delta V_i$. 当分割越趋精细, 这个和将会趋向一个唯一的有限的值 (此与点 (x_i, y_i, z_i) 的选取方法无关); 即当分割的子区域的最大直径趋向于零, 其最大体积 $\|\Delta V_i\| \to 0$ 时, $\sum_i f(x_i, y_i, z_i)\Delta V_i$ 会收敛. 我们将以此值作为 f 在 $\mathcal{V}$ 上的三重积分的值.

定义 12.1.2

$$\iiint_{\mathcal{V}} f(x, y, z)\mathrm{d}V := \lim_{\|\Delta V_i\| \to 0} \sum_i f(x_i, y_i, z_i)\Delta V_i.$$

对于三重积分, 也有对应的富比尼定理. 要计算 $\iiint_{\mathcal{V}} f(x, y, z)\mathrm{d}V$, 我们会设法将立体 $\mathcal{V}$ 分解成小长方体的并集. 取极限时, 得到微分形式

$$\mathrm{d}V = \mathrm{d}x\mathrm{d}y\mathrm{d}z.$$

例 12.1.7　计算

$$I = \iiint_{\mathcal{V}} \frac{\mathrm{d}x\mathrm{d}y\mathrm{d}z}{(1 + x + y + z)^3},$$

其中, $\mathcal{V}$ 为由坐标平面 $x = 0, y = 0$ 及 $z = 0$ 和平面 $x + y + z = 1$ 所围成的立体.

解　如图 12.4 所示. 分解 $\mathcal{V}$ 的过程如下:

$$\begin{aligned}
&先固定 \quad 0 \leqslant x \leqslant 1, \\
&再固定 \quad 0 \leqslant y \leqslant 1 - x, \\
&然后 \quad\quad 0 \leqslant z \leqslant 1 - x - y.
\end{aligned}$$

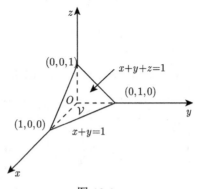

图 12.4

于是

$$\mathcal{V} = \bigcup_{0 \leqslant x \leqslant 1} \bigcup_{0 \leqslant y \leqslant 1-x} \{(x, y, z) : 0 \leqslant z \leqslant 1 - x - y\}.$$

由此

$$
\begin{aligned}
I &= \iiint_{\mathcal{V}} \frac{\mathrm{d}x\mathrm{d}y\mathrm{d}z}{(1+x+y+z)^3} \\
&= \int_0^1 \left(\int_0^{1-x} \left[\int_0^{1-x-y} \frac{\mathrm{d}z}{(1+x+y+z)^3} \right] \mathrm{d}y \right) \mathrm{d}x \\
&= \int_0^1 \int_0^{1-x} \left[\frac{-1}{2(1+x+y+z)^2} \right] \Bigg|_0^{1-x-y} \mathrm{d}y\mathrm{d}x \\
&= \frac{1}{2} \int_0^1 \int_0^{1-x} \left[\frac{1}{(1+x+y)^2} - \frac{1}{4} \right] \mathrm{d}y\mathrm{d}x \\
&= \frac{1}{2} \int_0^1 \left(\frac{-1}{1+x+y} - \frac{y}{4} \right) \Bigg|_0^{1-x} \mathrm{d}x \\
&= \frac{1}{2} \int_0^1 \left(-\frac{3}{4} + \frac{x}{4} + \frac{1}{1+x} \right) \mathrm{d}x \\
&= \frac{1}{2} \left(-\frac{3x}{4} + \frac{x^2}{8} + \ln|1+x| \right) \Bigg|_0^1 = \frac{\ln 2}{2} - \frac{5}{16}. \qquad \square
\end{aligned}
$$

例 12.1.8 计算

$$
I = \iiint_{\mathcal{V}} z\mathrm{d}V,
$$

其中

$$
\mathcal{V} = \{(x,y,z) : x^2 + y^2 + z^2 \leqslant 1, z \geqslant 0\}.
$$

解 分解区域

$$
\mathcal{V} = \bigcup_{0 \leqslant z \leqslant 1} D_z.
$$

这里

$$
D_z = \{(x,y,z) : x^2 + y^2 \leqslant 1 - z^2\}.
$$

由此

$$
\begin{aligned}
I &= \int_0^1 \left[\iint_{D_z} \mathrm{d}x\mathrm{d}y \right] z\mathrm{d}z = \int_0^1 \pi(1-z^2)z\mathrm{d}z \\
&= \pi \left(\frac{z^2}{2} - \frac{z^4}{4} \right) \Bigg|_0^1 = \frac{\pi}{4}. \qquad \square
\end{aligned}
$$

12.2 质量中心与转动惯量

设空间中有 n 个质点, 它们的位置为 (x_i, y_i, z_i), 质量为 $m_i, i = 1, 2, \cdots, n$. 则

这 n 个质点的总质量为

$$m = \sum_i m_i.$$

以每个质点的质量为权值, 取这 n 个质点的位置的加权平均:

$$(x_c, y_c, z_c) = \sum_i \frac{m_i}{m}(x_i, y_i, z_i) = \left(\frac{\sum_i m_i x_i}{\sum_i m_i}, \frac{\sum_i m_i y_i}{\sum_i m_i}, \frac{\sum_i m_i z_i}{\sum_i m_i} \right). \tag{12.2.1}$$

我们称点 (x_c, y_c, z_c) 为这 n 个质点系统的**质量中心** (center of mass).

设某物体在空间中占有位置 $\mathcal{V}$. 设它的点密度函数为 $\mu = \mu(x, y, z)$. 我们可以假想物体分割成 n 块, 每一块的体积为 ΔV_i, 质量为 m_i. 在每一块中选一个点 (x_i, y_i, z_i) 作代表. 于是, 对于小块的质量, 有估计

$$m_i \approx \mu(x_i, y_i, z_i) \Delta V_i.$$

由此, 我们可以应用公式 (12.2.1), 算出物体质量中心的大概位置:

$$(x_c, y_c, z_c) \approx \sum_i \frac{m_i}{m}(x_i, y_i, z_i) = \left(\frac{\sum_i m_i x_i}{\sum_i m_i}, \frac{\sum_i m_i y_i}{\sum_i m_i}, \frac{\sum_i m_i z_i}{\sum_i m_i} \right)$$

$$= \left(\frac{\sum_i x_i \mu(x_i, y_i, z_i) \Delta V_i}{\sum_i \mu(x_i, y_i, z_i) \Delta V_i}, \frac{\sum_i y_i \mu(x_i, y_i, z_i) \Delta V_i}{\sum_i \mu(x_i, y_i, z_i) \Delta V_i}, \frac{\sum_i z_i \mu(x_i, y_i, z_i) \Delta V_i}{\sum_i \mu(x_i, y_i, z_i) \Delta V_i} \right).$$

若将物体的分割趋于无穷精细, 我们就得到物体质量中心 (x_c, y_c, z_c) 的定义.

$$x_c = \lim_{\|\Delta V_i\| \to 0} \frac{\sum_i x_i \mu(x_i, y_i, z_i) \Delta V_i}{\sum_i \mu(x_i, y_i, z_i) \Delta V_i} = \frac{\iiint_{\mathcal{V}} x\mu(x, y, z) \mathrm{d}V}{\iiint_{\mathcal{V}} \mu(x, y, z) \mathrm{d}V},$$

$$y_c = \lim_{\|\Delta V_i\| \to 0} \frac{\sum_i y_i \mu(x_i, y_i, z_i) \Delta V_i}{\sum_i \mu(x_i, y_i, z_i) \Delta V_i} = \frac{\iiint_{\mathcal{V}} y\mu(x, y, z) \mathrm{d}V}{\iiint_{\mathcal{V}} \mu(x, y, z) \mathrm{d}V},$$

$$z_c = \lim_{\|\Delta V_i\| \to 0} \frac{\sum_i z_i \mu(x_i, y_i, z_i) \Delta V_i}{\sum_i \mu(x_i, y_i, z_i) \Delta V_i} = \frac{\iiint_{\mathcal{V}} z\mu(x, y, z) \mathrm{d}V}{\iiint_{\mathcal{V}} \mu(x, y, z) \mathrm{d}V}.$$

注意

$$m = \iiint_{\mathcal{V}} \mu(x, y, z) \mathrm{d}V$$

为物体的质量. 当物体的密度均匀分布时, $\mu(x, y, z) = m/V$ 为常数. 这里,

$$V = \iiint_{\mathcal{V}} \mathrm{d}V$$

是物体的体积. 此时, 质量中心的坐标也可以写成

$$x_c = \frac{1}{V} \iiint_{\mathcal{V}} x \mathrm{d}V, \quad y_c = \frac{1}{V} \iiint_{\mathcal{V}} y \mathrm{d}V, \quad z_c = \frac{1}{V} \iiint_{\mathcal{V}} z \mathrm{d}V.$$

例 12.2.1　求由曲面 $z = x^2 + y^2$ 及平面 $z = 1$ 所围成的立体的质量中心.

解　令 $\mu = 1$. 由对称性,

$$x_c = y_c = 0.$$

我们计算

$$z_c = \frac{1}{V} \iiint_{\mathcal{V}} z \mathrm{d}V.$$

分解 $\mathcal{V}$ 的过程如下:

先固定　$0 \leqslant z \leqslant 1$,
再固定　$-\sqrt{z} \leqslant y \leqslant \sqrt{z}$,
然后　　$-\sqrt{z - y^2} \leqslant x \leqslant \sqrt{z - y^2}$.

如图 12.5 所示.

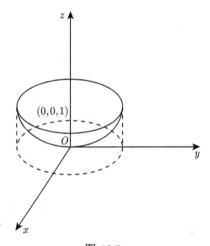

图 12.5

于是

$$\mathcal{V} = \bigcup_{0 \leqslant z \leqslant 1} \bigcup_{-\sqrt{z} \leqslant y \leqslant \sqrt{z}} \{(x, y, z) : -\sqrt{z - y^2} \leqslant x \leqslant \sqrt{z - y^2}\}.$$

由此

$$V = \iiint_{\mathcal{V}} \mathrm{d}V$$

$$= \int_0^1 \int_{-\sqrt{z}}^{\sqrt{z}} \int_{-\sqrt{z - y^2}}^{\sqrt{z - y^2}} \mathrm{d}x \mathrm{d}y \mathrm{d}z$$

$$= \int_0^1 \int_{-\sqrt{z}}^{\sqrt{z}} x \Big|_{-\sqrt{z-y^2}}^{\sqrt{z-y^2}} \mathrm{d}y\mathrm{d}z$$

$$= \int_0^1 \int_{-\sqrt{z}}^{\sqrt{z}} 2\sqrt{z-y^2}\mathrm{d}y\mathrm{d}z$$

$$= \int_0^1 \int_{-\frac{\pi}{2}}^{\frac{\pi}{2}} 2z\cos^2\theta\mathrm{d}\theta\mathrm{d}z \quad (\text{代换} y = \sqrt{z}\sin\theta)$$

$$= \int_0^1 \int_{-\frac{\pi}{2}}^{\frac{\pi}{2}} z(1+\cos 2\theta)\mathrm{d}\theta\mathrm{d}z$$

$$= \int_0^1 \left(z\theta + \frac{z\sin 2\theta}{2}\right)\Big|_{-\frac{\pi}{2}}^{\frac{\pi}{2}} \mathrm{d}z$$

$$= \int_0^1 z\pi\mathrm{d}z = \frac{z^2\pi}{2}\Big|_0^1 = \frac{\pi}{2}.$$

所以

$$z_c = \frac{1}{V}\iiint_{\mathcal{V}} z\mathrm{d}V$$

$$= \frac{1}{V}\int_0^1 z\left[\int_{-\sqrt{z}}^{\sqrt{z}}\int_{-\sqrt{z-y^2}}^{\sqrt{z-y^2}}\mathrm{d}x\mathrm{d}y\right]\mathrm{d}z$$

$$= \frac{1}{V}\int_0^1 z^2\pi\mathrm{d}z = \frac{z^3\pi}{3V}\Big|_0^1 = \frac{\pi}{3V} = \frac{2}{3}.$$

因此, 物体的质量中心的坐标是

$$(x_c, y_c, z_c) = \left(0, 0, \frac{2}{3}\right). \qquad \Box$$

假设在三维空间中的点 (x,y,z) 处有质点 P, 其质量为 m. 由定义, P 对于坐标原点 $O(0,0,0)$ 的**转动惯量** (moment of inertia) 为

$$I_O = \text{质量} \times \text{距离}^2 = m(x^2+y^2+z^2).$$

如果我们考虑质点 P 相对于 x 轴的转动惯量 I_x, 则由于 P 到 x 轴的距离为 $\sqrt{y^2+z^2}$, 因此

$$I_x = m(y^2+z^2).$$

同理, 如果我们考虑质点 P 相对于 xy-平面的转动惯量 I_{xy}, 则由于 P 到 xy-平面的距离为 $|z|$, 因此

$$I_{xy} = mz^2.$$

仿照我们对质量中心的作法, 假设空间中有物体占有位置 $\mathcal{V}$ 及具有点密度 $\mu = \mu(x, y, z)$, 则其对坐标原点、对 x 轴和对 xy-平面的转动惯量可分别定义为

$$I_O = \iiint_{\mathcal{V}} (x^2 + y^2 + z^2)\mu(x, y, z)\mathrm{d}V,$$

$$I_x = \iiint_{\mathcal{V}} (y^2 + z^2)\mu(x, y, z)\mathrm{d}V,$$

$$I_{xy} = \iiint_{\mathcal{V}} z^2\mu(x, y, z)\mathrm{d}V.$$

例 12.2.2 求以下质量平均分布的半球 $\mathcal{V}$, 关于 xy-平面的转动惯量.

$$\mathcal{V} = \{(x, y, z) : x^2 + y^2 + z^2 \leqslant r^2, \ z \geqslant 0\}.$$

解 不妨设半球体的密度 $\mu = 1$ 为常数. 我们对积分区域作分解:

$$\mathcal{V} = \bigcup_{0 \leqslant z \leqslant r} \bigcup_{-\sqrt{r^2-z^2} \leqslant y \leqslant \sqrt{r^2-z^2}} \{(x, y, z) : -\sqrt{r^2 - y^2 - z^2} \leqslant x \leqslant \sqrt{r^2 - y^2 - z^2}\}.$$

由此

$$
\begin{aligned}
I_{xy} &= \iiint_{\mathcal{V}} z^2 \mathrm{d}V = \int_0^r z^2 \left[\int_{-\sqrt{r^2-z^2}}^{\sqrt{r^2-z^2}} \int_{-\sqrt{r^2-y^2-z^2}}^{\sqrt{r^2-y^2-z^2}} \mathrm{d}x\mathrm{d}y \right] \mathrm{d}z \\
&= \int_0^r z^2 \left[\int_{-\sqrt{r^2-z^2}}^{\sqrt{r^2-z^2}} 2\sqrt{r^2 - y^2 - z^2}\mathrm{d}y \right] \mathrm{d}z \\
&= \int_0^r z^2 \left[\int_{-\pi/2}^{\pi/2} 2(r^2 - z^2)\cos^2\theta \mathrm{d}\theta \right] \mathrm{d}z \quad (\text{代换 } y = \sqrt{r^2 - z^2}\sin\theta) \\
&= \int_0^r z^2(r^2 - z^2) \left[\int_{-\pi/2}^{\pi/2} (1 + \cos 2\theta)\mathrm{d}\theta \right] \mathrm{d}z \\
&= \int_0^r z^2(r^2 - z^2) \left. \left(\theta + \frac{\sin 2\theta}{2} \right) \right|_{-\pi/2}^{\pi/2} \mathrm{d}z \\
&= \int_0^r z^2(r^2 - z^2)\pi \mathrm{d}z = \pi \left. \left(\frac{z^3 r^2}{3} - \frac{z^5}{5} \right) \right|_0^r = \frac{2\pi r^5}{15}. \qquad \Box
\end{aligned}
$$

12.3 重积分的变量替换

12.3.1 极坐标下的二重积分

在 xy-系统, 面积的基本元素是长方形. 我们会将平面区域 D 分割成若干个小的区域, 其中大部分是长方形, 余下的部分的总面积小到可以忽略不算. 对于那些

长方形的小区域 D_k, 设它的长为 Δx_k, 它的宽为 Δy_k, 则其面积为

$$\Delta \sigma_k = \Delta x_k \Delta y_k.$$

当分割趋于无限精细, 即当 $\|\Delta x_k\| \to 0$, $\|\Delta y_k\| \to 0$ 时, 我们得到面积的微分公式

$$\mathrm{d}\sigma = \mathrm{d}x \mathrm{d}y.$$

如果要计算连续函数 f 在 D 上的积分, 那么

$$\iint_D f(x,y)\mathrm{d}\sigma = \lim_{\|\Delta \sigma_k\| \to 0} \sum_k f(x_k, y_k)\Delta \sigma_k$$

$$= \lim_{\substack{\Delta x_k \to 0 \\ \Delta y_k \to 0}} \sum_k f(x_k, y_k)\Delta x_k \Delta y_k = \iint_D f(x,y)\mathrm{d}x\mathrm{d}y,$$

其中, (x_k, y_k) 为在小区域 D_k 中的任意取的点.

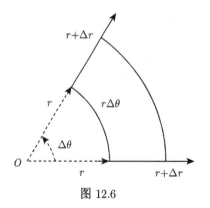

图 12.6

现在, 我们考虑极坐标 $r\theta$-系统. 在极坐标下, 面积的基本元素是如图 12.6 的四边扇形. 四边扇形的面积

$$\Delta \sigma = \frac{1}{2}(r + \Delta r)^2 \Delta \theta - \frac{1}{2}r^2 \Delta \theta$$

$$= r\Delta r \Delta \theta + \frac{1}{2}(\Delta r)^2 \Delta \theta$$

$$\approx r\Delta r \Delta \theta.$$

当 $\Delta r \to 0$ 及 $\Delta \theta \to 0$ 时, 我们可以写成微分的形式

$$\mathrm{d}\sigma = r\mathrm{d}r\mathrm{d}\theta.$$

例 12.3.1　计算

$$I = \iint_D \mathrm{e}^{-x^2 - y^2}\mathrm{d}x\mathrm{d}y,$$

其中积分区域为 xy-平面上的单位圆盘

$$D = \{(x,y) : x^2 + y^2 \leqslant 1\}.$$

解　令 $f(x,y) = \mathrm{e}^{-x^2 - y^2}$. 分割 $D = \bigcup_k D_k$ 为多个小的四边扇形 (以及一个将会被我们忽略的, 面积非常小的小圆盘). 在小四边扇形 D_k 中取其一个角点, 它

的极坐标设为 (r_k, θ_k). 四边扇形 D_k 由此点延伸, 另外三个角点的极坐标分别为 $(r_k + \Delta r_k, \theta_k)$, $(r_k, \theta_k + \Delta \theta_k)$ 及 $(r_k + \Delta r_k, \theta_k + \Delta \theta_k)$. 四边扇形 D_k 的面积为

$$\Delta \sigma_k \approx r_k \Delta r_k \Delta \theta_k,$$

其中, $\Delta r_k \Delta \theta_k$ 是在 $r\theta$-平面上的小长方形

$$D_k' = [r_k, r_k + \Delta r_k] \times [\theta_k, \theta_k + \Delta \theta_k]$$
$$= \{(r, \theta) : r_k \leqslant r \leqslant r_k + \Delta r_k, \ \theta_k \leqslant \theta \leqslant \theta_k + \Delta \theta_k\}$$

的面积. 不同于我们以往所说的 $r\theta$-坐标系, 在这里, $r\theta$-平面还是指具有互相垂直的 r-坐标轴和 θ-坐标轴的二维平面. 换句话说, 我们只是将原来的 x 轴换成 r 轴, y 轴换成 θ 轴. 所以, 在计算长方形 D_k' 的面积 $\Delta \sigma' = \Delta r_k \Delta \theta_k$ 时, 还是长 Δr_k 乘以宽 $\Delta \theta_k$.

利用以上的转换, 二重积分有近似值

$$I \approx \sum_k f(x_k, y_k) \Delta \sigma_k$$
$$= \sum_k f(x(r_k, \theta_k), y(r_k, \theta_k)) r_k \Delta r_k \Delta \theta_k.$$

应用坐标变换公式

$$\begin{cases} x = r \cos \theta, \\ y = r \sin \theta, \end{cases}$$

可以将 $r\theta$-平面上的区域

$$D' = [0, 1] \times [0, 2\pi] = \{(r, \theta) : 0 \leqslant r \leqslant 1, \ 0 \leqslant \theta \leqslant 2\pi\}$$

一对一映成 xy-平面上的区域 D. 当 $\Delta r_k \to 0$ 及 $\Delta \theta_k \to 0$ 时, 我们得到相应的 $\|\Delta \sigma_k\| \to 0$. 于是

$$I = \iint_D f(x, y) \mathrm{d}x \mathrm{d}y = \lim_{\|\Delta \sigma_k\| \to 0} \sum_k f(x_k, y_k) \Delta \sigma_k$$
$$= \lim_{\substack{\Delta r_k \to 0 \\ \Delta \theta_k \to 0}} \sum_k f(r_k \cos \theta_k, r_k \sin \theta_k) r_k \Delta r_k \Delta \theta_k$$
$$= \iint_{D'} f(r \cos \theta, r \sin \theta) r \mathrm{d}r \mathrm{d}\theta,$$

其中的积分区域

$$D' = \{(r, \theta) : 0 \leqslant r \leqslant 1, 0 \leqslant \theta \leqslant 2\pi\} = \bigcup_{0 \leqslant \theta \leqslant 2\pi} \{(r, \theta) : 0 \leqslant r \leqslant 1\}.$$

于是

$$I = \iint_D \mathrm{e}^{-x^2-y^2}\mathrm{d}x\mathrm{d}y = \iint_{D'} \mathrm{e}^{-r^2} r\mathrm{d}r\mathrm{d}\theta = \int_0^{2\pi} \int_0^1 \mathrm{e}^{-r^2} r\mathrm{d}r\mathrm{d}\theta$$

$$= -\frac{1}{2}\int_0^{2\pi}\left[\int_0^1 \mathrm{e}^{-r^2}\mathrm{d}(-r^2)\right]\mathrm{d}\theta = -\frac{1}{2}\int_0^{2\pi} \mathrm{e}^{-r^2}\bigg|_0^1 \mathrm{d}\theta$$

$$= -\frac{1}{2}\int_0^{2\pi}(\mathrm{e}^{-1}-1)\mathrm{d}\theta = -\frac{1}{2}\left[(\mathrm{e}^{-1}-1)\theta\right]\bigg|_0^{2\pi} = (1-\mathrm{e}^{-1})\pi. \qquad \square$$

例 12.3.2　计算

$$I = \iiint_{\mathcal{V}} \sqrt{1-x^2-y^2}\,\mathrm{d}V,$$

其中

$$\mathcal{V} = \{(x,y,z) : x^2+y^2+z^2 \leqslant 1, z \geqslant 0\}.$$

解　分解区域

$$\mathcal{V} = \{(x,y,z) : (x,y) \in D,\ 0 \leqslant z \leqslant \sqrt{1-x^2-y^2}\},$$

这里

$$D = \{(x,y) : x^2+y^2 = 1\} = \{(r\cos\theta, r\sin\theta) : 0 \leqslant r \leqslant 1,\ 0 \leqslant \theta \leqslant 2\pi\}.$$

$$I = \iint_D \left[\int_0^{\sqrt{1-x^2-y^2}} \sqrt{1-x^2-y^2}\mathrm{d}z\right]\mathrm{d}x\mathrm{d}y$$

$$= \iint_D (1-x^2-y^2)\mathrm{d}x\mathrm{d}y$$

$$= \int_0^{2\pi}\int_0^1 (1-r^2) r\mathrm{d}r\mathrm{d}\theta = \frac{\pi}{2}. \qquad \square$$

仿照一元函数的无穷积分理论, 我们也可以定义无穷二重积分. 以下的无穷积分, 常见于统计学中的常态分布理论.

例 12.3.3　计算无穷积分

$$I = \int_{-\infty}^{+\infty} \mathrm{e}^{-x^2}\mathrm{d}x.$$

解　应用富比尼定理, 我们得到

$$I^2 = \left(\int_{-\infty}^{+\infty}\mathrm{e}^{-x^2}\mathrm{d}x\right)\left(\int_{-\infty}^{+\infty}\mathrm{e}^{-y^2}\mathrm{d}y\right) = \int_{\mathbb{R}^2}\mathrm{e}^{-x^2-y^2}\mathrm{d}x\mathrm{d}y$$

$$= \iint_{\substack{\{(r,\theta):r\geqslant 0,\\ 0\leqslant\theta\leqslant 2\pi\}}} \mathrm{e}^{-r^2} r\mathrm{d}r\mathrm{d}\theta = \int_0^{2\pi}\int_0^{+\infty} \mathrm{e}^{-r^2} r\mathrm{d}r\mathrm{d}\theta$$

$$= -\frac{1}{2}\int_0^{2\pi} \mathrm{e}^{-r^2}\bigg|_0^{+\infty}\mathrm{d}\theta = \frac{1}{2}\int_0^{2\pi}\mathrm{d}\theta = \pi.$$

因此

$$I = \int_{-\infty}^{+\infty} e^{-x^2} dx = \sqrt{\pi}.$$ □

12.3.2 变量替换

对于二重积分

$$I = \iint_D f(x, y) dxdy,$$

我们已经考虑过极坐标代换

$$\begin{cases} x = r\cos\theta, \\ y = r\sin\theta, \end{cases}$$

并且得到从 xy-坐标变成 $r\theta$-坐标后, 二重积分的转换公式:

$$\iint_D f(x, y) dxdy = \iint_{D'} f(r\cos\theta, r\sin\theta) r drd\theta,$$

其中二元变量替换 $(r, \theta) \mapsto (x, y)$ 会将 $r\theta$-平面的区域 D', 一对一映成 xy-平面的区域 D.

一般地, 我们考虑代换

$$\begin{cases} x = x(u, v), \\ y = y(u, v). \end{cases}$$

假设映射 $T: (u, v) \mapsto (x, y)$ 会将 uv-平面上的区域 D', 一对一映成 xy-平面上的区域 D. 我们现在研究: 这个变换过程会将面积放大几倍.

还是先考虑长方形 $D' = [u, u + \Delta u] \times [v, v + \Delta v]$ 的情形. 此时, $D = T(D')$ 会是一个曲边四边形. 如图 12.7 所示.

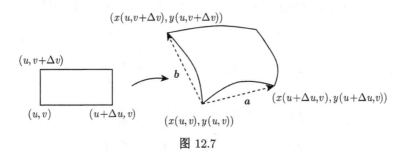

图 12.7

我们考虑: 从 $T(D')$ 的一个角点 $T(u,v) = (x(u,v), y(u,v))$ 所出发的两条曲边的弦线向量:

$$\boldsymbol{a} := \overrightarrow{T(u,v)T(u+\Delta u, v)} \quad \text{和} \quad \boldsymbol{b} := \overrightarrow{T(u,v)T(u, v+\Delta v)}.$$

平面向量 $\boldsymbol{a}, \boldsymbol{b}$ 张成一个平行四边形. 这个平行四边形在小尺度时, 将会和曲边四边形密合. 因此, 我们得到曲边四边形 $D = T(D')$ 面积的一个估计:

$$\Delta\sigma \approx \|\boldsymbol{a}' \times \boldsymbol{b}'\|,$$

其中 $\boldsymbol{a}' \times \boldsymbol{b}'$ 是将二维向量 $\boldsymbol{a} = \begin{pmatrix} a_1 \\ a_2 \end{pmatrix}, \boldsymbol{b} = \begin{pmatrix} b_1 \\ b_2 \end{pmatrix}$ 看成三维向量

$$\boldsymbol{a}' = \begin{pmatrix} a_1 \\ a_2 \\ 0 \end{pmatrix}, \quad \boldsymbol{b}' = \begin{pmatrix} b_1 \\ b_2 \\ 0 \end{pmatrix}$$

时的向量积, 它的向量长度 $\|\boldsymbol{a}' \times \boldsymbol{b}'\| = |a_1 b_2 - a_2 b_1|$, 恰巧就是由 $\boldsymbol{a}$ 和 $\boldsymbol{b}$ 所张成的平行四边形的面积.

　　然而, 我们不大容易写出 $\boldsymbol{a} = \overrightarrow{T(u,v)T(u+\Delta u, v)}$ 和 $\boldsymbol{b} = \overrightarrow{T(u,v)T(u, v+\Delta v)}$. 观察:

$$T(u,v) = (x(u,v), y(u,v)),$$
$$T(u+\Delta u, v) = (x(u+\Delta u, v), y(u+\Delta u, v)),$$
$$T(u, v+\Delta v) = (x(u, v+\Delta v), y(u, v+\Delta v)),$$

其中

$$x(u+\Delta u, v) = x(u,v) + \frac{\partial x}{\partial u}\Delta u + o(\Delta u), \quad y(u+\Delta u, v) = y(u,v) + \frac{\partial y}{\partial u}\Delta u + o(\Delta u),$$

$$x(u, v+\Delta v) = x(u,v) + \frac{\partial x}{\partial v}\Delta v + o(\Delta v), \quad y(u, v+\Delta v) = y(u,v) + \frac{\partial y}{\partial v}\Delta v + o(\Delta v),$$

这里, $o(\Delta u)$ 和 $o(\Delta v)$ 分别是相对于 Δu 和 Δv 的一阶无穷小量. 因此,

$$\boldsymbol{a} = \begin{pmatrix} x(u+\Delta u, v) - x(u,v) \\ y(u+\Delta u, v) - y(u,v) \end{pmatrix} \approx \begin{pmatrix} \dfrac{\partial x}{\partial u} \\ \dfrac{\partial y}{\partial u} \end{pmatrix} \Delta u,$$

$$\boldsymbol{b} = \begin{pmatrix} x(u, v+\Delta v) - x(u,v) \\ y(u, v+\Delta v) - y(u,v) \end{pmatrix} \approx \begin{pmatrix} \dfrac{\partial x}{\partial v} \\ \dfrac{\partial y}{\partial v} \end{pmatrix} \Delta v.$$

定义 12.3.1 变换 $(u,v) \mapsto (x,y)$ 的雅可比行列式 (Jacobian determinant) 是

$$\frac{\partial(x,y)}{\partial(u,v)} := \det \begin{bmatrix} \dfrac{\partial x}{\partial u} & \dfrac{\partial x}{\partial v} \\ \dfrac{\partial y}{\partial u} & \dfrac{\partial y}{\partial v} \end{bmatrix}.$$

于是, 我们对曲边四边形 $D = T(D')$ 的面积, 有了一个新的估计值

$$\Delta\sigma \approx \|\boldsymbol{a}' \times \boldsymbol{b}'\|$$

$$\approx \left\| \begin{pmatrix} \dfrac{\partial x}{\partial u}\Delta u \\ \dfrac{\partial y}{\partial u}\Delta u \\ 0 \end{pmatrix} \times \begin{pmatrix} \dfrac{\partial x}{\partial v}\Delta v \\ \dfrac{\partial y}{\partial v}\Delta v \\ 0 \end{pmatrix} \right\| = \left| \frac{\partial x}{\partial u}\frac{\partial y}{\partial v} - \frac{\partial x}{\partial v}\frac{\partial y}{\partial u} \right| \Delta u \Delta v$$

$$= \left| \frac{\partial(x,y)}{\partial(u,v)} \right| \Delta u \Delta v = \left| \frac{\partial(x,y)}{\partial(u,v)} \right| \Delta\sigma',$$

其中 $\Delta\sigma' = \Delta u \Delta v$ 是矩形 D' 的面积. 由于面积只能是正数, 在这里取雅可比行列式的绝对值. 因此, 我们得到了变换 $(u,v) \mapsto (x,y)$, 将 uv-平面上的矩形 D' 变成 xy-平面上的曲边四边形 D 时的面积放大倍数

$$\frac{\Delta\sigma}{\Delta\sigma'} \approx \left| \frac{\partial(x,y)}{\partial(u,v)} \right|.$$

对于一般的平面区域 D 和 D', 可以先将 D' 近似地分割成若干个面积 $\Delta\sigma'_k$ 很小的矩形 D'_k. 对应地, 通过坐标变换 $(u,v) \mapsto (x,y)$, 区域 D 也被分割成若干个曲边四边形 D_k. 我们对 D_k 的面积 $\Delta\sigma_k$ 有估计值

$$\Delta\sigma_k \approx \left| \frac{\partial(x,y)}{\partial(u,v)} \right|_{(u_k,v_k)} \Delta\sigma'_k,$$

这里, (u_k, v_k) 是矩形 D'_k 的左下角点. 写成微分的形式, 有

$$\mathrm{d}x\mathrm{d}y = \left| \frac{\partial(x,y)}{\partial(u,v)} \right| \mathrm{d}u\mathrm{d}v.$$

假设放大倍数 $\left| \dfrac{\partial(x,y)}{\partial(u,v)} \right|$ 在紧致集合 D' 上处处连续而且非零. 因而, 在 D' 上, 它具有最大值 α 和最小值 $\beta > 0$. 于是, 当 Δu_k 和 Δv_k 够小时,

$$0 < \frac{\beta}{2} < \frac{\Delta\sigma_k}{\Delta\sigma'_k} < 2\alpha < +\infty.$$

所以, 面积 $\Delta\sigma_k \to 0$ 等价于面积 $\Delta\sigma_k' \to 0$. 于是, 二重积分

$$
\begin{aligned}
\iint_D f(x,y)\mathrm{d}\sigma &= \lim_{\|\Delta\sigma_k\|\to 0} \sum_k f(x_k, y_k)\Delta\sigma_k \\
&= \lim_{\|\Delta\sigma_k'\|\to 0} \sum_k f(x(u_k, v_k), y(u_k, v_k))\left|\frac{\partial(x,y)}{\partial(u,v)}\right|_{(u_k, v_k)} \Delta\sigma_k' \\
&= \iint_{D'} f(x(u,v), y(u,v))\left|\frac{\partial(x,y)}{\partial(u,v)}\right| \mathrm{d}\sigma'.
\end{aligned}
$$

定理 12.3.4　设 $(u,v) \mapsto (x,y)$ 为有界闭的平面区域 D' 到 D 的一对一满射, 且雅可比行列式

$$
\frac{\partial(x,y)}{\partial(u,v)} = \det\begin{bmatrix} \dfrac{\partial x}{\partial u} & \dfrac{\partial x}{\partial v} \\ \dfrac{\partial y}{\partial u} & \dfrac{\partial y}{\partial v} \end{bmatrix}
$$

在 D' 上处处连续而且非零. 则有二重积分变换公式:

$$
\iint_D f(x,y)\mathrm{d}x\mathrm{d}y = \iint_{D'} f(x(u,v), y(u,v))\left|\frac{\partial(x,y)}{\partial(u,v)}\right| \mathrm{d}u\mathrm{d}v.
$$

例 12.3.5　考虑极坐标变换

$$
\begin{cases} x = r\cos\theta, \\ y = r\sin\theta, \end{cases}
$$

将 $r\theta$-平面的区域 D' 一对一映成 xy-平面的区域 D. 计算雅可比行列式

$$
\frac{\partial(x,y)}{\partial(r,\theta)} = \det\begin{bmatrix} \dfrac{\partial x}{\partial r} & \dfrac{\partial x}{\partial \theta} \\ \dfrac{\partial y}{\partial r} & \dfrac{\partial y}{\partial \theta} \end{bmatrix} = \det\begin{bmatrix} \cos\theta & -r\sin\theta \\ \sin\theta & r\cos\theta \end{bmatrix}
$$

$$
= r\cos^2\theta + r\sin^2\theta = r > 0.
$$

因此

$$
\iint_D f(x,y)\mathrm{d}x\mathrm{d}y = \iint_{D'} f(r\cos\theta, r\sin\theta) r\mathrm{d}r\mathrm{d}\theta.
$$

这与以前的结论一致.　　　　　　　　　　　　　　　　　　　　　　　　　□

我们可以利用链式法则证明, 雅可比行列式满足关系:

$$
\frac{\partial(x,y)}{\partial(u,v)} = \frac{1}{\dfrac{\partial(u,v)}{\partial(x,y)}}.
$$

例 12.3.6 求由抛物线 $y^2 = x$, $y^2 = 2x$ 和双曲线 $xy = 1$ 及 $xy = 2$ 所围成的平面区域 D 的面积.

解 考虑变量替换:

$$\begin{cases} u = y^2/x, \\ v = xy. \end{cases}$$

令

$$D' = \{(u, v) : 1 \leqslant u \leqslant 2,\ 1 \leqslant v \leqslant 2\}.$$

则变换 $(u, v) \mapsto (x, y)$ 将 D' 一对一映成 D. 为了方便, 我们先考虑雅可比行列式

$$\frac{\partial(u, v)}{\partial(x, y)} = \det \begin{bmatrix} \dfrac{\partial u}{\partial x} & \dfrac{\partial u}{\partial y} \\[2mm] \dfrac{\partial v}{\partial x} & \dfrac{\partial v}{\partial y} \end{bmatrix} = \det \begin{bmatrix} -\dfrac{y^2}{x^2} & \dfrac{2y}{x} \\[2mm] y & x \end{bmatrix} = -\frac{3y^2}{x}.$$

所以

$$\frac{\partial(x, y)}{\partial(u, v)} = \frac{1}{\dfrac{\partial(u, v)}{\partial(x, y)}} = -\frac{x}{3y^2} = -\frac{1}{3u}.$$

由此, 所求的区域 D 的面积为

$$\iint_D \mathrm{d}x\mathrm{d}y = \iint_{D'} \left| \frac{\partial(x, y)}{\partial(u, v)} \right| \mathrm{d}u\mathrm{d}v$$

$$= \int_1^2 \int_1^2 \frac{1}{3u} \mathrm{d}v \mathrm{d}u = \int_1^2 \frac{v}{3u} \Big|_{v=1}^{v=2} \mathrm{d}u$$

$$= \int_1^2 \frac{1}{3u} \mathrm{d}u = \frac{1}{3} \ln u \Big|_1^2 = \frac{\ln 2}{3}. \qquad \square$$

类似两个变量的情形, 我们也可以用同样的方法得到三重积分的变量替换公式. 设 $(u_1, u_2, u_3) \mapsto (x_1, x_2, x_3)$ 是从 3 维空间区域 $\mathcal{V}'$ 映到 3 维空间区域 $\mathcal{V}$ 的一对一满射, 且各坐标函数皆连续可微. 令

$$x_1 = x_1(u_1, u_2, u_3),$$
$$x_2 = x_2(u_1, u_2, u_3),$$
$$x_3 = x_3(u_1, u_2, u_3).$$

在 $u_1 u_2 u_3$-坐标系中的 3 维立体元素是 3 维长方体, 体积为 $\Delta V' = \Delta u_1 \Delta u_2 \Delta u_3$. 设此 3 维长方体经变量替换后映成 $x_1 x_2 x_3$-坐标系的 3 维曲边长方体, 其体积为 ΔV.

我们用由它的三支弦边向量 a, b, c 所张成的平行六面体来近似它. 这个三维空间的平行六面体的体积为混合积

$$a \cdot (b \times c) = \begin{vmatrix} a_1 & a_2 & a_3 \\ b_1 & b_2 & b_3 \\ c_1 & c_2 & c_3 \end{vmatrix}.$$

仿照以上讨论,

$$a \approx \begin{pmatrix} \dfrac{\partial x_1}{\partial u_1} \\ \dfrac{\partial x_2}{\partial u_1} \\ \dfrac{\partial x_3}{\partial u_1} \end{pmatrix} \Delta u_1, \quad b \approx \begin{pmatrix} \dfrac{\partial x_1}{\partial u_2} \\ \dfrac{\partial x_2}{\partial u_2} \\ \dfrac{\partial x_3}{\partial u_2} \end{pmatrix} \Delta u_2, \quad c \approx \begin{pmatrix} \dfrac{\partial x_1}{\partial u_3} \\ \dfrac{\partial x_2}{\partial u_3} \\ \dfrac{\partial x_3}{\partial u_3} \end{pmatrix} \Delta u_3.$$

因此, 这两个 3 维长方体的体积比例有近似表现:

$$\frac{\Delta V}{\Delta V'} \approx \left| \frac{\partial(x_1, x_2, x_3)}{\partial(u_1, u_2, u_3)} \right|.$$

在这里, 雅可比行列式

$$\frac{\partial(x_1, x_2, x_3)}{\partial(u_1, u_2, u_3)} = \begin{vmatrix} \dfrac{\partial x_1}{\partial u_1} & \dfrac{\partial x_1}{\partial u_2} & \dfrac{\partial x_1}{\partial u_3} \\ \dfrac{\partial x_2}{\partial u_1} & \dfrac{\partial x_2}{\partial u_2} & \dfrac{\partial x_2}{\partial u_3} \\ \dfrac{\partial x_3}{\partial u_1} & \dfrac{\partial x_3}{\partial u_2} & \dfrac{\partial x_3}{\partial u_3} \end{vmatrix}.$$

当 $\Delta V' \to 0$ 时, 我们就会有微分公式:

$$\mathrm{d}V = \left| \frac{\partial(x_1, x_2, x_3)}{\partial(u_1, u_2, u_3)} \right| \mathrm{d}V'$$

或

$$\mathrm{d}x_1 \mathrm{d}x_2 \mathrm{d}x_3 = \left| \frac{\partial(x_1, x_2, x_3)}{\partial(u_1, u_2, u_3)} \right| \mathrm{d}u_1 \mathrm{d}u_2 \mathrm{d}u_3.$$

对于三重积分, 当一对一映成的变量替换 $(u_1, u_2, u_3) \mapsto (x_1, x_2, x_3)$ 的雅可比行列式在 $\mathcal{V}'$ 上处处连续且不为零时, 我们有

$$\iiint_{\mathcal{V}} f(x_1, x_2, x_3) \mathrm{d}x_1 \mathrm{d}x_2 \mathrm{d}x_3$$

$$= \iiint_{\mathcal{V}'} f(x_1(u_1, u_2, u_3), x_2(u_1, u_2, u_3), x_3(u_1, u_2, u_3)) \left| \frac{\partial(x_1, x_2, x_3)}{\partial(u_1, u_2, u_3)} \right| \mathrm{d}u_1 \mathrm{d}u_2 \mathrm{d}u_3.$$

例 12.3.7 假设常数 $0 < a < b$, $0 < \alpha < \beta$ 及 $h > 0$. 设 $\mathcal{V}$ 是由曲面

$$z = ay^2, \quad z = by^2, \quad y > 0,$$
$$z = \alpha x, \quad z = \beta x, \quad z = h$$

所围成的三维区域. 求

$$I = \iiint_{\mathcal{V}} x^2 \mathrm{d}x\mathrm{d}y\mathrm{d}z.$$

解 令

$$\mathcal{V}' = \{(u,v,w) : a \leqslant u \leqslant b, \; \alpha \leqslant v \leqslant \beta, \; 0 < w \leqslant h\}.$$

作变量替换:

$$u = \frac{z}{y^2}, \quad v = \frac{z}{x}, \quad w = z.$$

则映射 $(u,v,w) \mapsto (x,y,z)$ 会将 $\mathcal{V}'$ 一对一映成 $\mathcal{V}$. 观察

$$\frac{\partial(u,v,w)}{\partial(x,y,z)} = \det \begin{pmatrix} \dfrac{\partial u}{\partial x} & \dfrac{\partial u}{\partial y} & \dfrac{\partial u}{\partial z} \\ \dfrac{\partial v}{\partial x} & \dfrac{\partial v}{\partial y} & \dfrac{\partial v}{\partial z} \\ \dfrac{\partial w}{\partial x} & \dfrac{\partial w}{\partial y} & \dfrac{\partial w}{\partial z} \end{pmatrix} = \det \begin{pmatrix} 0 & -\dfrac{2z}{y^3} & \dfrac{1}{y^2} \\ -\dfrac{z}{x^2} & 0 & \dfrac{1}{x} \\ 0 & 0 & 1 \end{pmatrix} = -\frac{2z^2}{x^2 y^3}.$$

所以, 变换的雅可比行列式为

$$\frac{\partial(x,y,z)}{\partial(u,v,w)} = \frac{1}{\dfrac{\partial(u,v,w)}{\partial(x,y,z)}} = -\frac{x^2 y^3}{2z^2} = -\frac{\left(\dfrac{w}{v}\right)^2 \left(\dfrac{w}{u}\right)^{3/2}}{2w^2} = -\frac{w^{3/2}}{2v^2 u^{3/2}}.$$

由此

$$I = \iiint_{\mathcal{V}'} \left(\frac{w}{v}\right)^2 \left| -\frac{w^{3/2}}{2v^2 u^{3/2}} \right| \mathrm{d}u\mathrm{d}v\mathrm{d}w$$

$$= \int_a^b \int_\alpha^\beta \int_0^h \frac{w^{7/2}}{2v^4 u^{3/2}} \mathrm{d}w\mathrm{d}v\mathrm{d}u$$

$$= \frac{1}{2} \left(\int_a^b \frac{1}{u^{3/2}} \mathrm{d}u \right) \left(\int_\alpha^\beta \frac{1}{v^4} \mathrm{d}v \right) \left(\int_0^h w^{7/2} \mathrm{d}w \right)$$

$$= \frac{2}{27} \left(\frac{1}{\sqrt{a}} - \frac{1}{\sqrt{b}} \right) \left(\frac{1}{\alpha^3} - \frac{1}{\beta^3} \right) h^{9/2}. \qquad \square$$

例 12.3.8   设

$$\mathcal{V} = \{(x,y,z) : x^2 + y^2 + z^2 \leqslant 1, \ z \geqslant 0\}$$

为上半球体. 计算三重积分

$$\iiint_{\mathcal{V}} z\mathrm{d}x\mathrm{d}y\mathrm{d}z.$$

解   我们改用**球柱坐标** (cylindrical coordinate system):

$$x = r\cos\theta, \quad y = r\sin\theta, \quad z = z.$$

令

$$\mathcal{V}' = \{(r,\theta,z) : 0 \leqslant r \leqslant 1, \ 0 \leqslant \theta \leqslant 2\pi, \ 0 \leqslant z \leqslant \sqrt{1-r^2}\}.$$

变换 $(r,\theta,z) \mapsto (x,y,z)$ 会将 $r\theta z$-空间中的立体区域 $\mathcal{V}'$ 一对一映成 xyz-空间中的立体区域 $\mathcal{V}$. 变量替换的雅可比行列式

$$\frac{\partial(x,y,z)}{\partial(r,\theta,z)} = \det\begin{pmatrix} \dfrac{\partial x}{\partial r} & \dfrac{\partial x}{\partial \theta} & \dfrac{\partial x}{\partial z} \\[2mm] \dfrac{\partial y}{\partial r} & \dfrac{\partial y}{\partial \theta} & \dfrac{\partial y}{\partial z} \\[2mm] \dfrac{\partial z}{\partial r} & \dfrac{\partial z}{\partial \theta} & \dfrac{\partial z}{\partial z} \end{pmatrix} = \det\begin{pmatrix} \cos\theta & -r\sin\theta & 0 \\ \sin\theta & r\cos\theta & 0 \\ 0 & 0 & 1 \end{pmatrix}$$

$$= r\cos^2\theta + r\sin^2\theta = r.$$

由此

$$\iiint_{\mathcal{V}} z\mathrm{d}x\mathrm{d}y\mathrm{d}z = \iiint_{\mathcal{V}'} z|r|\mathrm{d}r\mathrm{d}\theta\mathrm{d}z$$

$$= \int_0^{2\pi} \int_0^1 \int_0^{\sqrt{1-r^2}} rz\mathrm{d}z\mathrm{d}r\mathrm{d}\theta$$

$$= \int_0^{2\pi} \int_0^1 \frac{rz^2}{2}\bigg|_0^{\sqrt{1-r^2}} \mathrm{d}r\mathrm{d}\theta$$

$$= \frac{1}{2}\int_0^{2\pi} \int_0^1 (1-r^2)r\mathrm{d}r\mathrm{d}\theta$$

$$= \frac{1}{2}\int_0^{2\pi} \left(\frac{r^2}{2} - \frac{r^4}{4}\right)\bigg|_0^1 \mathrm{d}\theta$$

$$= \frac{1}{8}\int_0^{2\pi} \mathrm{d}\theta = \frac{\pi}{4}.$$

例 12.3.9 设

$$\mathcal{V} = \{(x, y, z) : x^2 + y^2 + z^2 \leqslant 1\}$$

为单位球体. 计算三重积分

$$\iiint_{\mathcal{V}} (x^2 + y^2 + z^2) \mathrm{d}x\mathrm{d}y\mathrm{d}z.$$

解 我们改用 球面坐标 (spherical coordinate) 作变量替换.

$$x = \rho \sin\phi \cos\theta, \quad y = \rho \sin\phi \sin\theta, \quad z = \rho \cos\phi,$$

其中 $\rho = \sqrt{x^2 + y^2 + z^2}$ 为从原点到点 (x, y, z) 的向量的长度, ϕ 为从正 z 轴到此向量的倾角的弧度, θ 为从正 x 轴转到此向量投影到 xy-平面上的分量的夹角的弧度. 令

$$\mathcal{V}' = \{(\rho, \theta, \phi) : 0 \leqslant \rho \leqslant 1, \ 0 \leqslant \theta \leqslant 2\pi, 0 \leqslant \phi \leqslant \pi\}.$$

变换 $(\rho, \theta, \phi) \mapsto (x, y, z)$ 会将 $\rho\theta\phi$-空间中的立体区域 $\mathcal{V}'$ 一对一映成 xyz-空间中的立体区域 $\mathcal{V}$. 变量替换的雅可比行列式

$$\frac{\partial(x, y, z)}{\partial(\rho, \theta, \phi)} = \det \begin{pmatrix} \dfrac{\partial x}{\partial \rho} & \dfrac{\partial x}{\partial \theta} & \dfrac{\partial x}{\partial \phi} \\ \dfrac{\partial y}{\partial \rho} & \dfrac{\partial y}{\partial \theta} & \dfrac{\partial y}{\partial \phi} \\ \dfrac{\partial z}{\partial \rho} & \dfrac{\partial z}{\partial \theta} & \dfrac{\partial z}{\partial \phi} \end{pmatrix} = \rho^2 \sin\phi.$$

由此

$$\iiint_{\mathcal{V}} (x^2 + y^2 + z^2) \mathrm{d}x\mathrm{d}y\mathrm{d}z = \iiint_{\mathcal{V}'} \rho^2 |\rho^2 \sin\phi| \mathrm{d}\rho\mathrm{d}\theta\mathrm{d}\phi$$

$$= \int_0^1 \rho^4 \mathrm{d}\rho \int_0^{2\pi} \mathrm{d}\theta \int_0^{\pi} \sin\phi\mathrm{d}\phi = \frac{4\pi}{5}. \qquad \square$$

12.4 曲 线 积 分

12.4.1 第一类曲线积分

设线段 $C = \widehat{AB}$ 的点密度分布函数为 $\rho(M)$, 其中 M 为 C 上的点. 我们计算线段 C 的总质量. 分割 C 为 n 小段:

$$\widehat{AB} = \widehat{M_0 M_1} \cup \widehat{M_1 M_2} \cup \cdots \cup \widehat{M_{k-1} M_k} \cup \cdots \cup \widehat{M_{n-1} M_n},$$

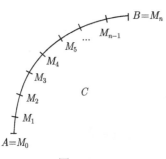

图 12.8

其中 $M_0 = A$, $M_n = B$. 如图 12.8 所示.

对于其中的一段 $\overset{\frown}{M_{k-1}M_k}$, 我们选点 M_k 的密度 $\rho(M_k)$ 代表整个小段各点的密度. 由此得到弧 $\overset{\frown}{M_{k-1}M_k}$ 的质量估计:

$$\Delta m_k \approx \rho(M_k)\Delta s_k,$$

其中 Δs_k 是曲线 $\overset{\frown}{M_{k-1}M_k}$ 的弧长.

因此, 整条曲线 $C = \overset{\frown}{AB}$ 的质量

$$m = \sum_{k=1}^{n} \Delta m_k \approx \sum_{k=1}^{n} \rho(M_k)\Delta s_k.$$

当分割趋于无限精细时, 有

$$m = \lim_{\|\Delta s_k\| \to 0} \sum_{k=1}^{n} \rho(M_k)\Delta s_k.$$

我们记以上右方的极限为函数 ρ 在曲线 C 上的 **第一类曲线积分** (line integral of first type), 并写成

$$\int_C \rho(M)\mathrm{d}s.$$

特别地, 若设密度 $\rho = 1$ 为常数函数, 则曲线积分

$$s = \int_C \mathrm{d}s$$

为曲线 C 的 **弧长**.

假设曲线 C 上的点 $(x(t), y(t))$ 由参数方程给出:

$$\begin{cases} x = \varphi(t), \\ y = \psi(t), \end{cases} \quad \alpha \leqslant t \leqslant \beta,$$

其中 φ, ψ 为定义在闭区间 $[\alpha, \beta]$ 上的连续可微函数. 分割 C 为若干小曲线. 如图 12.9 所示, 考虑其中一小段由点 $(\varphi(t), \psi(t))$ 连到点 $(\varphi(t + \Delta t), \psi(t + \Delta t))$ 的曲线的弧长

$$\Delta s \approx \sqrt{(\Delta x)^2 + (\Delta y)^2}.$$

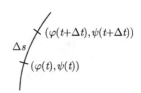

图 12.9

由中值定理, 我们得到介于 t 和 $t + \Delta t$ 间的点 c 和 d, 使得

$$\Delta x = \varphi(t + \Delta t) - \varphi(t) = \varphi'(c)\Delta t,$$

$$\Delta y = \psi(t + \Delta t) - \psi(t) = \psi'(d)\Delta t.$$

于是, 当 $\Delta t \to 0$ 时, 将有 $c \to t$, $d \to t$ 和微分公式

$$ds = \sqrt{(dx)^2 + (dy)^2} = \sqrt{\varphi'(t)^2 + \psi'(t)^2}dt.$$

所以, 曲线积分

$$\int_C f(M)ds = \int_C f(x, y)ds = \int_\alpha^\beta f(\varphi(t), \psi(t))\sqrt{\varphi'(t)^2 + \psi'(t)^2}dt.$$

定理 12.4.1 设 $C = C_1 \cup C_2$ 为曲线, 而且可以被分成两段, 使得 $C_1 \cap C_2$ 的弧长为零. 设 k 为常数. 设 $f, g : C \to \mathbb{R}$ 为连续函数. 对曲线积分, 我们有运算公式:

(1) $\displaystyle\int_C kfds = k\int_C fds;$

(2) $\displaystyle\int_C (f \pm g)ds = \int_C fds \pm \int_C gds;$

(3) $\displaystyle\int_C fds = \int_{C_1} fds + \int_{C_2} fds;$

(4) $\displaystyle\int_{-C} fds = \int_C fds.$

在此处, $-C$ 是将 C 反向而得的曲线. 换句话说, 第一类曲线积分 (= 曲线的质量) 的计算, 跟曲线的走向无关.

例 12.4.2 计算

$$\int_C xyds,$$

其中, C 是由参数方程

$$\begin{cases} x = R\cos t, \\ y = R\sin t, \end{cases} \quad 0 \leqslant t \leqslant \pi/2$$

所给出的曲线.

解 如图 12.10 所示.

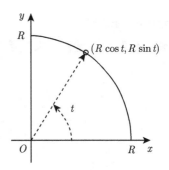

图 12.10

$$\int_C xy\mathrm{d}s = \int_0^{\pi/2} (R\cos t)(R\sin t)\sqrt{R^2\sin^2 t + R^2\cos^2 t}\,\mathrm{d}t$$

$$= \int_0^{\pi/2} R^3 \sin t \cos t\,\mathrm{d}t = \int_0^{\pi/2} R^3 \sin t\,\mathrm{d}\sin t$$

$$= \left.\frac{R^3 \sin^2 t}{2}\right|_0^{\pi/2} = \frac{R^3}{2}. \qquad \square$$

例 12.4.3   计算曲线积分

$$\int_C y\mathrm{d}s,$$

其中 C 为抛物线 $y^2 = 4x$ 从点 $(0,0)$ 到点 $(1,2)$ 之间的一段弧.

解   我们将曲线 C 参数化:

$$\begin{cases} x = \varphi(t) = t^2/4, \\ y = \psi(t) = t, \end{cases} \qquad 0 \leqslant t \leqslant 2.$$

此时, $\varphi'(t) = t/2$ 和 $\psi'(t) = 1$. 于是

$$\int_C y\mathrm{d}s = \int_0^2 t\sqrt{\frac{t^2}{4} + 1}\,\mathrm{d}t = 2\int_0^2 \sqrt{\frac{t^2}{4} + 1}\,\mathrm{d}\left(\frac{t^2}{4} + 1\right)$$

$$= 2 \cdot \frac{2}{3}\left(1 + \frac{t^2}{4}\right)^{\frac{3}{2}}\Bigg|_0^2 = \frac{4(2\sqrt{2} - 1)}{3}. \qquad \square$$

例 12.4.4   求质量分布均匀的曲线

$$C: \begin{cases} x = a(t - \sin t), \\ y = a(1 - \cos t), \end{cases} \qquad 0 \leqslant t \leqslant \pi$$

的质量中心 (x_c, y_c).

解   仿照利用重积分求质量中心的方法, 我们可以得到曲线 C 的质量中心的坐标公式:

$$x_c = \frac{\displaystyle\int_C x\mu(x,y)\mathrm{d}s}{\displaystyle\int_C \mu(x,y)\mathrm{d}s} \quad \text{和} \quad y_c = \frac{\displaystyle\int_C y\mu(x,y)\mathrm{d}s}{\displaystyle\int_C \mu(x,y)\mathrm{d}s}.$$

本题中的曲线的质量均匀分布, 所以密度函数 μ 为常数. 经化简后, 不妨假设 $\mu = 1$.

计算

$$\int_C \mathrm{d}s = \int_C \sqrt{x'(t)^2 + y'(t)^2}\mathrm{d}t$$

$$= \int_0^\pi \sqrt{a^2(1-\cos t)^2 + a^2\sin^2 t}\,\mathrm{d}t$$

$$= \sqrt{2}a\int_0^\pi \sqrt{1-\cos t}\,\mathrm{d}t$$

$$= 2a\int_0^\pi \sin\frac{t}{2}\mathrm{d}t = 4a,$$

$$\int_C x\mathrm{d}s = \int_0^\pi \sqrt{2}a^2(t-\sin t)\sqrt{1-\cos t}\,\mathrm{d}t$$

$$= 2a^2\left(\int_0^\pi t\sin\frac{t}{2}\mathrm{d}t - \int_0^\pi \sin t\sin\frac{t}{2}\mathrm{d}t\right)$$

$$= 2a^2\left(4 - \frac{4}{3}\right) = \frac{16a^2}{3}$$

和

$$\int_C y\mathrm{d}s = \int_0^\pi \sqrt{2}a^2(1-\cos t)^{3/2}\mathrm{d}t$$

$$= 4a^2\int_0^\pi \sin^3\frac{t}{2}\mathrm{d}t = 8a^2\int_0^{\pi/2} \sin^3 t\mathrm{d}t$$

$$= 8a^2\int_0^{\pi/2} (\cos^2 t - 1)\mathrm{d}\cos t$$

$$= 8a^2\left(\frac{\cos^3 t}{3} - \cos t\right)\bigg|_0^{\pi/2} = \frac{16a^2}{3}.$$

因此

$$x_c = \frac{\displaystyle\int_C x\mathrm{d}s}{\displaystyle\int_C \mathrm{d}s} = \frac{\dfrac{16a^2}{3}}{4a} = \frac{4a}{3},$$

$$y_c = \frac{\displaystyle\int_C y\mathrm{d}s}{\displaystyle\int_C \mathrm{d}s} = \frac{\dfrac{16a^2}{3}}{4a} = \frac{4a}{3}.$$

所以, 曲线的质量中心的坐标 $(x_c, y_c) = \left(\dfrac{4a}{3}, \dfrac{4a}{3}\right)$.   □

例 12.4.5 求质量均匀分布的曲线

$$C: \begin{cases} x = a(t - \sin t), \\ y = a(1 - \cos t), \end{cases} \quad 0 \leqslant t \leqslant \pi$$

分别对于 x 轴, y 轴和坐标原点的转动惯量 I_x, I_y 和 I_O.

解   依据物理学的曲线转动惯量公式, 有

$$I_x = \int_C y^2 \mu \mathrm{d}s, \quad I_y = \int_C x^2 \mu \mathrm{d}s, \quad I_O = \int_C (x^2 + y^2)\mu \mathrm{d}s.$$

现在

$$x = \varphi(t) = a(t - \sin t) \implies \varphi'(t) = a(1 - \cos t),$$
$$y = \psi(t) = a(1 - \cos t) \implies \psi'(t) = a \sin t.$$

所以, 弧长的微分为

$$\mathrm{d}s = \sqrt{\varphi'(t)^2 + \psi'(t)^2}\mathrm{d}t = 2a \sin \frac{t}{2}\mathrm{d}t.$$

于是

$$I_x = \int_C y^2 \mu \mathrm{d}s = \mu \int_0^\pi a^2(1 - \cos t)^2 \left(2a \sin \frac{t}{2}\right) \mathrm{d}t$$
$$= 8a^3 \mu \int_0^\pi \sin^5 \frac{t}{2}\mathrm{d}t = 16a^3 \mu \int_0^{\pi/2} \sin^5 \theta \mathrm{d}\theta = \frac{128\mu a^3}{15}. \qquad \square$$

我们将 I_y 和 I_O 的计算留作习题 (见习题 12 第 16 题).

12.4.2   第二类曲线积分

假设质点 P 受外力 $\boldsymbol{F}$ 所推动, 沿有向曲线 $\overset{\frown}{AB}$ 从点 A 移动到点 B 做功. 其中

$$\boldsymbol{F} = F_x \hat{i} + F_y \hat{j} = F_x \begin{pmatrix} 1 \\ 0 \end{pmatrix} + F_y \begin{pmatrix} 0 \\ 1 \end{pmatrix},$$

$$F_x = P(x, y), \quad F_y = Q(x, y)$$

为 x, y 的函数. 如图 12.11 所示.

分割 $\overset{\frown}{AB}$ 为 n 小段:

$$\overset{\frown}{AB} = \overset{\frown}{M_0 M_1} \cup \overset{\frown}{M_1 M_2} \cup \cdots \cup \overset{\frown}{M_{k-1} M_k} \cup \cdots \cup \overset{\frown}{M_{n-1} M_n},$$

其中 $M_0 = A$, $M_n = B$. 一般地, $M_k = (x_k, y_k)$, $k = 0, 1, 2, \cdots, n$. 外力 $\boldsymbol{F}$ 移动 P 从 M_{k-1} 到 M_k 所做的功为

$$\Delta W_k \approx \boldsymbol{F}(M_k) \cdot \overrightarrow{M_{k-1}M_k} \quad \text{(这里 “·” 表示向量的内积)}$$
$$= F_x \Delta x_k + F_y \Delta y_k$$
$$= P(x_k, y_k)\Delta x_k + Q(x_k, y_k)\Delta y_k.$$

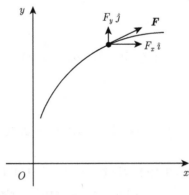

图 12.11

当曲线的分割趋于无限精细时, 我们有微分形式:

$$\mathrm{d}W = P\mathrm{d}x + Q\mathrm{d}y.$$

由此

$$W = \lim_{\Delta s_k \to 0} \sum_{k=0}^{n} [P(x_k, y_k)\Delta x_k + Q(x_k, y_k)\Delta y_k]$$
$$= \int_{\widehat{AB}} P(x, y)\mathrm{d}x + Q(x, y)\mathrm{d}y.$$

在这里, 事实上是两个 (第一类) 曲线积分的和:

$$W = \int_{\widehat{AB}} P(x, y)\mathrm{d}x + \int_{\widehat{AB}} Q(x, y)\mathrm{d}y.$$

我们称形如以上的积分

$$\int_{\widehat{AB}} \boldsymbol{F} \cdot \mathrm{d}\boldsymbol{r} = \int_{\widehat{AB}} (P(x, y)\hat{\imath} + Q(x, y)\hat{\jmath}) \cdot (\hat{\imath}\mathrm{d}x + \hat{\jmath}\mathrm{d}y)$$
$$= \int_{\widehat{AB}} P(x, y)\mathrm{d}x + Q(x, y)\mathrm{d}y$$

为 第二类曲线积分 (line integral of second type).

设有向曲线 $\overset{\frown}{AB}$ 由参数方程给出:

$$\begin{cases} x = \varphi(t), \\ y = \psi(t), \end{cases} \quad \alpha \leqslant t \leqslant \beta,$$

其中 φ, ψ 连续可微. 则

$$\mathrm{d}x = \varphi'(t)\mathrm{d}t \quad \text{和} \quad \mathrm{d}y = \psi'(t)\mathrm{d}t.$$

于是

$$\int_{\overset{\frown}{AB}} P\mathrm{d}x + Q\mathrm{d}y = \int_\alpha^\beta [P(\varphi(t), \psi(t))\varphi'(t) + Q(\varphi(t), \psi(t))\psi'(t)]\,\mathrm{d}t.$$

定理 12.4.6 (第二类曲线积分的运算公式)　设 $\overset{\frown}{BA}$ 是将有向曲线 $\overset{\frown}{AB}$ 反向而得的有向曲线. 另外, 若 C 是 $\overset{\frown}{AB}$ 中的一点, 我们可以分割 $\overset{\frown}{AB}$ 为两段有向曲线的并 $\overset{\frown}{AB} = \overset{\frown}{AC} \cup \overset{\frown}{CB}$.

(1) $\displaystyle\int_{\overset{\frown}{AB}} P\mathrm{d}x + Q\mathrm{d}y = \left(\int_{\overset{\frown}{AC}} P\mathrm{d}x + Q\mathrm{d}y\right) + \left(\int_{\overset{\frown}{CB}} P\mathrm{d}x + Q\mathrm{d}y\right).$

(2) $\displaystyle\int_{\overset{\frown}{AB}} P\mathrm{d}x + Q\mathrm{d}y = \int_{\overset{\frown}{AB}} P\mathrm{d}x + \int_{\overset{\frown}{AB}} Q\mathrm{d}y.$

(3) $\displaystyle\int_{\overset{\frown}{AB}} P\mathrm{d}x + Q\mathrm{d}y = -\int_{\overset{\frown}{BA}} P\mathrm{d}x + Q\mathrm{d}y.$

上面最后一个公式表明: 第二类曲线积分 (= 变力沿曲线做功) 的计算, 与曲线的走向相关.

例 12.4.7　计算

$$I = \int_C (2a - y)\mathrm{d}x - (a - y)\mathrm{d}y,$$

其中, 有向曲线 C 由参数方程给出

$$C : \begin{cases} x = a(t - \sin t), \\ y = a(1 - \cos t), \end{cases} \quad 0 \leqslant t \leqslant 2\pi.$$

解　观察

$$x = \varphi(t) = a(t - \sin t) \implies \mathrm{d}x = \varphi'(t)\mathrm{d}t = a(1 - \cos t)\mathrm{d}t,$$
$$y = \psi(t) = a(1 - \cos t) \implies \mathrm{d}y = \psi'(t)\mathrm{d}t = a\sin t\,\mathrm{d}t.$$

由此

$$
\begin{aligned}
I &= \int_C (2a - y)\mathrm{d}x - (a - y)\mathrm{d}y \\
&= \int_0^{2\pi} [[2a - a(1 - \cos t)][a(1 - \cos t)] - [a - a(1 - \cos t)](a \sin t)]\mathrm{d}t \\
&= a^2 \int_0^{2\pi} (1 - \cos^2 t - \sin t \cos t)\mathrm{d}t = a^2 \int_0^{2\pi} (\sin^2 t - \sin t \cos t)\mathrm{d}t \\
&= a^2 \left(\int_0^{2\pi} \frac{1 - \cos 2t}{2}\mathrm{d}t - \int_0^{2\pi} \sin t \mathrm{d}\sin t \right) \\
&= a^2 \left(\frac{t}{2} - \frac{\sin 2t}{4} - \frac{\sin^2 t}{2} \right) \bigg|_0^{2\pi} = a^2\pi.
\end{aligned}
$$
□

12.5 格 林 定 理

假设平面区域 Ω 连通, 而且 Ω 没有空洞. 我们称这种 Ω 为单连通区域 (simply connected domain). 再假设 Ω 是由闭曲线 Γ 所围成的. 在这里, 有向曲线 Γ 取逆时针方向为正向, 并且除了首尾相接外, 再也没有其他自己相交的点. 如图 12.12 所示.

对于在首尾相接的简单闭曲线 Γ 上所进行的曲线积分, 我们特别称之为 **回路积分** (loop integral), 并以 $\displaystyle\oint_\Gamma$ 表示曲线积分是在封闭回路上进行.

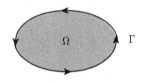

图 12.12

定理 12.5.1 (格林定理 (Green's theorem)) 假设 $P(x,y)$, $Q(x,y)$ 在单连通区域 Ω 上连续可微, 而且在其分段光滑的边界曲线 Γ 上连续, 则

$$
\oint_\Gamma P\mathrm{d}x + Q\mathrm{d}y = \iint_\Omega \left(\frac{\partial Q}{\partial x} - \frac{\partial P}{\partial y} \right) \mathrm{d}x\mathrm{d}y.
$$

证明 我们只证明一个特别的情形. 对于其他情形, 不难由此特例推得.

设包围平面区域 Ω 的光滑曲线 Γ 可以分成上、下两段. 其上半段 $\widehat{BA}$ 由连续可微函数 $y = \varphi(x)$ $(a \leqslant x \leqslant b)$ 反向给出; 其下半段 $\widehat{AB}$ 则由连续可微函数 $y = \psi(x)$ $(a \leqslant x \leqslant b)$ 正向给出. 如图 12.13 所示. 于是

$$
\begin{aligned}
\Omega &= \{(x,y) : a \leqslant x \leqslant b, \ \psi(x) \leqslant y \leqslant \varphi(x)\} \\
&= \bigcup_{a \leqslant x \leqslant b} \{(x,y) : \psi(x) \leqslant y \leqslant \varphi(x)\}.
\end{aligned}
$$

由微积分基本定理, 我们得到

$$\iint_\Omega \frac{\partial P}{\partial y}\mathrm{d}x\mathrm{d}y = \int_a^b \left[\int_{\psi(x)}^{\varphi(x)} \frac{\partial P}{\partial y}\,\mathrm{d}y\right]\mathrm{d}x = \int_a^b P(x,y)\Big|_{y=\psi(x)}^{y=\varphi(x)} \mathrm{d}x$$

$$= \int_a^b P(x,\varphi(x)) - P(x,\psi(x))\mathrm{d}x = -\oint_\Gamma P(x,y)\mathrm{d}x.$$

另一方面, 我们也假设包围平面区域 Ω 的光滑曲线 Γ 可以分成左、右两段. 其左半段 $\overset{\frown}{DC}$ 由连续可微函数 $x = g(y)$ $(c \leqslant y \leqslant d)$ 反向给出; 其右半段 $\overset{\frown}{CD}$ 则由连续可微函数 $x = h(y)$ $(c \leqslant y \leqslant d)$ 正向给出. 如图 12.14 所示. 类似地, 我们有

$$\Omega = \{(x,y) : c \leqslant y \leqslant d, \ g(y) \leqslant x \leqslant h(y)\}$$

$$= \bigcup_{c \leqslant y \leqslant d} \{(x,y) : g(y) \leqslant x \leqslant h(y)\}$$

和

$$\iint_\Omega \frac{\partial Q}{\partial x}\mathrm{d}x\mathrm{d}y = \int_c^d \left[\int_{g(y)}^{h(y)} \frac{\partial Q}{\partial x}\mathrm{d}x\right]\mathrm{d}y = \int_c^d Q(x,y)\Big|_{x=g(y)}^{x=h(y)} \mathrm{d}y$$

$$= \int_c^d Q(h(y),y) - Q(g(y),y)\mathrm{d}y = \oint_\Gamma Q(x,y)\mathrm{d}y.$$

所以

$$\oint_\Gamma P\mathrm{d}x + Q\mathrm{d}y = \iint_\Omega \left(\frac{\partial Q}{\partial x} - \frac{\partial P}{\partial y}\right)\mathrm{d}x\mathrm{d}y. \qquad\qquad \Box$$

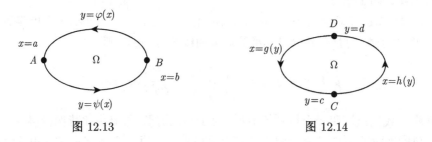

图 12.13   图 12.14

由格林定理, 我们得到两个重要的推论.

推论 12.5.2   假设 $P(x,y), Q(x,y)$ 在单连通区域 Ω 上连续可微, 以下两个条件等价:

(1) 对所有 Ω 中的封闭回路 L, 我们总有

$$\oint_L P\mathrm{d}x + Q\mathrm{d}y = 0.$$

(2) 在 Ω 上我们处处有

$$\frac{\partial Q}{\partial x} = \frac{\partial P}{\partial y}.$$

证明留作习题 (见习题 12 第 19 题). □

假设定义在 Ω 上的实值函数 $U : \Omega \to \mathbb{R}$ 和向量函数 $\boldsymbol{F} = P\hat{\imath} + Q\hat{\jmath} : \Omega \to \mathbb{R}^2$ 满足条件:

$$\frac{\partial U}{\partial x} = P \quad 和 \quad \frac{\partial U}{\partial y} = Q.$$

此时, 我们称 U 为 $\boldsymbol{F}$ 的位势函数 (potential function). 由全微分公式, 有

$$\mathrm{d}U = \frac{\partial U}{\partial x}\mathrm{d}x + \frac{\partial U}{\partial y}\mathrm{d}y = P\mathrm{d}x + Q\mathrm{d}y.$$

推论 12.5.3 假设 $P(x,y)$, $Q(x,y)$ 在单连通区域 Ω 上连续可微, 则在 Ω 上存在着向量值函数 $\boldsymbol{F}(x,y) = P(x,y)\hat{\imath} + Q(x,y)\hat{\jmath}$ 的位势函数 $U(x,y)$ 的充分必要条件为: 在 Ω 上, 处处成立着

$$\frac{\partial P}{\partial y} = \frac{\partial Q}{\partial x}.$$

证明 假设处处成立

$$\frac{\partial P}{\partial y} = \frac{\partial Q}{\partial x}.$$

我们任意固定 Ω 中的一点 $A(x_0, y_0)$. 对于 Ω 中的点 $B = (x_1, y_1)$, 定义

$$U(x_1, y_1) = \int_{\widehat{AB}} P(x,y)\mathrm{d}x + Q(x,y)\mathrm{d}y.$$

以上的曲线积分值, 并不依赖于我们如何选用连接点 A 到点 B 的曲线 $\widehat{AB}$. 事实上, 假设 Γ_1 和 Γ_2 是 Ω 中连接 A 到 B 的两条分段光滑曲线. 令 Γ_2' 为将曲线 Γ_2 反向以连接 B 到 A 的曲线. 则 $\Gamma_1 \cup \Gamma_2'$ 构成了在 Ω 中通过点 A 和 B 的回路. 由格林定理 (定理 12.5.1), 我们知道

$$\oint_{\Gamma_1 \cup \Gamma_2'} P\mathrm{d}x + Q\mathrm{d}y = \iint_{\Omega} \left(\frac{\partial Q}{\partial x} - \frac{\partial P}{\partial y} \right) \mathrm{d}x\mathrm{d}y = 0.$$

因此

$$\int_{\Gamma_1} P(x,y)\mathrm{d}x + Q(x,y)\mathrm{d}y = -\int_{\Gamma_2'} P(x,y)\mathrm{d}x + Q(x,y)\mathrm{d}y$$
$$= \int_{\Gamma_2} P(x,y)\mathrm{d}x + Q(x,y)\mathrm{d}y.$$

所以, $U : \Omega \to \mathbb{R}$ 的定义并无歧义.

在 Ω 中任意的点 $C = (u, v)$ 的附近, 我们考虑 Ω 中的点 $D = (u + h, v)$, 其中 $|h| > 0$ 小得使整段 $\overset{\frown}{CD}$ 都落在 Ω 中. 由 U 的定义, 有

$$U(u + h, v) - U(u, v) = \int_u^{u+h} P(x, v)\mathrm{d}x + Q(x, v)\mathrm{d}y$$
$$= \int_u^{u+h} P(x, v)\mathrm{d}x.$$

(在这里, 由于 y-坐标恒为常数 v, 所以 $\mathrm{d}y = 0$.) 于是, 由微积分基本定理, 得到

$$\left.\frac{\partial U}{\partial x}\right|_{(u,v)} = \lim_{h \to 0} \frac{U(u + h, v) - U(u, v)}{h}$$
$$= \lim_{h \to 0} \frac{1}{h} \int_u^{u+h} P(x, v)\mathrm{d}x = P(u, v).$$

同理可证

$$\left.\frac{\partial U}{\partial y}\right|_{(u,v)} = Q(u, v).$$

因此, U 是 $\boldsymbol{F} = P\hat{\imath} + Q\hat{\jmath}$ 的位势函数.

反过来, 如果 U 是 $\boldsymbol{F} = P\hat{\imath} + Q\hat{\jmath}$ 的位势函数; 即

$$\mathrm{d}U = \frac{\partial U}{\partial x}\mathrm{d}x + \frac{\partial U}{\partial y}\mathrm{d}y = P\mathrm{d}x + Q\mathrm{d}y.$$

由于 U 的二阶混合偏导数

$$\frac{\partial^2 U}{\partial x \partial y} = \frac{\partial}{\partial x}\left(\frac{\partial U}{\partial y}\right) = \frac{\partial Q}{\partial x},$$
$$\frac{\partial^2 U}{\partial y \partial x} = \frac{\partial}{\partial y}\left(\frac{\partial U}{\partial x}\right) = \frac{\partial P}{\partial y}$$

都是连续的, 由定理 11.3.2, 得到

$$\frac{\partial Q}{\partial x} = \frac{\partial^2 U}{\partial x \partial y} = \frac{\partial^2 U}{\partial y \partial x} = \frac{\partial P}{\partial y}. \qquad \Box$$

例 12.5.4   设变力 $\boldsymbol{F}$ 对位在椭圆

$$E : \begin{cases} x = a\cos t, \\ y = b\sin t \end{cases} \quad (0 \leqslant t \leqslant 2\pi)$$

上的质点做功. 若 $\boldsymbol{F}$ 的大小为其作用点 M 与原点 O 之间的距离, 方向指向于 O; 即

$$\boldsymbol{F}(M) = \overrightarrow{MO}.$$

如图 12.15 所示.

(1) 求力 $\boldsymbol{F}$ 将质点沿椭圆 E 的第一象限部分 E_1 正向推动所做的功.

(2) 求力 $\boldsymbol{F}$ 将质点沿椭圆 E 正向推动一周所做的功.

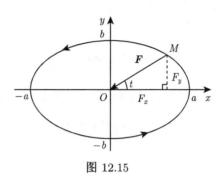

图 12.15

解 (1) 由题意

$$\boldsymbol{F} = P(x,y)\hat{\imath} + Q(x,y)\hat{\jmath} = -x\hat{\imath} - y\hat{\jmath}.$$

所以

$$P(x,y) = -x, \quad Q(x,y) = -y.$$

因此, 所求之功

$$W = \int_{E_1} P\mathrm{d}x + Q\mathrm{d}y = \int_{E_1} -x\mathrm{d}x - y\mathrm{d}y$$

$$= \int_0^{\pi/2} \left[-a\cos t \cdot (-a\sin t) - b\sin t \cdot (b\cos t)\right] \mathrm{d}t$$

$$= \int_0^{\pi/2} (a^2 - b^2)\sin t \cos t \mathrm{d}t = \frac{a^2 - b^2}{2}\sin^2 t \Big|_0^{\pi/2} = \frac{a^2 - b^2}{2}.$$

(2) 承上, 所求之功为

$$W = \oint_E P\mathrm{d}x + Q\mathrm{d}y = \oint_E -x\mathrm{d}x - y\mathrm{d}y$$

$$= \int_0^{2\pi} \left[-a\cos t \cdot (-a\sin t) - b\sin t \cdot (b\cos t)\right] \mathrm{d}t$$

$$= \int_0^{2\pi} (a^2 - b^2)\sin t \cos t \mathrm{d}t = \frac{a^2 - b^2}{2}\sin^2 t \Big|_0^{2\pi} = 0.$$

我们也可以应用格林定理 (定理 12.5.1) 来解本题. 令 D 代表椭圆的内部. 因

为 $\dfrac{\partial Q}{\partial x} = \dfrac{\partial P}{\partial y} = 0$, 有

$$W = \oint_E P\mathrm{d}x + Q\mathrm{d}y = \int_{E_1} -x\mathrm{d}x - y\mathrm{d}y = \iint_D \left(\frac{\partial Q}{\partial x} - \frac{\partial P}{\partial y}\right)\mathrm{d}x\mathrm{d}y = 0. \qquad \square$$

在例 12.5.4 中, 由于 $\dfrac{\partial Q}{\partial x} = \dfrac{\partial P}{\partial y} = 0$, 变力 $\boldsymbol{F} = -x\hat{\imath} - y\hat{\jmath}$ 具有位势函数 U. 事实上, 通过解联立偏微分方程

$$\frac{\partial U}{\partial x} = P(x, y) = -x,$$
$$\frac{\partial U}{\partial y} = Q(x, y) = -y,$$

我们首先得到

$$U(x, y) = \int -x\mathrm{d}x + C(y) = -\frac{x^2}{2} + C(y).$$

这里, y 是被看成常数来处理的. 所以, 作为对于变量 x 的积分常数, $C(y)$ 是 y 的待定函数. 代入第二个方程, 我们得到

$$\frac{\mathrm{d}C(y)}{\mathrm{d}y} = -y.$$

于是,

$$C(y) = -\frac{y^2}{2} + C.$$

此处, C 才是不依赖于 x, y 的待定常数. 所以, 变力 $\boldsymbol{F}(x, y) = -x\hat{\imath} - y\hat{\jmath}$ 的位势函数为

$$U(x, y) = -\frac{x^2 + y^2}{2} + C.$$

在推论 12.5.3 的证明中, 我们知道位势函数

$$U(x, y) = \int_{\overbrace{(x_0, y_0), (x, y)}} P\mathrm{d}x + Q\mathrm{d}y,$$

其中 (x_0, y_0) 是任何一个参考点. 特别地, 将质点从点 $(a, 0)$ 移动到点 $(0, b)$ 所做的功

$$\int_{\overbrace{(a,0),(0,b)}} P\mathrm{d}x + Q\mathrm{d}y = \int_{\overbrace{(x_0,y_0),(0,b)}} P\mathrm{d}x + Q\mathrm{d}y - \int_{\overbrace{(x_0,y_0),(a,0)}} P\mathrm{d}x + Q\mathrm{d}y$$

$$= U(0, b) - U(a, 0) = \left(-\frac{x^2 + y^2}{2} + C\right)\bigg|_{(0,b)} - \left(-\frac{x^2 + y^2}{2} + C\right)\bigg|_{(a,0)} = \frac{a^2 - b^2}{2}.$$

这与例 12.5.4(1) 的结论相符. 以上的等式说明: 在变力场中, 移动质点所需的动能等于运动前后质点的位能的差.

12.6 曲 面 积 分

12.6.1 第一类曲面积分

令 D 为 uv-平面中的封闭有界区域. 我们考虑由参数方程

$$\begin{cases} x = x(u,v), \\ y = y(u,v), \quad \forall (u,v) \in D \\ z = z(u,v), \end{cases}$$

所决定的空间曲面

$$\Omega = \{(x(u,v), y(u,v), z(u,v)) \in \mathbb{R}^3 : (u,v) \in D\}.$$

换句话说, 映射 $T : D \to \Omega$,

$$T(u,v) = (x(u,v), y(u,v), z(u,v))$$

会将 uv-平面上的区域 D 映成 xyz-空间上的曲面 Ω.

令 $f : \Omega \to \mathbb{R}$ 为有界的连续函数. 例如, 我们可以将函数值 $f(x,y,z)$ 看成曲面 Ω 在点 (x,y,z) 处的密度. 取 Ω 中的一小块曲面 Ω_k, 令 ΔS_k 为 Ω_k 的曲面面积. 任取 Ω_k 中的一点 (x_k, y_k, z_k) 为代表, 以 $f(x_k, y_k, z_k)$ 代替在整块小曲面 Ω_k 上其他的点处的密度. 于是, 小曲面 Ω_k 的质量可以作近似 $\Delta m_k \approx f(x_k, y_k, z_k)\Delta S_k$. 由此, 我们对整块曲面 Ω 的总质量有估计

$$m = \sum_k \Delta m_k \approx \sum_k f(x_k, y_k, z_k)\Delta S_k.$$

当分割 $\Omega = \bigcup_k \Omega_k$ 趋向无限精细时, 即各个小曲面 Ω_k 的最大直径趋向于零, 于是其最大的面积 $\|\Delta S_k\| = \max_k \Delta S_k \to 0$ 时, 我们得到曲面 Ω 质量的 **第一类曲面积分** (surface integral of first type) 公式:

$$m = \lim_{\|\Delta S_k\| \to 0} \sum_k f(x_k, y_k, z_k)\Delta S_k = \iint_\Omega f(x,y,z)\mathrm{d}S.$$

我们现在研究: 小曲面 Ω_k 的面积 ΔS_k 要如何计算. 仿照前节 "变量替换" 的讨论, 我们首先考虑 $D = [u, u + \Delta u] \times [v, v + \Delta v]$ 为长方形的情形. 此时, $T(D)$ 会是三维空间中的一个曲边四边形. 如图 12.16 所示.

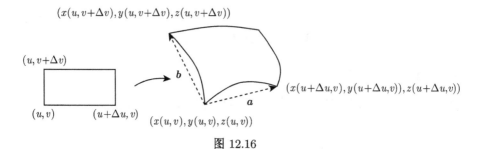

$$\text{图 12.16}$$

我们考虑: 从 $T(D)$ 的一个角点 $T(u,v) = (x(u,v), y(u,v), z(u,v))$ 出发到相邻的另外两个角点的两条曲边的弦线向量:

$$\boldsymbol{a} = \overrightarrow{T(u,v)T(u+\Delta u,v)} \quad \text{和} \quad \boldsymbol{b} = \overrightarrow{T(u,v)T(u,v+\Delta v)}.$$

空间向量 $\boldsymbol{a}, \boldsymbol{b}$ 张成三维空间中的一个平行四边形. 这个平行四边形在小尺度时, 将会和曲边四边形 $T(D)$ 密合. 因此, 我们得到曲边四边形 $T(D)$ 面积的一个估计:

$$\Delta S \approx \|\boldsymbol{a} \times \boldsymbol{b}\|.$$

以上, 三维向量的向量积 $\boldsymbol{a} \times \boldsymbol{b}$ 是由 $\boldsymbol{a}$ 和 $\boldsymbol{b}$ 所张成的平行四边形的法向量, 而它的向量长度 $\|\boldsymbol{a} \times \boldsymbol{b}\|$ 恰巧就是这个平行四边形的面积.

对于三维向量 $\boldsymbol{a} = \overrightarrow{T(u,v)T(u+\Delta u,v)}$ 和 $\boldsymbol{b} = \overrightarrow{T(u,v)T(u,v+\Delta v)}$, 我们观察

$$T(u,v) = (x(u,v), y(u,v), z(u,v)),$$
$$T(u+\Delta u,v) = (x(u+\Delta u,v), y(u+\Delta u,v), z(u+\Delta u,v)),$$
$$T(u,v+\Delta v) = (x(u,v+\Delta v), y(u,v+\Delta v), z(u,v+\Delta v)),$$

其中

$$x(u+\Delta u,v) = x(u,v) + \frac{\partial x}{\partial u}\Delta u + o(\Delta u),$$

$$y(u+\Delta u,v) = y(u,v) + \frac{\partial y}{\partial u}\Delta u + o(\Delta u),$$

$$z(u+\Delta u,v) = z(u,v) + \frac{\partial z}{\partial u}\Delta u + o(\Delta u);$$

$$x(u,v+\Delta v) = x(u,v) + \frac{\partial x}{\partial v}\Delta v + o(\Delta v),$$

$$y(u,v+\Delta v) = y(u,v) + \frac{\partial y}{\partial v}\Delta v + o(\Delta v),$$

$$z(u,v+\Delta v) = z(u,v) + \frac{\partial z}{\partial v}\Delta v + o(\Delta v).$$

这里, $o(\Delta u)$ 和 $o(\Delta v)$ 分别是相对于 Δu 和 Δv 的一阶无穷小量. 因此,

$$
\boldsymbol{a} = \begin{pmatrix} x(u+\Delta u, v) - x(u, v) \\ y(u+\Delta u, v) - y(u, v) \\ z(u+\Delta u, v) - z(u, v) \end{pmatrix} \approx \begin{pmatrix} \dfrac{\partial x}{\partial u} \\[2mm] \dfrac{\partial y}{\partial u} \\[2mm] \dfrac{\partial z}{\partial u} \end{pmatrix} \Delta u = T_u \Delta u,
$$

$$
\boldsymbol{b} = \begin{pmatrix} x(u, v+\Delta v) - x(u, v) \\ y(u, v+\Delta v) - y(u, v) \\ z(u, v+\Delta v) - z(u, v) \end{pmatrix} \approx \begin{pmatrix} \dfrac{\partial x}{\partial v} \\[2mm] \dfrac{\partial y}{\partial v} \\[2mm] \dfrac{\partial z}{\partial v} \end{pmatrix} \Delta v = T_v \Delta v,
$$

这里

$$
T_u = \begin{pmatrix} \dfrac{\partial x}{\partial u} \\[2mm] \dfrac{\partial y}{\partial u} \\[2mm] \dfrac{\partial z}{\partial u} \end{pmatrix} \quad 和 \quad T_v = \begin{pmatrix} \dfrac{\partial x}{\partial v} \\[2mm] \dfrac{\partial y}{\partial v} \\[2mm] \dfrac{\partial z}{\partial v} \end{pmatrix}
$$

分别是变量替换 $T(u, v) = (x, y, z)$ 的导数矩阵

$$
D(T) = \begin{bmatrix} \dfrac{\partial x}{\partial u} & \dfrac{\partial x}{\partial v} \\[2mm] \dfrac{\partial y}{\partial u} & \dfrac{\partial y}{\partial v} \\[2mm] \dfrac{\partial z}{\partial u} & \dfrac{\partial z}{\partial v} \end{bmatrix} = \begin{bmatrix} T_u & T_v \end{bmatrix}
$$

的两个列向量. 于是, 我们对曲边四边形 $T(D)$ 的面积, 有了一个新的估计值

$$
\Delta S \approx \| \boldsymbol{a} \times \boldsymbol{b} \|
$$

$$
\approx \| T_u \times T_v \| \Delta u \Delta v = \left\| \begin{pmatrix} \dfrac{\partial x}{\partial u} \\[2mm] \dfrac{\partial y}{\partial u} \\[2mm] \dfrac{\partial z}{\partial u} \end{pmatrix} \times \begin{pmatrix} \dfrac{\partial x}{\partial v} \\[2mm] \dfrac{\partial y}{\partial v} \\[2mm] \dfrac{\partial z}{\partial v} \end{pmatrix} \right\| \Delta u \Delta v
$$

$$
= \left\| \left(\dfrac{\partial y}{\partial u} \dfrac{\partial z}{\partial v} - \dfrac{\partial y}{\partial v} \dfrac{\partial z}{\partial u} \right) \hat{\imath} + \left(\dfrac{\partial z}{\partial u} \dfrac{\partial x}{\partial v} - \dfrac{\partial z}{\partial v} \dfrac{\partial x}{\partial u} \right) \hat{\jmath} + \left(\dfrac{\partial x}{\partial u} \dfrac{\partial y}{\partial v} - \dfrac{\partial x}{\partial v} \dfrac{\partial y}{\partial u} \right) \hat{k} \right\| \Delta u \Delta v
$$

$$= \sqrt{\left(\frac{\partial y}{\partial u}\frac{\partial z}{\partial v} - \frac{\partial y}{\partial v}\frac{\partial z}{\partial u}\right)^2 + \left(\frac{\partial z}{\partial u}\frac{\partial x}{\partial v} - \frac{\partial z}{\partial v}\frac{\partial x}{\partial u}\right)^2 + \left(\frac{\partial x}{\partial u}\frac{\partial y}{\partial v} - \frac{\partial x}{\partial v}\frac{\partial y}{\partial u}\right)^2}\Delta u\Delta v$$

$$= \sqrt{EG - F^2}\Delta u\Delta v.$$

其中

$$E = \|T_u\|^2 = x_u^2 + y_u^2 + z_u^2,$$
$$F = T_u \cdot T_v = x_u x_v + y_u y_v + z_u z_v,$$
$$G = \|T_v\|^2 = x_v^2 + y_v^2 + z_v^2.$$

在这里, 我们使用了简洁的偏导数记号 $x_u = \partial x/\partial u, \cdots$, 也可以应用三维向量的向量积和内积的关系:

$$\|T_u \times T_v\|^2 = \|T_u\|^2\|T_v\|^2 - (T_u \cdot T_v)^2$$

来推导出以上的公式.

在这里, $\Delta u\Delta v$ 是矩形 D 的面积. 于是

$$\|T_u \times T_v\| = \sqrt{EG - F^2} \approx \Delta S/(\Delta u\Delta v)$$

就是面积放大倍数 (的近似), 由柯西不等式, 我们总会有 $EG - F^2 \geqslant 0$. 事实上, $EG - F^2 = 0$, 当且仅当, 在曲边四边形 $T(D)$ 左下角处的两条曲边的切向量 T_u 和 T_v, 会重合起来的退化情形.

对于一般的平面区域 D 和其对应的曲面 $\Omega = T(D)$, 我们可以先将 D 分割成若干个面积为 $\Delta u_k\Delta v_k$ 的小矩形 D_k (以及一个面积小到可以忽略不算的不规则图形). 对应地, 通过变换 T 的作用 $(u,v) \mapsto (x,y,z)$, 曲面 Ω 也被分割成若干个曲边四边形 Ω_k. 我们对 Ω_k 的面积 ΔS_k 有估计值

$$\Delta S_k \approx \sqrt{E_k G_k - F_k^2}\Delta u_k\Delta v_k,$$

这里, (u_k, v_k) 是矩形 D_k 的左下角点. 写成微分的形式, 有

$$\mathrm{d}S = \sqrt{EG - F^2}\mathrm{d}u\mathrm{d}v.$$

我们假设放大倍数 $\sqrt{EG - F^2}$ 在紧致集合 D 上处处连续而且非零. 因而, 它在 D 上具有最大值 α 和最小值 $\beta > 0$. 于是, 当 Δu_k 和 Δv_k 足够小时,

$$0 < \frac{\beta}{2} < \frac{\Delta S_k}{\Delta u_k\Delta v_k} < 2\alpha < +\infty, \quad \forall k.$$

所以, 面积 $\Delta S_k \to 0$ 等价于面积 $\Delta u_k \Delta v_k \to 0$. 于是, 曲面积分

$$\iint_\Omega f(x,y,z)\mathrm{d}S$$

$$= \lim_{\|\Delta S_k\| \to 0} \sum_k f(x_k, y_k, z_k) \Delta S_k$$

$$= \lim_{\substack{\Delta u_k \to 0 \\ \Delta v_k \to 0}} \sum_k f(x(u_k, v_k), y(u_k, v_k), z(u_k, v_k)) \sqrt{E_k G_k - F_k^2} \Delta u_k \Delta v_k$$

$$= \iint_D f(x(u,v), y(u,v), z(u,v)) \sqrt{EG - F^2} \mathrm{d}u\mathrm{d}v.$$

换句话说, 我们有如下定理.

定理 12.6.1 设 $(u,v) \mapsto (x,y,z)$ 为从有界封闭的平面区域 D 映到空间曲面 Ω 的一对一满射, 且

$$EG - F^2 = \left(x_u^2 + y_u^2 + z_u^2\right)\left(x_v^2 + y_v^2 + z_v^2\right) - \left(x_u x_v + y_u y_v + z_u z_v\right)^2$$

在 D 上处处连续而且非零. 则有化曲面积分为二重积分的公式:

$$\iint_\Omega f(x,y,z)\mathrm{d}S = \iint_D f(x(u,v), y(u,v), z(u,v)) \sqrt{EG - F^2} \mathrm{d}u\mathrm{d}v.$$

很多时候, 曲面 Ω 由方程

$$z = g(x,y), \quad (x,y) \in D$$

给出. 此时, $x = u, y = v$ 及 $z = g(u,v)$. 所以,

$$x_u = 1, \quad y_u = 0, \quad z_u = g_x,$$
$$x_v = 0, \quad y_v = 1, \quad z_v = g_y.$$

所以, 面积放大倍数

$$\sqrt{EF - G^2} = \sqrt{(1+g_x^2)(1+g_y^2) - g_x^2 g_y^2} = \sqrt{1 + g_x^2 + g_y^2}.$$

定理 12.6.2 设 $z = g(x,y), (x,y) \in D$ 决定空间中的光滑曲面 Ω. 若 $f : \Omega \to \mathbb{R}$ 为连续函数, 则曲面积分

$$\iint_\Omega f(x,y,z)\mathrm{d}S = \iint_D f(x,y,g(x,y)) \sqrt{1 + g_x^2 + g_y^2} \mathrm{d}x\mathrm{d}y.$$

例 12.6.3　令 Ω 为由锥面 $z = \sqrt{x^2 + y^2}$ 及平面 $z = 1$ 所围成锥体的表面曲面. 计算曲面积分

$$I = \iint_{\Omega} (x^2 + y^2) \mathrm{d}S.$$

解　分割曲面 $\Omega = \Omega_1 \cup \Omega_2$ 为两片, 其中

$$\Omega_1 = \{(x, y, z) : x^2 + y^2 \leqslant 1, \ z = 1\} \ \text{为上底圆盘,}$$
$$\Omega_2 = \{(x, y, z) : z = \sqrt{x^2 + y^2}, \ 0 \leqslant z \leqslant 1\} \ \text{为锥体的侧面.}$$

应用变量替换

$$x = r\cos\theta, \quad y = r\sin\theta, \quad z = 1,$$

将

$$D = \{(r, \theta) : 0 \leqslant r \leqslant 1, 0 \leqslant \theta \leqslant 2\pi\}$$

映成 Ω_1. 此时, 面积放大倍数

$$\sqrt{EG - F^2}$$
$$= \sqrt{(x_r^2 + y_r^2 + z_r^2)(x_\theta^2 + y_\theta^2 + z_\theta^2) - (x_r x_\theta + y_r y_\theta + z_r z_\theta)^2}$$
$$= \sqrt{(\cos^2\theta + \sin^2\theta)(r^2\sin^2\theta + r^2\cos^2\theta) - (-r\cos\theta\sin\theta + r\sin\theta\cos\theta)^2} = r.$$

于是

$$\iint_{\Omega_1} (x^2 + y^2)\mathrm{d}S = \iint_D r^2 \cdot r\mathrm{d}r\mathrm{d}\theta = \int_0^1 \int_0^{2\pi} r^3 \mathrm{d}\theta\mathrm{d}r$$
$$= \int_0^1 2\pi r^3 \mathrm{d}r = \left.\frac{2\pi r^4}{4}\right|_0^1 = \frac{\pi}{2}.$$

另一方面, 曲面 Ω_2 可由定义在 D 上的函数 $z = \sqrt{x^2 + y^2}$ 给出. 所以

$$\iint_{\Omega_2} (x^2 + y^2)\mathrm{d}S = \iint_{x^2+y^2 \leqslant 1} (x^2 + y^2)\sqrt{1 + z_x^2 + z_y^2}\mathrm{d}x\mathrm{d}y$$
$$= \iint_{x^2+y^2 \leqslant 1} (x^2 + y^2)\sqrt{1 + \left(\frac{x}{\sqrt{x^2+y^2}}\right)^2 + \left(\frac{y}{\sqrt{x^2+y^2}}\right)^2}\mathrm{d}x\mathrm{d}y$$
$$= \iint_{x^2+y^2 \leqslant 1} (x^2 + y^2)\sqrt{2}\mathrm{d}x\mathrm{d}y = \sqrt{2} \iint_D r^2 \cdot r\mathrm{d}r\mathrm{d}\theta = \frac{\sqrt{2}\pi}{2}.$$

因此

$$\iint_{\Omega} (x^2 + y^2)\mathrm{d}S = \iint_{\Omega_1} (x^2 + y^2)\mathrm{d}S + \iint_{\Omega_2} (x^2 + y^2)\mathrm{d}S = \frac{(1 + \sqrt{2})\pi}{2}. \qquad \square$$

12.6.2 第二类曲面积分

比照曲线积分的情形, 我们也有类似的第二类曲面积分的概念. 考虑在空间曲面 Ω 上, 我们有连续的向量值函数

$$\boldsymbol{F}(x,y,z) = P(x,y,z)\hat{\imath} + Q(x,y,z)\hat{\jmath} + R(x,y,z)\hat{k}.$$

例如, $\boldsymbol{F}(x,y,z)$ 代表流体在点 (x,y,z) 的流动向量. 如果我们要计算流体在点 (x,y,z) 处流出曲面 Ω 的有效流量, 只能用到 $\boldsymbol{F}$ 平行于曲面单位法向量 $\boldsymbol{n}$ 的分量 $(\boldsymbol{F}\cdot\boldsymbol{n})\boldsymbol{n}$, 其中 "·" 代表三维向量的内积. 由于在曲面每一点上, 我们都可以选择两个相反方向的单位法向量, 为了使流量有意义, 假设可以在曲面 Ω 上选取连续的单位法向量场

$$\boldsymbol{n}(x,y,z) = n_1(x,y,z)\hat{\imath} + n_2(x,y,z)\hat{\jmath} + n_3(x,y,z)\hat{k}.$$

因此, 有效的流量是

$$\boldsymbol{F}\cdot\boldsymbol{n} = Pn_1 + Qn_2 + Rn_3.$$

如果以上的值为负数, 则代表流体在点 (x,y,z) 处, 依单位法向量 $\boldsymbol{n}$ 的反方向流入曲面.

分割曲面为若干片小曲面 $\Omega = \bigcup_k \Omega_k$. 设每一块小曲面 Ω_k 的面积为 ΔS_k. 在 Ω_k 上任取一点 (x_k, y_k, z_k), 以此点的有效流量 $\boldsymbol{F}(x_k, y_k, z_k)\cdot\boldsymbol{n}(x_k, y_k, z_k)$ 为整块小曲面 Ω_k 的有效点流量. 于是, 流体从这块小曲面流出的有效流量有估计值:

$$\Delta\sigma_k \approx \boldsymbol{F}(x_k, y_k, z_k)\cdot\boldsymbol{n}(x_k, y_k, z_k)\Delta S_k.$$

由此, 流体流出整块曲面 Ω 的有效总流量有估计值:

$$\sigma = \sum_k \Delta\sigma_k \approx \sum_k \boldsymbol{F}(x_k, y_k, z_k)\cdot\boldsymbol{n}(x_k, y_k, z_k)\Delta S_k.$$

当曲面的分割趋于无限精细, 即 $\|\Delta S_k\| = \max_k \Delta S_k \to 0$ 时, 有

$$\sigma = \lim_{\|\Delta S_k\|\to 0} \sum_k \boldsymbol{F}(x_k, y_k, z_k)\cdot\boldsymbol{n}(x_k, y_k, z_k)\Delta S_k$$

$$= \iint_\Omega \boldsymbol{F}(x,y,z)\cdot\boldsymbol{n}(x,y,z)\mathrm{d}S$$

$$= \iint_\Omega [P(x,y,z)n_1(x,y,z) + Q(x,y,z)n_2(x,y,z) + R(x,y,z)n_3(x,y,z)]\mathrm{d}S.$$

现在, 我们假设曲面 Ω 可以用光滑函数 g 的方程表示

$$z = g(x,y), \quad (x,y)\in\Omega_{xy},$$

其中 Ω_{xy} 是 xy-平面上的封闭有界区域, 事实上就是曲面 Ω 在 xy-平面上的投影. 则在 Ω 的点 $(x,y,g(x,y))$ 处, 有单位法向量

$$n = \frac{1}{\sqrt{1+g_x^2+g_y^2}}\begin{pmatrix} -g_x \\ -g_y \\ 1 \end{pmatrix}.$$

在这里, 我们选择的法方向是指向曲面 Ω 的上侧的方向. 由于曲面面积微分

$$\mathrm{d}S = \sqrt{1+g_x^2+g_y^2}\mathrm{d}x\mathrm{d}y,$$

于是

$$\iint_\Omega R(x,y,z)n_3(x,y,z)\mathrm{d}S = \iint_\Omega R(x,y,z)\frac{1}{\sqrt{1+g_x^2+g_y^2}}\mathrm{d}S$$
$$= \iint_{\Omega_{xy}} R(x,y,z(x,y))\mathrm{d}x\mathrm{d}y = \iint_\Omega R(x,y,z)\mathrm{d}x\mathrm{d}y.$$

　　假设: 我们能够选取曲面 Ω 的连续单位法方向 n, 使得分别从 xy-坐标系, yz-坐标系和 zx-坐标平面来看, n 都是指向外侧 $\hat{k}$, $\hat{\imath}$ 和 $\hat{\jmath}$ 的方向. 应用相同的方法, 可以得到

$$\iint_\Omega P(x,y,z)n_1(x,y,z)\mathrm{d}S = \iint_{\Omega_{yz}} P(x(y,z),y,z)\mathrm{d}y\mathrm{d}z = \iint_\Omega P(x,y,z)\mathrm{d}y\mathrm{d}z,$$
$$\iint_\Omega Q(x,y,z)n_2(x,y,z)\mathrm{d}S = \iint_{\Omega_{zx}} Q(x,y(x,z),z)\mathrm{d}z\mathrm{d}x = \iint_\Omega Q(x,y,z)\mathrm{d}z\mathrm{d}x.$$

由此, 得到第二类曲面积分(surface integral of second type)

$$\iint_\Omega \boldsymbol{F}(x,y,z)\cdot\boldsymbol{n}(x,y,z)\mathrm{d}S = \iint_\Omega P(x,y,z)\mathrm{d}y\mathrm{d}z + Q(x,y,z)\mathrm{d}z\mathrm{d}x + R(x,y,z)\mathrm{d}x\mathrm{d}y.$$

如果我们选择的单位法向量 n 和假设的不一样, 即 n 一直都是指向曲面 Ω 内侧的方向, 则以上的三个曲面积分的二重积分表现, 可能会差一个 $\pm$ 号. 这分别代表着, 依照我们所选取的法方向, 所算得的流量可能是 "流出", 也有可能是 "流进" 曲面.

　　例 12.6.4　设 Ω 是以点 $O(0,0,0)$, $A(1,0,0)$, $B(0,1,0)$ 和 $C(0,0,1)$ 为顶点的四面体 $OABC$ 的表面曲面. 选取 Ω 的单位法向量 n, 使得它总是指向 $OABC$ 的外部. 计算曲面积分

$$I = \iint_\Omega x\mathrm{d}y\mathrm{d}z + y\mathrm{d}z\mathrm{d}x + (z+2)\mathrm{d}x\mathrm{d}y.$$

解 我们分割 $\Omega = \Omega_{OAB} \cup \Omega_{OBC} \cup \Omega_{OCA} \cup \Omega_{ABC}$，并依右手法则选定在每一个三角形平面的法方向 (= 外侧方向). 所以，在三角面 Ω_{OAB} 上，单位法向量为 $\boldsymbol{n} = -\hat{k}$; 在三角面 Ω_{OBC} 上，单位法向量为 $\boldsymbol{n} = -\hat{\imath}$; 在三角面 Ω_{OCA} 上，单位法向量为 $\boldsymbol{n} = -\hat{\jmath}$; 在三角面 Ω_{ABC} 上，单位法向量为

$$\boldsymbol{n} = (\hat{\imath} + \hat{\jmath} + \hat{k})/\sqrt{3}.$$

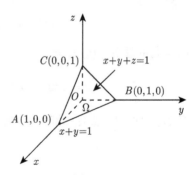

图 12.17

如图 12.17 所示.

计算

$$\iint_{\Omega_{OAB}} x\mathrm{d}y\mathrm{d}z + y\mathrm{d}z\mathrm{d}x + (z+2)\mathrm{d}x\mathrm{d}y = \iint_{\Omega_{OAB}} 2\mathrm{d}x\mathrm{d}y \quad (\text{因为 } z = 0)$$
$$= \iint_{\triangle OAB} -2\mathrm{d}x\mathrm{d}y = -1,$$

同理

$$\iint_{\Omega_{OBC}} x\mathrm{d}y\mathrm{d}z + y\mathrm{d}z\mathrm{d}x + (z+2)\mathrm{d}x\mathrm{d}y = \iint_{\Omega_{OBC}} x\mathrm{d}y\mathrm{d}z = 0 \quad (\text{因为 } x = 0),$$

$$\iint_{\Omega_{OCA}} x\mathrm{d}y\mathrm{d}z + y\mathrm{d}z\mathrm{d}x + (z+2)\mathrm{d}x\mathrm{d}y = \iint_{\Omega_{OCA}} y\mathrm{d}z\mathrm{d}x = 0 \quad (\text{因为 } y = 0),$$

$$\iint_{\Omega_{ABC}} x\mathrm{d}y\mathrm{d}z + y\mathrm{d}z\mathrm{d}x + (z+2)\mathrm{d}x\mathrm{d}y$$
$$= \iint_{\Omega_{ABC}} xn_1 + yn_2 + (z+2)n_3\mathrm{d}S$$
$$= \frac{1}{\sqrt{3}} \iint_{\Omega_{ABC}} x + y + (3 - x - y)\mathrm{d}S = \frac{3}{\sqrt{3}} \iint_{\Omega_{ABC}} \mathrm{d}S$$
$$= \frac{3}{\sqrt{3}} \iint_{\triangle OAB} \sqrt{1 + (-1)^2 + (-1)^2}\mathrm{d}x\mathrm{d}y = \frac{3}{2} \quad (\text{因为 } z = g(x,y) = 1 - x - y).$$

因此

$$I = -1 + 0 + 0 + \frac{3}{2} = \frac{1}{2}. \qquad \square$$

例 12.6.5 设 Ω 为椭圆球面 $\dfrac{x^2}{2^2} + y^2 + z^2 = 1$ 的上半部，且具有指向上侧的单位法方向 $\boldsymbol{n}$. 计算曲面积分

$$I = \iint_{\Omega} x^3 \mathrm{d}y\mathrm{d}z.$$

解 令

$$D = \{(\theta, \rho) : 0 \leqslant \theta \leqslant 2\pi, 0 \leqslant \rho \leqslant \pi/2\}.$$

我们作变量替换 $T(\theta, \rho) = (x, y, z)$, 其中

$$x = 2\sin\rho\cos\theta, \quad y = \sin\rho\sin\theta, \quad z = \cos\rho.$$

T 将 D 一对一映成 Ω. 此时, 变换的面积放大倍数 $\dfrac{\mathrm{d}S}{\mathrm{d}\theta\mathrm{d}\rho} = \|T_\theta \times T_\rho\|$. 观察:

$$T_\theta \times T_\rho = \begin{pmatrix} x_\theta \\ y_\theta \\ z_\theta \end{pmatrix} \times \begin{pmatrix} x_\rho \\ y_\rho \\ z_\rho \end{pmatrix}$$

$$= \begin{pmatrix} -2\sin\rho\sin\theta \\ \sin\rho\cos\theta \\ 0 \end{pmatrix} \times \begin{pmatrix} 2\cos\rho\cos\theta \\ \cos\rho\sin\theta \\ -\sin\rho \end{pmatrix} = \begin{pmatrix} -\sin^2\rho\cos\theta \\ -2\sin^2\rho\sin\theta \\ -2\sin\rho\cos\rho \end{pmatrix}.$$

于是, 曲面的 (指向上侧的) 单位法向量为

$$\boldsymbol{n} = \frac{1}{\|T_\theta \times T_\rho\|} \begin{pmatrix} \sin^2\rho\cos\theta \\ 2\sin^2\rho\sin\theta \\ 2\sin\rho\cos\rho \end{pmatrix}.$$

因为 $\mathrm{d}S = \|T_\theta \times T_\rho\|\,\mathrm{d}\theta\mathrm{d}\rho$ 和 $n_1 = \dfrac{\sin^2\rho\cos\theta}{\|T_\theta \times T_\rho\|}$, 由此

$$\iint_\Omega x^3 \mathrm{d}y\mathrm{d}z = \iint_\Omega x^3 n_1(x, y, z)\mathrm{d}S$$

$$= \iint_D (2\sin\rho\cos\theta)^3 \sin^2\rho\cos\theta\mathrm{d}\theta\mathrm{d}\rho$$

$$= 8\iint_D \sin^5\rho\cos^4\theta\mathrm{d}\theta\mathrm{d}\rho$$

$$= 8\left(\int_0^{\pi/2}\sin^5\rho\mathrm{d}\rho\right)\left(\int_0^{2\pi}\cos^4\theta\mathrm{d}\theta\right) = \frac{16\pi}{5}. \qquad \square$$

12.7 斯托克斯定理与散度定理

12.7.1 斯托克斯定理

设 Γ 为空间中分段光滑的简单闭曲线. 假设 Ω 由 Γ 围成, 而且是一个单连通的空间曲面, 即连通而且没有洞. 如果我们选定了曲面 Ω 的一个连续的单位法方向

n, 则依右手法则, n 诱导出曲线 Γ 的一个转向. 此时, 记带有这个转向的曲线 Γ 为 $\partial\Omega$.

我们有类似于格林定理的以下结果.

定理 12.7.1 (斯托克斯定理 (Stokes theorem))　设 P, Q, R 为单连通光滑曲面 Ω 上的连续可微函数. 设我们指定了 Ω 的一个连续的单位法向量 n. 则以下的曲线回路积分和曲面积分相等:

$$
\oint_{\partial\Omega} P\mathrm{d}x + Q\mathrm{d}y + R\mathrm{d}z
$$
$$
= \iint_{\Omega} \left(\frac{\partial R}{\partial y} - \frac{\partial Q}{\partial z}\right) \mathrm{d}y\mathrm{d}z + \left(\frac{\partial P}{\partial z} - \frac{\partial R}{\partial x}\right) \mathrm{d}z\mathrm{d}x + \left(\frac{\partial Q}{\partial x} - \frac{\partial P}{\partial y}\right) \mathrm{d}x\mathrm{d}y.
$$

证明　我们只证明一个简单的情形. 基于这个例子, 其他的情形也可以不难地证明. 假设空间曲面 Ω 投影到 xy-平面, 得到平面上的单连通区域 D, 而且曲面的边界 $\partial\Omega$ 投影到 D 的光滑, 且以逆时针方向为正向的边界 ∂D. 再者, 曲面 Ω 由方程

$$
z = g(x, y), \quad (x, y) \in D
$$

所决定, 其中 g 是 D 上的光滑函数. 于是, 依照右手法则, 曲面 Ω 的单位法向量为

$$
n = \begin{pmatrix} n_1 \\ n_2 \\ n_3 \end{pmatrix} = \frac{1}{\sqrt{1 + g_x^2 + g_y^2}} \begin{pmatrix} -g_x \\ -g_y \\ 1 \end{pmatrix}.
$$

曲面面积微分 $\mathrm{d}S$ 和平面面积微分 $\mathrm{d}\sigma$ 有关系 $\mathrm{d}S = \sqrt{1 + g_x^2 + g_y^2}\mathrm{d}\sigma$. 应用格林定理, 得

$$
\oint_{\partial\Omega} P(x, y, z)\mathrm{d}x = \oint_{\partial D} P(x, y, g(x, y))\mathrm{d}x
$$
$$
= -\iint_D \frac{\partial}{\partial y} P(x, y, g(x, y))\mathrm{d}\sigma = -\iint_\Omega \left(\frac{\partial P}{\partial y} + \frac{\partial P}{\partial z} g_y\right) \frac{\mathrm{d}S}{\sqrt{1 + g_x^2 + g_y^2}}
$$
$$
= -\iint_\Omega \frac{\partial P}{\partial y} \frac{1}{\sqrt{1 + g_x^2 + g_y^2}}\mathrm{d}S + \iint_\Omega \frac{\partial P}{\partial z} \frac{-g_y}{\sqrt{1 + g_x^2 + g_y^2}}\mathrm{d}S
$$
$$
= -\iint_\Omega \frac{\partial P}{\partial y} n_3\mathrm{d}S + \iint_\Omega \frac{\partial P}{\partial z} n_2\mathrm{d}S = -\iint_\Omega \frac{\partial P}{\partial y}\mathrm{d}x\mathrm{d}y + \iint_\Omega \frac{\partial P}{\partial z}\mathrm{d}z\mathrm{d}x.
$$

对于将 Ω 投影到 yz-平面和 zx-平面的情形, 我们也会得到类似的公式:

$$\oint_{\partial\Omega} Q(x,y,z)\mathrm{d}y = -\iint_\Omega \frac{\partial Q}{\partial z}\mathrm{d}y\mathrm{d}z + \iint_\Omega \frac{\partial Q}{\partial x}\mathrm{d}x\mathrm{d}y$$

$$\oint_{\partial\Omega} R(x,y,z)\mathrm{d}z = -\iint_\Omega \frac{\partial R}{\partial x}\mathrm{d}z\mathrm{d}x + \iint_\Omega \frac{\partial R}{\partial y}\mathrm{d}y\mathrm{d}z.$$

将以上三式相加, 则得到所要证的公式. $\qquad\square$

例 12.7.2 设 Γ 为平面 $y+z=1$ 和圆柱面 $x^2+y^2=1$ 相交而得的椭圆曲线. 我们给定 Γ 以逆时针方向为正向. 计算曲线积分

$$I = \oint_\Gamma (y-z)\mathrm{d}x + (z-x)\mathrm{d}y + (x-y)\mathrm{d}z.$$

解 我们考虑由 Γ 在平面 $z=1-y$ 上所围成的区域

$$\Omega = \{(x,y,1-y)\in\mathbb{R}^3 : -1\leqslant x\leqslant 1, -\sqrt{1-x^2}\leqslant y\leqslant \sqrt{1-x^2}\}.$$

依右手法则, 我们定 Ω (即平面 $z=1-y$) 上的单位法方向为

$$\boldsymbol{n} = \begin{pmatrix} n_1 \\ n_2 \\ n_3 \end{pmatrix} = \frac{1}{\sqrt{2}}\begin{pmatrix} 0 \\ 1 \\ 1 \end{pmatrix}.$$

由斯托克斯定理

$$\oint_\Gamma (y-z)\mathrm{d}x + (z-x)\mathrm{d}y + (x-y)\mathrm{d}z$$

$$= \iint_\Omega \left(\frac{\partial(x-y)}{\partial y} - \frac{\partial(z-x)}{\partial z}\right)\mathrm{d}y\mathrm{d}z + \left(\frac{\partial(y-z)}{\partial z} - \frac{\partial(x-y)}{\partial x}\right)\mathrm{d}z\mathrm{d}x$$

$$+ \left(\frac{\partial(z-x)}{\partial x} - \frac{\partial(y-z)}{\partial y}\right)\mathrm{d}x\mathrm{d}y$$

$$= -2\iint_\Omega \mathrm{d}y\mathrm{d}z + \mathrm{d}z\mathrm{d}x + \mathrm{d}x\mathrm{d}y = -2\iint_\Omega (n_1+n_2+n_3)\mathrm{d}S$$

$$= -2\sqrt{2}\iint_\Omega \mathrm{d}S = -2\sqrt{2}\int_{-1}^1\int_{-\sqrt{1-x^2}}^{\sqrt{1-x^2}} \sqrt{1+z_x^2+z_y^2}\mathrm{d}y\mathrm{d}x$$

$$= -4\int_{-1}^1\int_{-\sqrt{1-x^2}}^{\sqrt{1-x^2}} \mathrm{d}y\mathrm{d}x = -4\int_{-1}^1 2\sqrt{1-x^2}\mathrm{d}x$$

$$= -8\int_{-\pi/2}^{\pi/2} \cos^2\theta\mathrm{d}\theta = -4\pi.$$

我们也可以直接计算曲线积分. 观察: 曲线 Γ 可以由以下参数方程给出.

$$x = \cos t, \quad y = \sin t, \quad z = 1 - \sin t, \qquad 0 \leqslant t \leqslant 2\pi.$$

所以

$$
\begin{aligned}
&\oint_{\Gamma} (y-z)\mathrm{d}x + (z-x)\mathrm{d}y + (x-y)\mathrm{d}z \\
&= \int_0^{2\pi} \big[-(2\sin t - 1)\sin t + (1 - \sin t - \cos t)\cos t - (\cos t - \sin t)\cos t \big]\mathrm{d}t \\
&= \int_0^{2\pi} \big(-2 + \sin t + \cos t \big)\mathrm{d}t = -4\pi.
\end{aligned}
$$
$\qquad\square$

12.7.2 散度定理

对于三维单连通立体 $\mathcal{V}$ 上的三重积分, 以及在其光滑表面曲面 Ω 上的曲面积分, 我们也有类似的结果.

定理 12.7.3 (散度定理(divergence theorem) 亦称 高斯定理(Gauss's theorem))

设 P, Q, R 为单连通三维区域 $\mathcal{V}$ 上的连续可微函数. 设 $\mathcal{V}$ 的表面 Ω 为光滑的曲面. 我们指定了 Ω 的一个指向 $\mathcal{V}$ 外部的连续单位法向量 $\boldsymbol{n} = n_1\hat{\imath} + n_2\hat{\jmath} + n_3\hat{k}$. 则以下的曲面积分和三重积分相等:

$$\oiint_{\Omega} P\mathrm{d}y\mathrm{d}z + Q\mathrm{d}z\mathrm{d}x + R\mathrm{d}x\mathrm{d}y = \iiint_{\mathcal{V}} \left(\frac{\partial P}{\partial x} + \frac{\partial Q}{\partial y} + \frac{\partial R}{\partial z} \right) \mathrm{d}x\mathrm{d}y\mathrm{d}z.$$

这里, $\oiint_{\Omega} = \iint_{\Omega}$, 其中的 $\oiint$ 用以强调是在封闭曲面 Ω 上作曲面积分.

证明 我们只证明一个特殊情形. 其他的情形不难由此推出. 假设三维立体可以从中分成上下两半 $\mathcal{V} = \mathcal{V}_+ \cup \mathcal{V}_-$, 使得 $\mathcal{V}_+$ 的上侧曲面 Ω_+ 由方程给出:

$$z = h(x, y), \quad (x, y) \in D,$$

而 $\mathcal{V}_-$ 的下侧曲面 Ω_- 由方程给出:

$$z = g(x, y), \quad (x, y) \in D,$$

其中, D 是 $\mathcal{V}$ 到 xy-平面上的投影, $g, h: D \to \mathbb{R}$ 是连续可微函数. 我们注意到, 在上半曲面 Ω_+, 它的法向和 Ω 的法向 $\boldsymbol{n}$ 重合; 而在下半曲面 Ω_-, 它的法向和 Ω 的

反法向 $-\boldsymbol{n}$ 重合. 于是,

$$\iiint_{\mathcal{V}} \frac{\partial R}{\partial z}\mathrm{d}x\mathrm{d}y\mathrm{d}z = \iint_D \left[\int_{g(x,y)}^{h(x,y)} \frac{\partial R}{\partial z}\mathrm{d}z \right] \mathrm{d}x\mathrm{d}y$$

$$= \iint_D \big[R(x,y,h(x,y)) - R(x,y,g(x,y)) \big] \mathrm{d}x\mathrm{d}y$$

$$= \iint_{\Omega_+} Rn_3\mathrm{d}S - \iint_{\Omega_-} R(-n_3)\mathrm{d}S$$

$$= \iint_\Omega Rn_3\mathrm{d}S = \iint_\Omega R\mathrm{d}x\mathrm{d}y.$$

对于将 $\mathcal{V}$ 投影到 yz-平面和 zx-平面上的情形, 也是作出类似的假设, 因此也会有类似的结论:

$$\iiint_{\mathcal{V}} \frac{\partial P}{\partial x}\mathrm{d}x\mathrm{d}y\mathrm{d}z = \iint_\Omega P\mathrm{d}y\mathrm{d}z$$

及

$$\iiint_{\mathcal{V}} \frac{\partial Q}{\partial y}\mathrm{d}x\mathrm{d}y\mathrm{d}z = \iint_\Omega Q\mathrm{d}z\mathrm{d}x.$$

将以上三式相加, 将会得出我们所要证明的结论.　　　　　　　　　　$\square$

例 12.7.4　设 $\mathcal{V}$ 为单位圆球, 而其表面则为单位球面 Ω. 我们用指向 Ω 的外侧方向, 来定义其上的连续单位法向量 $\boldsymbol{n}$. 计算

$$I = \iint_\Omega x\mathrm{d}y\mathrm{d}z + y\mathrm{d}z\mathrm{d}x + z\mathrm{d}x\mathrm{d}y.$$

解　在单位球面 Ω 上, 指向其外侧的单位法向量为

$$\boldsymbol{n}(x,y,z) = x\,\hat{\imath} + y\,\hat{\jmath} + z\,\hat{k}.$$

于是

$$\iint_\Omega x\mathrm{d}y\mathrm{d}z + y\mathrm{d}z\mathrm{d}x + z\mathrm{d}x\mathrm{d}y$$

$$= \iint_\Omega (xn_1 + yn_2 + zn_3)\mathrm{d}S$$

$$= \iint_\Omega (x^2 + y^2 + z^2)\mathrm{d}S = \iint_\Omega \mathrm{d}S(球面面积\ S = 4\pi r^2) = 4\pi.$$

也可以用散度定理来计算 I. 事实上,

$$\iint_\Omega x\mathrm{d}y\mathrm{d}z + y\mathrm{d}z\mathrm{d}x + z\mathrm{d}x\mathrm{d}y = \iiint_{\mathcal{V}} \left(\frac{\partial x}{\partial x} + \frac{\partial y}{\partial y} + \frac{\partial z}{\partial z} \right) \mathrm{d}x\mathrm{d}y\mathrm{d}z$$

$$= \iiint_{\mathcal{V}} (1+1+1)\mathrm{d}x\mathrm{d}y\mathrm{d}z = 3\iiint_{\mathcal{V}} \mathrm{d}x\mathrm{d}y\mathrm{d}z(球体体积\ V = \frac{4}{3}\pi r^3) = 4\pi. \quad \square$$

12.7.3　旋度、散度和梯度

在斯托克斯定理中, 可以形式地简化 2 阶微分

$$\left(\frac{\partial R}{\partial y} - \frac{\partial Q}{\partial z}\right) \mathrm{d}y\mathrm{d}z + \left(\frac{\partial P}{\partial z} - \frac{\partial R}{\partial x}\right) \mathrm{d}z\mathrm{d}x + \left(\frac{\partial Q}{\partial x} - \frac{\partial P}{\partial y}\right) \mathrm{d}x\mathrm{d}y$$

$$= \begin{vmatrix} \mathrm{d}y\mathrm{d}z & \mathrm{d}z\mathrm{d}x & \mathrm{d}x\mathrm{d}y \\ \frac{\partial}{\partial x} & \frac{\partial}{\partial y} & \frac{\partial}{\partial z} \\ P & Q & R \end{vmatrix} = \begin{vmatrix} \hat{\imath} & \hat{\jmath} & \hat{k} \\ \frac{\partial}{\partial x} & \frac{\partial}{\partial y} & \frac{\partial}{\partial z} \\ P & Q & R \end{vmatrix} \cdot (\mathrm{d}y\mathrm{d}z\,\hat{\imath} + \mathrm{d}z\mathrm{d}x\,\hat{\jmath} + \mathrm{d}x\mathrm{d}y\hat{k})$$

$$= \begin{vmatrix} \hat{\imath} & \hat{\jmath} & \hat{k} \\ \frac{\partial}{\partial x} & \frac{\partial}{\partial y} & \frac{\partial}{\partial z} \\ P & Q & R \end{vmatrix} \cdot (n_1\hat{\imath} + n_2\hat{\jmath} + n_3\hat{k})\mathrm{d}S = \begin{vmatrix} \hat{\imath} & \hat{\jmath} & \hat{k} \\ \frac{\partial}{\partial x} & \frac{\partial}{\partial y} & \frac{\partial}{\partial z} \\ P & Q & R \end{vmatrix} \cdot \boldsymbol{n}\mathrm{d}S.$$

定义 $\boldsymbol{F} = P\hat{\imath} + Q\hat{\jmath} + R\hat{k}$ 的**旋度**(curl) 向量为

$$\mathrm{curl}\,\boldsymbol{F} = \begin{vmatrix} \hat{\imath} & \hat{\jmath} & \hat{k} \\ \frac{\partial}{\partial x} & \frac{\partial}{\partial y} & \frac{\partial}{\partial z} \\ P & Q & R \end{vmatrix} = \left(\frac{\partial R}{\partial y} - \frac{\partial Q}{\partial z}\right)\hat{\imath} + \left(\frac{\partial P}{\partial z} - \frac{\partial R}{\partial x}\right)\hat{\jmath} + \left(\frac{\partial Q}{\partial x} - \frac{\partial P}{\partial y}\right)\hat{k}.$$

由此, 斯托克斯定理可以写为

$$\int_{\partial\Omega} P\mathrm{d}x + Q\mathrm{d}y + R\mathrm{d}z = \iint_{\Omega} \mathrm{curl}\,\boldsymbol{F} \cdot \boldsymbol{n}\mathrm{d}S.$$

如果应用曲线 $\boldsymbol{r} = x\hat{\imath} + y\hat{\jmath} + z\hat{k}$ 的切向量记号 $\mathrm{d}\boldsymbol{r} = \mathrm{d}x\hat{\imath} + \mathrm{d}y\hat{\jmath} + \mathrm{d}z\hat{k}$, 则斯托克斯定理可以进一步简化为

$$\int_{\partial\Omega} \boldsymbol{F} \cdot \mathrm{d}\boldsymbol{r} = \iint_{\Omega} \mathrm{curl}\,\boldsymbol{F} \cdot \boldsymbol{n}\mathrm{d}S.$$

令 $\boldsymbol{F} = P\hat{\imath} + Q\hat{\jmath} + R\hat{k}$ 代表流体的流动向量. 在流体力学中, 旋度向量被用来描述流体的旋转性. 特别地, 当旋度在某个区域为零时, 即 $\mathrm{curl}\,\boldsymbol{F} = 0$, 则表示流体在此区域中没有旋转的动作. 此时, 流体沿着封闭回路 $\partial\Omega$ 的切方向 $\mathrm{d}\boldsymbol{r}$ 所做的总功 $\int_{\partial\Omega} \boldsymbol{F} \cdot \mathrm{d}\boldsymbol{r} = 0$. 这也可以解释为: "流体没有旋转, 因此没有做旋转的功".

在讨论 "第二类曲面积分" 的时候

$$\boldsymbol{F}(x, y, z) \cdot \boldsymbol{n}(x, y, z)$$

代表在点 (x, y, z) 处, 流体通过曲面 Ω 的有效流量, 而曲面积分

$$\iint_{\Omega} \boldsymbol{F} \cdot \boldsymbol{n} \mathrm{d}S = \iint_{\Omega} P\mathrm{d}y\mathrm{d}z + Q\mathrm{d}z\mathrm{d}x + R\mathrm{d}x\mathrm{d}y$$

代表通过整块曲面 Ω 的有效总流量.

我们分别以 $\mathcal{V}_r$ 和 Ω_r 代表, 在空间中以点 (x_0, y_0, z_0) 为中心, $r > 0$ 为半径的圆球和圆球面. 另外, 我们以 V_r 表示 $\mathcal{V}_r$ 的体积. 那么,

$$\frac{1}{V_r} \iint_{\Omega_r} \boldsymbol{F} \cdot \boldsymbol{n} \mathrm{d}S$$

就代表流体通过在 $\mathcal{V}_r$ 中所有的点的平均流量. 由 $\dfrac{\partial P}{\partial x}, \dfrac{\partial Q}{\partial y}$ 和 $\dfrac{\partial R}{\partial z}$ 的连续性, 应用散度定理, 有

$$\lim_{r \to 0^+} \frac{1}{V_r} \iint_{\Omega_r} \boldsymbol{F} \cdot \boldsymbol{n} \mathrm{d}S = \lim_{r \to 0^+} \frac{1}{V_r} \iint_{\Omega_r} P\mathrm{d}y\mathrm{d}z + Q\mathrm{d}z\mathrm{d}x + R\mathrm{d}x\mathrm{d}y$$

$$= \lim_{r \to 0^+} \frac{1}{V_r} \iiint_{\mathcal{V}_r} \left(\frac{\partial P}{\partial x} + \frac{\partial Q}{\partial y} + \frac{\partial R}{\partial z} \right) \mathrm{d}x\mathrm{d}y\mathrm{d}z = \left(\frac{\partial P}{\partial x} + \frac{\partial Q}{\partial y} + \frac{\partial R}{\partial z} \right)\Bigg|_{(x_0, y_0, z_0)}.$$

上式的左端代表着, 在点 (x_0, y_0, z_0) 处, 流体在各个方向的流量的加总净流出 (或流入) 的量. 因此, 我们定义

$$\mathrm{div}\, \boldsymbol{F} = \frac{\partial P}{\partial x} + \frac{\partial Q}{\partial y} + \frac{\partial R}{\partial z}$$

为向量函数 $\boldsymbol{F} = P\hat{i} + Q\hat{j} + R\hat{k}$ 的散度 (divergence). 特别地, 在点 (x_0, y_0, z_0) 处, 若 $\mathrm{div}\, \boldsymbol{F} > 0$, 则表示此点是一个放射源 (source). 若 $\mathrm{div}\, \boldsymbol{F} < 0$, 则表示此点是一个吸收点 (sink). 如果 $\mathrm{div}\, \boldsymbol{F} = 0$, 则表示在此点处, 流体的流出和流入刚好互相抵消.

如果我们记立体区域 $\mathcal{V}$ 的表面曲面 $\Omega = \partial \mathcal{V}$, 利用散度的概念, 我们可以改写散度定理为

$$\iint_{\partial \mathcal{V}} \boldsymbol{F} \cdot \boldsymbol{n} \mathrm{d}S = \iiint_{\mathcal{V}} \mathrm{div}\, \boldsymbol{F} \mathrm{d}V.$$

最后, 我们引入实值函数 $f(x, y, z)$ 的梯度向量 (gradient vector)

$$\nabla f = \frac{\partial f}{\partial x}\hat{i} + \frac{\partial f}{\partial y}\hat{j} + \frac{\partial f}{\partial z}\hat{k}$$

及梯度算子 (gradient operator)

$$\nabla = \frac{\partial}{\partial x}\hat{i} + \frac{\partial}{\partial y}\hat{j} + \frac{\partial}{\partial z}\hat{k}.$$

对于向量值函数 $\boldsymbol{F}$, 梯度、旋度和散度之间有以下的关系

$$\operatorname{div} \boldsymbol{F} = \nabla \cdot \boldsymbol{F},$$

$$\operatorname{curl} \boldsymbol{F} = \nabla \times \boldsymbol{F}.$$

这里, "·" 和 "×" 分别被理解成类似于三维向量的内积和向量积运算.

习 题 12

1. 计算二次积分

$$I = \int_0^1 \int_{x^2}^x xy^2 \mathrm{d}y \mathrm{d}x.$$

2. 计算二重积分

$$I = \iint_D y^2 \mathrm{d}x \mathrm{d}y,$$

其中 D 是平面中由 x 轴和摆线

$$x = a(t - \sin t), \quad y = a(1 - \cos t), \quad 0 \leqslant t \leqslant 2\pi$$

所围成的区域.

3. 计算二重积分

$$I = \iint_D (x^2 + y^2) \mathrm{d}\sigma,$$

其中

(1) $D = \{(x, y) \in \mathbb{R}^2 : x^2 + y^2 \leqslant 1\}$ 为圆盘;

(2) $D = \{(x, y) \in \mathbb{R}^2 : 1 \leqslant x^2 + y^2 \leqslant 9\}$ 为圆环;

(3) D 为由平面曲线 $y = 0, y = x^2$ 及 $y = 1/x$ 在第一坐标象限所围成的区域.

4. 计算二重积分

$$I = \iint_{x^2+y^2 \leqslant 1} \left| \frac{x+y}{\sqrt{2}} - x^2 - y^2 \right| \mathrm{d}x \mathrm{d}y.$$

提示: 作出 $f(x, y) = \dfrac{x+y}{\sqrt{2}} - x^2 - y^2 = 0$ 的图形.

5. 化二重积分 $I = \iint_D f(x, y) \mathrm{d}x \mathrm{d}y$ 为二次积分 (分别列出对两个变量先后次序不同的两个二次积分), 其中积分区域 D 是由直线 $y = x$ 及抛物线 $y^2 = 4x$ 所围成的闭区域.

6. 交换积分次序

$$\int_{y=0}^{y=1} \int_{x=\sqrt{y}}^{x=\sqrt{2-y^2}} f(x, y) \mathrm{d}x \mathrm{d}y.$$

7. 计算三重积分

$$I = \iiint_\Omega x \mathrm{d}x \mathrm{d}y \mathrm{d}z,$$

其中 Ω 为在第一卦限中由平面

$$x + 2y + z = 1$$

所围成的有界区域.

8. 计算 $\iiint_{\mathcal{V}} z\mathrm{d}V$, 其中 $\mathcal{V}$ 是由 $z = x^2 + y^2$ 与 $z = 1$ 所围成的闭区域.

9. 计算 $\iiint_{\mathcal{V}} x^2 + y^2 \mathrm{d}V$, 其中 $\mathcal{V}$ 是由 $z = x^2 + y^2$ 与 $z = 1$ 所围成的闭区域.

10. 设 $u = u(x,y), v = v(x,y)$ 及其反函数 $x = x(u,v), y = y(u,v)$ 皆存在且连续可微.

(1) 应用链式法则于 (x,y) 的函数 $x = x(u(x,y), v(x,y))$ 和 $y = y(u(x,y), v(x,y))$, 证明:

$$1 = \frac{\partial x}{\partial u}\frac{\partial u}{\partial x} + \frac{\partial x}{\partial v}\frac{\partial v}{\partial x}, \quad 0 = \frac{\partial x}{\partial u}\frac{\partial u}{\partial y} + \frac{\partial x}{\partial v}\frac{\partial v}{\partial y},$$

$$0 = \frac{\partial y}{\partial u}\frac{\partial u}{\partial x} + \frac{\partial y}{\partial v}\frac{\partial v}{\partial x}, \quad 1 = \frac{\partial y}{\partial u}\frac{\partial u}{\partial y} + \frac{\partial y}{\partial v}\frac{\partial v}{\partial y}.$$

(2) 证明: 雅可比行列式满足关系

$$\frac{\partial(x,y)}{\partial(u,v)}\frac{\partial(u,v)}{\partial(x,y)} = 1,$$

所以, $\dfrac{\partial(x,y)}{\partial(u,v)} = \dfrac{1}{\dfrac{\partial(u,v)}{\partial(x,y)}}$.

11. 计算三重积分 $\iiint_{\mathcal{V}} (x^2 + y^2)\mathrm{d}V$. 这里 $\mathcal{V}$ 为 $x \geqslant 0, y \geqslant 0, z \geqslant 0$ 与 $x^2 + y^2 + z^2 \leqslant 4$ 的公共部分.

12. 计算三重积分

$$I = \iiint_{\Omega} (x^2 + y^2 + z^2)\mathrm{d}x\mathrm{d}y\mathrm{d}z,$$

其中 Ω 为由锥面 $z = \sqrt{x^2 + y^2}$ 与球面 $x^2 + y^2 + z^2 = a^2$ 所围成的有界区域.

13. 求由曲面 $z = x^2 + y^2$ 及平面 $z = h$ (h 为正的常数) 所围成的立体的体积.

14. 求由曲面 $z = x^2 + y^2$ 及平面 $z = x + y$ 所围成的立体的体积.

15. 求球面 $x^2 + y^2 + z^2 = a^2$ 含在圆柱面 $x^2 + y^2 = ax$ ($a > 0$) 内部的面积.

16. 求质量均匀分布的曲线

$$C : \begin{cases} x = a(t - \sin t), \\ y = a(1 - \cos t), \end{cases} \quad 0 \leqslant t \leqslant \pi$$

分别对于 y 轴和坐标原点的转动惯量 I_y 和 I_O.

17. 计算曲线积分

$$I = \int_{\Gamma} (x^2 + y^2 + z^2)\mathrm{d}s,$$

其中 Γ 为螺旋线

$$\begin{cases} x = a\cos t, \\ y = a\sin t, \quad 0 \leqslant t \leqslant 2\pi. \\ z = kt, \end{cases}$$

18. 计算回路积分

$$I = \oint_L (x+y)\mathrm{d}s,$$

其中 L 为三角形 $\triangle OAB$ 的三条有向边 $\overrightarrow{OA}$, $\overrightarrow{AB}$ 和 $\overrightarrow{BO}$. 这里, 三个角点分别是 $O = (0,0)$, $A = (1,0)$ 和 $B = (0,1)$.

19. 证明推论 12.5.2.

20. 应用格林公式, 计算:

(1) $\oint_\Gamma xy^2\mathrm{d}x - x^2 y\mathrm{d}y$, 其中 Γ 为圆周 $x^2 + y^2 = a^2$.

(2) $\oint_\Gamma (x+y)^2\mathrm{d}x - (x^2+y^2)\mathrm{d}y$, 其中 Γ 为顶点在 $A(1,1)$, $B(2,3)$ 和 $C(0,0)$ 的三角形.

21. 计算变力

$$\boldsymbol{F} = -\frac{y}{x^2+y^2}\hat{\imath} + \frac{x}{x^2+y^2}\hat{\jmath}$$

在单位圆周上所做的功. 变力 $\boldsymbol{F}$ 在 $\mathbb{R}^2 \setminus \{(0,0)\}$ 具有位势函数吗?

22. 设 Ω 为圆球面 $(x-a)^2 + (y-b)^2 + (z-c)^2 = R^2$. 我们以指向 Ω 的外侧方向来选取其单位法向量 $\boldsymbol{n}$. 计算曲面积分

$$I = \oiint_\Omega x^2\mathrm{d}y\mathrm{d}z + y^2\mathrm{d}z\mathrm{d}x + z^2\mathrm{d}x\mathrm{d}y.$$

23. 设 Ω 为圆球面 $x^2 + y^2 + z^2 = a^2$ 的外侧. 计算曲面积分

$$I = \oiint_\Omega x\mathrm{d}y\mathrm{d}z + y\mathrm{d}z\mathrm{d}x + z\mathrm{d}x\mathrm{d}y.$$

24. 计算曲线积分

$$I = \oint_\Gamma 3z\mathrm{d}x + 5x\mathrm{d}y - 2y\mathrm{d}z,$$

其中 Γ 是平面 $y + z = 2$ 和柱面 $x^2 + y^2 = 1$ 的交线, 并以逆时针方向为正向.

25. 计算曲线积分

$$I = \oint_\Gamma (x^2 - yz)\mathrm{d}x + (y^2 - xz)\mathrm{d}y + (z^2 - xy)\mathrm{d}z,$$

其中 Γ 是螺旋线 $x = \cos\theta$, $y = \sin\theta$, $z = \theta/2\pi$, $0 \leqslant \theta \leqslant 2\pi$, 并以逆时针方向为正向.

26. 设 V 为以原点 $(0,0,0)$ 和点 $(1,1,1)$ 为对角点的单位正立方体. 设 Ω 为其表面曲面, 并以指向立方体外侧的方向定义单位法方向 $\boldsymbol{n}$. 设 $\boldsymbol{F} = 2xy\hat{\imath} + 3y\mathrm{e}^z\hat{\jmath} + x\sin z\hat{k}$. 试应用散度定理求

$$I = \iint_\Omega \boldsymbol{F} \cdot \boldsymbol{n}\mathrm{d}S.$$

27. 令 V 为由 xy-平面和抛物面 $z = 4 - x^2 - y^2$ 所围成的立体区域. 令 Ω 为其表面曲面, 且以指向 V 的外侧定义单位法向量 $\boldsymbol{n}$. 若

$$\boldsymbol{F} = (xz\sin(yz) + x^3)\hat{\imath} + \cos(yz)\hat{\jmath} + (3zy^2 - \log x^4 + y^2)\hat{k},$$

求

$$I = \iint_{\Omega} \boldsymbol{F} \cdot \boldsymbol{n} \mathrm{d}S.$$

28. 设 $\boldsymbol{F} = P\hat{\imath} + Q\hat{\jmath} + R\hat{k}$ 可微. 验证公式:

$$\operatorname{div} \boldsymbol{F} = \nabla \cdot \boldsymbol{F} \quad 和 \quad \operatorname{curl} \boldsymbol{F} = \nabla \times \boldsymbol{F}.$$

29. 设 $\boldsymbol{F} = P\hat{\imath} + Q\hat{\jmath} + R\hat{k}$ 的分量函数 P, Q, R 都具连续的二阶偏导数. 证明:

$$\operatorname{div}(\operatorname{curl} \boldsymbol{F}) = 0.$$

下册部分习题解答

习题 10.1

1. (1) 由于 $0 \leqslant \left| \dfrac{\sin n\theta}{n^2} \right| \leqslant \dfrac{1}{n^2}$, 且 $\displaystyle\sum_{n=1}^{\infty} \dfrac{1}{n^2}$ 收敛, 所以 $\displaystyle\sum_{n=1}^{\infty} \dfrac{\sin n\theta}{n^2}$ 收敛.

(3) 此无穷等比级数的首项为 $\dfrac{2}{3}$, 公比为 $\dfrac{1}{3}$, 所以级数和为 $\dfrac{\frac{2}{3}}{1 - \frac{1}{3}} = 1$, 故原级数收敛.

(5) $1 - \dfrac{1}{2} + \dfrac{2}{3} - \dfrac{1}{3} + \dfrac{2}{4} - \dfrac{1}{4} + \dfrac{2}{5} - \dfrac{1}{5} + \cdots = \displaystyle\sum_{n=2}^{\infty} \dfrac{1}{n} = \displaystyle\sum_{n=1}^{\infty} \dfrac{1}{n} - 1$, 又 $\displaystyle\sum_{n=1}^{\infty} \dfrac{1}{n}$ 发散. 因此 $\displaystyle\sum_{n=2}^{\infty} \dfrac{1}{n}$ 发散.

(7) 因为 $\dfrac{n^2}{n^3+1} \geqslant 0$, 且 $\displaystyle\lim_{n\to\infty} \dfrac{n^3}{n^3+1} = 1$. 由极限比较判别法, $\displaystyle\sum_{n=1}^{\infty} \dfrac{1}{n}$ 发散. 因此 $\displaystyle\sum_{n=1}^{\infty} \dfrac{n^2}{n^3+1}$ 发散.

(9) 令 $a_n = \dfrac{2^n n!}{n^n}$, 则 $\displaystyle\lim_{n\to\infty} \dfrac{a_{n+1}}{a_n} = \lim_{n\to\infty} \left[\dfrac{2^{n+1}(n+1)!}{(n+1)^{n+1}} \cdot \dfrac{n^n}{2^n n!} \right] = \lim_{n\to\infty} \dfrac{2n^n}{(n+1)^n} = \displaystyle\lim_{n\to\infty} 2\left(\dfrac{n}{n+1} \right)^n = \dfrac{2}{\mathrm{e}} < 1$. 由比值判别法, $\displaystyle\sum_{n=1}^{\infty} \dfrac{2^n n!}{n^n}$ 收敛.

(11) 由于 $\displaystyle\lim_{n\to\infty} \dfrac{1 - \cos 1/n}{1/n^2} = \dfrac{1}{2} > 0$, 而 $\displaystyle\sum_{n=1}^{\infty} \dfrac{1}{n^2}$ 收敛, 所以 $\displaystyle\sum_{n=1}^{\infty} \left(1 - \cos \dfrac{1}{n} \right)$ 收敛.

3. 由于 $\{na_n\}$ 有界, 所以存在自然数 M, 使得对所有 n 都有 $na_n < M$. 因此 $0 \leqslant a_n^2 < \dfrac{M^2}{n^2}$, 又 $\displaystyle\sum_{n=1}^{\infty} \dfrac{M^2}{n^2} = M^2 \displaystyle\sum_{n=1}^{\infty} \dfrac{1}{n^2}$ 收敛. 所以 $\displaystyle\sum_{n=1}^{\infty} a_n^2$ 收敛.

5. 由正项级数 $\displaystyle\sum_{n=1}^{\infty} a_n$ 收敛, 可知 $\displaystyle\lim_{n\to\infty} a_n = 0$, 所以存在 $N, 0 \leqslant a_n < 1$, $\forall n \geqslant N$. 故 $a_n b_n \leqslant b_n$, $\forall n \geqslant N$. 又因为 $\displaystyle\sum_{n=1}^{\infty} b_n$ 收敛, 由比较判别法可知 $\displaystyle\sum_{n=1}^{\infty} a_n b_n$ 收敛.

7. 选取实数 M, 使得 $|S_n| = \left| \displaystyle\sum_{k=1}^{n} a_k \right| \leqslant M$, 则 $|S_n - S_{m-1}| \leqslant 2M$. 对所有 $\varepsilon > 0$, 存在自然数 N, 使得对所有 $m, n \geqslant N$, 成立 $|b_m|$ 及 $|b_m - b_n| < \dfrac{\varepsilon}{4M}$. 因此对所有 $n > m > N$, $\left| \displaystyle\sum_{k=m}^{n} a_k b_k \right| \leqslant |S_n - S_{m-1}||b_k| + \displaystyle\sum_{k=m}^{n-1} |S_k - S_{m-1}|(b_k - b_{k+1}) < \dfrac{\varepsilon}{2} + 2M(b_m - b_n) < \varepsilon$.

9. 若 $x = 0$, 则 $\displaystyle\sum_{n=1}^{\infty} a_n x^n = \displaystyle\sum_{n=1}^{\infty} 0 = 0$. 若 $x = 1$, 则 $\displaystyle\sum_{n=1}^{\infty} a_n x^n = \displaystyle\sum_{n=1}^{\infty} a_n$ 收敛. 若 $0 < x < 1$, 因为 $\displaystyle\lim_{n\to\infty} a_n = 0$, 则对所有 $\varepsilon > 0$ 存在自然数 N_x, 使得如果 $n > N_x$, 则 $|a_n| < (1-x)\varepsilon$. 那么对所有 $m > n > N_x$, $\left| \displaystyle\sum_{k=1}^{m} a_k x^k - \displaystyle\sum_{k=1}^{n} a_k x^k \right| = |a_{n+1} x^{n+1} + a_{n+2} x^{n+2} +$

$\cdots + a_m x^m| \leqslant (1-x)\varepsilon(x^{n+1} + x^{n+2} + \cdots + x^m) \leqslant \varepsilon.$ 所以 $\sum\limits_{n=1}^{\infty} a_n x^n$ 收敛.

11. 令 $\sum\limits_{n=1}^{N} a_n = A_N$, $\sum\limits_{n=1}^{N}(a_{2n-1} + a_{2n}) = B_N$, 且 $\lim\limits_{N\to\infty} B_N = L$, 则对所有 $\varepsilon > 0$, 存在自然数 N_1, N_2, 若是 $N > N_1$, 则 $|B_N - L| < \dfrac{\varepsilon}{2}$, 若是 $n > N_2$, 则 $|a_n| < \dfrac{\varepsilon}{2}$. 选取 $M = \max\{N_1, N_2\}$, 则对所有 $N > 2M$, 若 N 为偶数, 则 $|A_N - L| = \left|B_{\frac{N}{2}} - L\right| < \dfrac{\varepsilon}{2} < \varepsilon$, 若 N 为奇数, 则 $|A_N - L| \leqslant \left|B_{\frac{N}{2}} - L\right| + |a_n| < \dfrac{\varepsilon}{2} + \dfrac{\varepsilon}{2} = \varepsilon.$ 所以 $\sum\limits_{n=1}^{\infty} a_n$ 收敛.

13. 若 $\ell < 1$, 令 $\ell < x < 1$, 则 $\sum\limits_{n=1}^{\infty} x^n$ 收敛. 由于 $\lim\limits_{n\to\infty} \sqrt[n]{a_n} = \ell$, 存在自然数 N, 使得对所有 $n > N$, $0 < a_n < x^n$. 由比较判别法, $\sum\limits_{n=1}^{\infty} a_n$ 收敛. 若 $\lim\limits_{n\to\infty} \sqrt[n]{a_n} = \ell > 1$, 则 $\lim\limits_{n\to\infty} a_n \neq 0$, 所以 $\sum\limits_{n=1}^{\infty} a_n$ 发散.

15. 由于 $a_1 > a_2 > \cdots > a_{2^n} > a_{2^n+1} > \cdots > 0$, 得 $S_{2^n} = a_1 + a_2 + (a_3 + a_4) + \cdots + (a_{2^{n-1}+1} + \cdots + a_{2^n}) > \dfrac{1}{2}a_1 + a_2 + 2a_4 + \cdots + 2^{n-1}a_{2^n} = \dfrac{1}{2}(a_1 + 2a_2 + 4a_4 + \cdots + 2^n a_{2^n}) > 0.$ 由于 $\sum\limits_{n=1}^{\infty} a_n$ 收敛, 有 $\lim\limits_{n\to\infty} S_{2^n}$ 存在, 所以 $\sum\limits_{n=1}^{\infty} 2^n a_{2^n}$ 收敛.

17. 假设 $\alpha < 0$, 由 $\sum\limits_{n=1}^{\infty} a_n$ 收敛, 得 $\lim\limits_{n\to\infty} a_n = 0$. 令 $a_n^+ = \dfrac{|a_n| + a_n}{2}$, $a_n^- = \dfrac{|a_n| - a_n}{2}$, 由 $a_n^- \geqslant 0$, 则可取 $a_1^-, a_2^-, \cdots, a_{p_1}^-$, 使得 $-\sum\limits_{n=1}^{p_1} a_n^-$ 开始小于 α. 然后开始取 $a_1^+, a_2^+, \cdots, a_{q_1}^+$, 使得 $-\sum\limits_{n=1}^{p_1} a_n^- + \sum\limits_{n=1}^{q_1} a_n^+$ 开始大于 α. 接着再取 $a_{p_1+1}^-, a_{p_1+2}^-, \cdots, a_{p_1+p_2}^-$, 使得 $-\sum\limits_{n=1}^{p_1+p_2} a_n^- + \sum\limits_{n=1}^{q_1} a_n^+$ 又开始小于 α. 以此排列法操作下去, 则部分和会在 α 的附近振荡, 其误差值小于 $a_{q_k+p_k}$ 或 $a_{q_k+p_{k-1}}$. 因为 $\lim\limits_{n\to\infty} a_n = 0$, 所以最后用这样排列的新级数会逼近 α.

18. (1) $\dfrac{1}{(1-x)(1-y)} = \dfrac{1}{1-x} \cdot \dfrac{1}{1-y} = \left(\sum\limits_{n=0}^{\infty} x^n\right)\left(\sum\limits_{n=0}^{\infty} y^n\right) = \sum\limits_{p=0}^{\infty}\sum\limits_{k=0}^{p} x^k y^{p-k}$
$= \sum\limits_{p=0}^{\infty}(x^p + x^{p-1}y + \cdots + y^p).$

(2) $\sum\limits_{n=0}^{\infty} \dfrac{x^n}{n!} \sum\limits_{m=0}^{\infty} \dfrac{y^m}{m!} = \sum\limits_{n=0}^{\infty}\sum\limits_{m=0}^{\infty} \dfrac{x^n y^m}{n!m!} = \sum\limits_{k=0}^{\infty}\sum\limits_{n+m=k} \dfrac{x^n y^m}{n!m!}$
$= \sum\limits_{k=0}^{\infty} \dfrac{1}{k!} \sum\limits_{n+m=k} \dfrac{k!}{n!m!} x^n y^m = \sum\limits_{k=0}^{\infty} \dfrac{1}{k!} \sum\limits_{n=0}^{k} \dfrac{k!}{n!(k-n)!} x^n y^{k-n} = \sum\limits_{k=0}^{\infty} \dfrac{(x+y)^k}{k!}.$

习题 10.2

2. (1) 当 $0 \leqslant x \leqslant 1$ 时, $\lim\limits_{n\to\infty} f_n(x) = 0 = f(x)$, 且 $|f(x) - f_n(x)| = x^n - x^{2n}$. 取 $0 < \varepsilon < \dfrac{1}{4}$, 则对所有自然数 n, 存在 $x = \dfrac{1}{\sqrt[n]{2}}$, 使得 $\left|f\left(\dfrac{1}{\sqrt[n]{2}}\right) - f_n\left(\dfrac{1}{\sqrt[n]{2}}\right)\right| = \dfrac{1}{4} > \varepsilon.$ 因此 $f_n(x)$ 在 $[0,1]$ 上收敛, 但不是一致收敛.

(3) 当 $-a \leqslant x \leqslant a$ 时, $\lim\limits_{n\to\infty} f_n(x) = 0 = f(x)$, 且 $|f(x) - f_n(x)| = \left|\sin\dfrac{x}{n}\right|$. 对所有 $0 < \varepsilon < 1$, 存在自然数 N, 使得 $\sin\dfrac{x}{N} < \varepsilon$ 或 $\sin\dfrac{\pi}{2N} < \varepsilon$, 则对所有 $n > N$, $x \in [-a, a]$, 都有

$|f(x) - f_n(x)| = \left|\sin\dfrac{x}{n}\right| < \max\left\{\left|\sin\dfrac{x}{N}\right|, \left|\sin\dfrac{\pi}{2N}\right|\right\} < \varepsilon$. 因此 $f_n(x)$ 在 $[-a, a]$ 上一致收敛.

(5) 当 $1 - \delta < x < 1 + \delta$ 时,

$$\lim_{n\to\infty} f_n(x) = f(x) = \begin{cases} 0, & 1 - \delta < x < 1, \\ \dfrac{1}{2}, & x = 1, \\ 1, & 1 < x < 1 + \delta. \end{cases}$$

取 $0 < \varepsilon < \dfrac{1}{3}$, 则对所有自然数 n, 存在 $x = \dfrac{1}{\sqrt[n]{2}}$, 使得 $\left|f\left(\dfrac{1}{\sqrt[n]{2}}\right) - f_n\left(\dfrac{1}{\sqrt[n]{2}}\right)\right| = \dfrac{1}{3} > \varepsilon$. 因此 $f_n(x)$ 在 $(1 - \delta, 1 + \delta)$ 上收敛, 但不是一致收敛.

3. (1) 当 $0 \leqslant x \leqslant 1$ 时,

$$\sum_{n=1}^{\infty} (1-x)^n = S(x) = \begin{cases} +\infty, & x = 0, \\ \dfrac{1}{x} - 1, & 0 < x < 1, \\ 0, & x = 1. \end{cases}$$

若 $0 < x < 1$, 则 $S_n = \sum_{k=1}^{n} (1-x)^k = \dfrac{1 - x - (1-x)^{n+1}}{x}$, 所以 $|S_n(x) - S(x)| = \dfrac{x + (1-x)^{n+1}}{x}$. 取 $0 < \varepsilon < \dfrac{1}{2}$, 则对所有自然数 n, 存在 $x = 1 - \dfrac{1}{n+\sqrt[1]{2}}$, 使得 $\left|S_n\left(1 - \dfrac{1}{n+\sqrt[1]{2}}\right) - S\left(1 - \dfrac{1}{n+\sqrt[1]{2}}\right)\right| > \dfrac{\frac{1}{2}}{1 - \frac{1}{n+\sqrt[1]{2}}} > \dfrac{1}{2} > \varepsilon$. 因此 $\sum_{n=1}^{\infty} (1-x)^n$ 在 $(0, 1)$ 上收敛, 但不是一致收敛.

(3) 令 $f_n(x) = 2^n \sin\dfrac{1}{4^n x}$. 当 $0 < x < \infty$ 时, $|f_n(x)| \leqslant \dfrac{2^n}{4^n x} = \dfrac{1}{2^n x}$, 又 $\sum_{n=1}^{\infty} \dfrac{1}{2^n x}$ 收敛, 所以 $\sum_{n=1}^{\infty} 2^n \sin\dfrac{1}{4^n x}$ 在 $(0, +\infty)$ 上收敛. 假设 $\sum_{n=1}^{\infty} 2^n \sin\dfrac{1}{4^n x}$ 在 $(0, +\infty)$ 上一致收敛. 取 $\varepsilon = 1$, 则存在自然数 N, 使得对所有 $n > N$, $x \in (0, +\infty)$, 会有 $|f_{n+1}(x) + f_{n+2}(x) + \cdots + f_{n+p}(x)| < \varepsilon$, 其中 $p \in \mathbb{N}$. 现在取 $p = 1$, $n = N$, 则对所有 $x \in (0, +\infty)$, $|f_{N+1}(x)| < \varepsilon = 1$, 但存在 $x' = \dfrac{2}{4^{N+1}\pi} \in (0, +\infty)$, 使得 $f_{N+1}(x') = 2^{N+1} \sin\left(\dfrac{1}{4^{N+1}} \cdot \dfrac{4^{N+1}\pi}{2}\right) = 2^{N+1} > 1$, 矛盾. 所以 $\sum_{n=1}^{\infty} 2^n \sin\dfrac{1}{4^n x}$ 在 $(0, +\infty)$ 上不是一致收敛.

5. (1) (i) 若 $x_0 \in [a, b]$, 令 $S_n = \sum_{k=1}^{n} f_n$, 则 S_n 一致收敛到 f, 即对所有 $\varepsilon > 0$, 则存在自然数 N, 使得对所有 $n \geqslant N$, $x \in [a, b]$, 会有 $|S_n(x) - f(x)| < \dfrac{\varepsilon}{3}$. 由于 $S_N = \sum_{k=1}^{N} f_n$ 在点 x_0 处连续, 所以存在 $\delta > 0$, 使得对所有 $|x - x_0| < \delta$, $x \in [a, b]$, 会有 $|S_N(x) - S_N(x_0)| < \dfrac{\varepsilon}{3}$. 因此 $|f(x) - f(x_0)| \leqslant |S_N(x) - f(x)| + |S_N(x) - S_N(x_0)| + |S_N(x_0) - f(x_0)| < \varepsilon$, 即 f 在点 x_0 处连续.

(ii) 令 $S_n = \sum\limits_{k=1}^{n} f_n$, 则 S_n 一致收敛到 f, 即对所有 $\varepsilon > 0$, 则存在自然数 N, 使得对所有 $n > N$, $x \in [a,b]$, 会有 $|S_n(x) - f(x)| < \dfrac{\varepsilon}{3(b-a)}$. 由于 $S_N = \sum\limits_{k=1}^{N} f_n$ 可积, 则对所有 $[a,b]$ 上的分割 P, 会有 $S(f - S_N, P) \leqslant \dfrac{\varepsilon}{3}$ 和 $s(f - S_N, P) \geqslant \dfrac{-\varepsilon}{3}$. 再用一次 S_N 的可积性, 存在 $[a,b]$ 上的分割 P', 使得 $S(S_N, P') - s(S_N, P') < \dfrac{\varepsilon}{3}$. 因此 $S(f, P') - s(f, P') \leqslant S(f - S_N, P') + S(S_N, P') - s(S_N, P') - s(f - S_N, P') < \varepsilon$, 即 f 在 $[a,b]$ 可积. 又所有 $n > N$, $x \in [a,b]$, $\left| \displaystyle\int_a^x S_n(t)\,\mathrm{d}t - \int_a^x f(t)\,\mathrm{d}t \right| \leqslant \displaystyle\int_a^x |S_n(t) - f(t)|\,\mathrm{d}t \leqslant \dfrac{\varepsilon(b-a)}{3(b-a)} < \varepsilon$, 所以 $\displaystyle\int_a^b f(x)\,\mathrm{d}x = \sum\limits_{n=1}^{\infty} \int_a^b f_n(x)\,\mathrm{d}x$.

(2) 选取 $c \in (a,b)$, 令 $S_n = \sum\limits_{k=1}^{n} f_k$ 和

$$
g_n(x) = \begin{cases} S_n'(c), & x = c, \\ \dfrac{S_n(x) - S_n(c)}{x - c}, & x \neq c, \end{cases}
$$

则对所有自然数 n, $x \in [a,b]$, 会有 $S_n(x) = S_n(c) + (x - c)g_n(x)$. 对所有 $\varepsilon > 0$, $n, m \in \mathbb{N}$, $x \in [a,b]$, $x \neq c$, 由中值定理, 存在 ξ 在 x, c 之间, 使得

$$
g_n(x) - g_m(x) = \frac{S_n(x) - S_m(x) - (S_n(c) - S_m(c))}{x - c} = S_n'(\xi) - S_m'(\xi).
$$

因为 $S_n' = \sum\limits_{k=1}^{n} f_k'$ 在 $[a,b]$ 上一致收敛, 所以存在自然数 N, 使得对所有 $n, m > N$, $x \in [a,b]$, $x \neq c$, 会有 $|g_n(x) - g_m(x)| < \varepsilon$. 又 $g_n(c) = S_n'(c)$, 所以 g_n 在 $[a,b]$ 上一致收敛. 由于 g_n 在 c 连续, 得 $\lim\limits_{n \to \infty} g_n$ 在 c 连续, 且 $\lim\limits_{n \to \infty} S_n'(c) = \lim\limits_{n \to \infty} g_n(c) = \lim\limits_{x \to c} \lim\limits_{n \to \infty} g_n(x)$. 若 $x \neq c$, 则 $\dfrac{f(x) - f(c)}{x - c} = \lim\limits_{n \to \infty} \dfrac{S_n(x) - S_n(c)}{x - c} = \lim\limits_{n \to \infty} g_n(x)$, 因此 $f'(c) = \lim\limits_{x \to c} \dfrac{f(x) - f(c)}{x - c} = \lim\limits_{x \to c} \lim\limits_{n \to \infty} g_n(x) = \lim\limits_{n \to \infty} S_n'(c) = \lim\limits_{n \to \infty} \sum\limits_{k=1}^{n} f_k'(c)$. 所以 f' 存在, 且 $f'(x) = \sum\limits_{n=1}^{\infty} f_n'(x)$.

7. 因为对所有自然数 N, $\left| \sum\limits_{n=1}^{N} (-1)^n \right| \leqslant 1 < +\infty$, 且对所有 $x \in \mathbb{R}$, $\dfrac{1}{n + x^2} \leqslant \dfrac{1}{n}$ 单调一致地逼近到 0. 由狄利克雷判别法, $\sum\limits_{n=1}^{\infty} \dfrac{(-1)^n}{n + x^2}$ 在 $\mathbb{R}$ 上一致收敛. 对所有 $x \in \mathbb{R}$, $\lim\limits_{n \to \infty} \left| \dfrac{(-1)^n}{n + x^2} \right| \cdot n = \lim\limits_{n \to \infty} \dfrac{n}{n + x^2} = 1$, 且 $\sum\limits_{n=1}^{\infty} \dfrac{1}{n}$ 发散, 由极限比较判别法, $\sum\limits_{n=1}^{\infty} \left| \dfrac{(-1)^n}{n + x^2} \right|$ 发散. 所以对所有 $x \in \mathbb{R}$, $\sum\limits_{n=1}^{\infty} \dfrac{(-1)^n}{n + x^2}$ 都不是绝对收敛. 再者, 因为 $\lim\limits_{n \to \infty} \sqrt[n]{\dfrac{x^2}{(1 + x^2)^n}} = \dfrac{1}{1 + x^2} < 1$, 由根式判别法, $\sum\limits_{n=1}^{\infty} \dfrac{x^2}{(1 + x^2)^n}$ 对所有 x 都收敛. 若 $x \neq 0$, 则 $\sum\limits_{n=1}^{\infty} \dfrac{x^2}{(1 + x^2)^n} = \dfrac{x^2}{1 + x^2} \cdot \dfrac{1}{1 - \dfrac{1}{1 + x^2}} = 1$, 所以

$$
\sum_{n=1}^{\infty} \frac{x^2}{(1 + x^2)^n} = f(x) = \begin{cases} 1, & x \neq 0, \\ 0, & x = 0, \end{cases}
$$

即 $f(x)$ 不是连续函数, 因此 $\sum\limits_{n=1}^{\infty}\dfrac{x^2}{(1+x^2)^n}$ 不一致收敛.

9. 假设 $f_1(x)\geqslant f_2(x)\geqslant\cdots\geqslant f_n(x)\geqslant\cdots$. 对所有 $\varepsilon>0$, $x\in[a,b]$, 由于 $\lim\limits_{n\to\infty}f_n(x)=0$, 所以存在自然数 N_x, 使得对所有 $n>N_x$, 有 $|f_n(x)|<\dfrac{\varepsilon}{2}$. 又 f_{N_x} 连续, 所以存在 $\delta_x>0$, 如果 $y\in(x-\delta_x,x+\delta_x)$, 会有 $|f_{N_x}(x)-f_{N_x}(y)|<\dfrac{\varepsilon}{2}$. 因此对所有 $n>N_x$, $y\in(x-\delta_x,x+\delta_x)$, 会有 $|f_n(y)|<\varepsilon$, 即 f_n 在 $(x-\delta_x,x+\delta_x)$ 一致收敛. 因为 $[a,b]\subseteq\bigcup_{x\in[a,b]}(x-\delta_x,x+\delta_x)$, 由博雷尔覆盖定理, $[a,b]\subseteq\bigcup_{i=1}^{M}(x_i-\delta_{x_i},x+\delta_{x_i})$. 取 $N=\max\{N_{x_1},N_{x_2},\cdots,N_{x_M}\}$, 则对所有 $n>N$, $|f_n(x)|<\varepsilon$, 即 f_n 在 $[a,b]$ 一致收敛到 0.

11. 因为 $\left|\dfrac{\sin(2^n\pi x)}{2^n}\right|\leqslant\dfrac{1}{2^n}$, 且 $\sum\limits_{n=1}^{\infty}\dfrac{1}{2^n}$ 收敛, 所以由魏尔斯特拉斯判别法, $\sum\limits_{n=1}^{\infty}\dfrac{\sin(2^n\pi x)}{2^n}$ 在 $\mathbb{R}$ 上一致收敛. 而对所有自然数 n, $\left[\dfrac{\sin(2^n\pi x)}{2^n}\right]'=\pi\cos(2^n\pi x)$, 特别地, $\sum\limits_{n=1}^{\infty}\pi\cos(2^n\pi\cdot 0)=\sum\limits_{n=1}^{\infty}\pi=+\infty$, 即 $\sum\limits_{n=1}^{\infty}\left[\dfrac{\sin(2^n\pi x)}{2^n}\right]'$ 不一致收敛, 因此 $\sum\limits_{n=1}^{\infty}\dfrac{\sin(2^n\pi x)}{2^n}$ 不能逐项求导数.

13. 因为 $\sum\limits_{n=1}^{\infty}f_n(x)$ 在 (a,b) 上一致收敛, 所以对所有 $\varepsilon>0$, 存在自然数 N, 使得对所有 $m>n>N$, $x\in(a,b)$, 会有 $|f_{n+1}(x)+f_{n+2}(x)+\cdots+f_m(x)|<\varepsilon$. 取 $n>N+1$, 则对所有 $x\in(a,b)$, $\left|\sum\limits_{k=1}^{n}f_k(x)-\sum\limits_{k=1}^{n-1}f_k(x)\right|=|f_n(x)|<\varepsilon$, 即 f_n 在 (a,b) 上一致收敛到 0.

习题 10.3

1. (1) 由于 $\dfrac{1}{1-y}=\sum\limits_{n=0}^{\infty}y^n$, $|y|<1$, 得 $\dfrac{1}{1+y}=\dfrac{1}{1-(-y)}=\sum\limits_{n=0}^{\infty}(-y)^n$. 因为 $\sum\limits_{n=0}^{\infty}(-y)^n$ 在 $|y|<1$ 时是一致收敛的, 所以 $\ln(1+x)=\int_0^x\dfrac{1}{1+y}\,\mathrm{d}y=\int_0^x\sum\limits_{n=0}^{\infty}(-y)^n\,\mathrm{d}y=\sum\limits_{n=0}^{\infty}\dfrac{(-1)^n y^{n+1}}{n+1}\Big|_0^x=\sum\limits_{n=1}^{\infty}\dfrac{(-1)^{n+1}x^n}{n}$.

(3) 由于 $(-\ln\cos x)'=\tan x=x+\dfrac{1}{3}x^3+\dfrac{2}{15}x^5+\cdots+\dfrac{B_{2n}(-4)^n(1-4^n)}{(2n)!}x^{2n-1}+\cdots$, 所以 $-\ln\cos x=\dfrac{1}{2}x^2+\dfrac{1}{12}x^4+\dfrac{1}{45}x^6+\cdots+\dfrac{B_{2n}(-4)^n(1-4^n)}{2n(2n)!}x^{2n}+\cdots$, 其中 B_{2n} 为伯努利数.

3. (1) 由于 $\mathrm{e}^x=1+x+\dfrac{x^2}{2!}+\dfrac{x^3}{3!}+\cdots$, $\sin x=x-\dfrac{x^3}{3!}+\dfrac{x^5}{5!}-\dfrac{x^7}{7!}+\cdots$, 得 $\mathrm{e}^x\sin x=x+x^2+\left(\dfrac{1}{2!}-\dfrac{1}{3!}\right)x^3-\dfrac{x^4}{3!}+\cdots$, 则 $\mathrm{e}^x\sin x-x(1+x)=\dfrac{1}{3}x^3-\dfrac{x^4}{3!}+\cdots$, 所以 $\dfrac{\mathrm{e}^x\sin x-x(1+x)}{x^3}=\dfrac{1}{3}-\dfrac{x}{3!}+\cdots$. 那么 $\lim\limits_{x\to0}\dfrac{\mathrm{e}^x\sin x-x(1+x)}{x^3}=\dfrac{1}{3}$.

(2) $\lim\limits_{x\to0}\left(\dfrac{1}{x}-\dfrac{1}{\sin x}\right)=\lim\limits_{x\to0}\dfrac{\sin x-x}{x\sin x}=\lim\limits_{x\to0}\dfrac{-\dfrac{x^3}{3!}+\dfrac{x^5}{5!}-\dfrac{x^7}{7!}+\cdots}{x^2-\dfrac{x^4}{3!}+\dfrac{x^6}{5!}-\dfrac{x^8}{7!}+\cdots}$

$$= \lim_{x \to 0} \frac{-\dfrac{x}{3!} + \dfrac{x^3}{5!} - \dfrac{x^5}{7!} + \cdots}{1 - \dfrac{x^2}{3!} + \dfrac{x^4}{5!} - \dfrac{x^6}{7!} + \cdots} = 0.$$

5. 由 $f(x) = \sin 2x + \dfrac{\sin 4x}{2!} + \dfrac{\sin 8x}{3!} + \cdots$, $f'(x) = 2\cos 2x + \dfrac{4\cos 4x}{2!} + \dfrac{8\cos 8x}{3!} +$
$\cdots$, $f''(x) = -4\sin 2x - \dfrac{16\sin 4x}{2!} - \dfrac{64\sin 8x}{3!} + \cdots$, $f'''(x) = -2^3\cos 2x - \dfrac{2^6\cos 4x}{2!} -$
$\dfrac{2^9\cos 8x}{3!} + \cdots$, 得 $f(0) = 0$, $f'(0) = \displaystyle\sum_{n=1}^{\infty} \dfrac{2^n}{n!}$, $f''(0) = 0$, $f'''(0) = \displaystyle\sum_{n=1}^{\infty} \dfrac{-2^{3n}}{n!}$, $\cdots$. 所以
$f(x) = \displaystyle\sum_{n=1}^{\infty} \dfrac{2^n}{n!} x + \dfrac{1}{3!} \displaystyle\sum_{n=1}^{\infty} \dfrac{-2^{3n}}{n!} x^3 + \cdots + \dfrac{(-1)^m}{(2m+1)!} \displaystyle\sum_{n=1}^{\infty} \dfrac{2^{(2m+1)n}}{n!} x^{2m+1} + \cdots$, 即 $f(x) =$
$\displaystyle\sum_{m=0}^{\infty} \dfrac{(-1)^m}{(2m+1)!} \displaystyle\sum_{n=1}^{\infty} \dfrac{2^{(2m+1)n}}{n!} x^{2m+1}$. 另外, $|R_{M+1}(x)| = \left| \dfrac{(-1)^{M+1}}{(2M+3)!} \displaystyle\sum_{n=1}^{\infty} \dfrac{2^{2Mn+3n}}{n!} \xi^{2M+3} \right| \leqslant$
$\dfrac{|C|^{2M+3}}{(2M+3)!} \displaystyle\sum_{n=1}^{\infty} \dfrac{2^{2Mn+3n}}{n!}$, 其中 $C = \max\{|a|, |b|\}, \xi \in [a, b]$. 因为 $\displaystyle\lim_{n \to \infty} \dfrac{2^{2M(n+1)+3(n+1)}}{(n+1)!} \cdot$
$\dfrac{n!}{2^{2Mn+3n}} = \displaystyle\lim_{n \to \infty} \dfrac{2^{2M+3}}{n+1} = 0$, 所以 $\displaystyle\sum_{n=1}^{\infty} \dfrac{2^{2Mn+3n}}{n!}$ 收敛, 且 $\displaystyle\lim_{M \to \infty} \dfrac{|C|^{2M+3}}{(2M+3)!} = 0$. 因此
$f(x) = \displaystyle\sum_{m=0}^{\infty} \dfrac{(-1)^m}{(2m+1)!} \displaystyle\sum_{n=1}^{\infty} \dfrac{2^{(2m+1)n}}{n!} x^{2m+1}$ 在任意 $[a, b]$ 上一致收敛.

7. (1) 令 $f(x) = \sqrt[4]{x}$, 则 f 在 $x = 81$ 处的泰勒级数为 $f(x) = 3 + \dfrac{1}{4 \cdot 27}(x - 81) -$
$\dfrac{3}{16 \cdot 2187 \cdot 2!}(x - 81)^2 + \cdots$. 若 $|R_{N+1}(80)| \leqslant \left| \dfrac{1 \cdot 3 \cdot \cdots \cdot (3N-2)}{3^{3N+1} \cdot 4^{N+1}(N+1)!} \right| < 0.001$, 则 $N \geqslant 1$, 所
以取 $\sqrt[4]{80} \approx 3 + \dfrac{-1}{4 \cdot 27} = 2.9907$.

(3) 由于 $\dfrac{1 - \cos x}{x^2} = \dfrac{1}{2!} - \dfrac{x^2}{4!} + \dfrac{x^4}{6!} - \dfrac{x^6}{8!} + \cdots + \dfrac{(-1)^{k+1}x^{2k}}{(2k+2)!} + \cdots$, 所以 $\displaystyle\int_0^1 \dfrac{1 - \cos x}{x^2}\, \mathrm{d}x =$
$\dfrac{1}{2!} - \dfrac{1}{3 \cdot 4!} + \dfrac{1}{5 \cdot 6!} - \dfrac{1}{7 \cdot 8!} + \cdots + \dfrac{(-1)^{k+1}}{(2k+1) \cdot (2k+2)!} + \cdots$. 若 $\left| \dfrac{(-1)^{k+2}}{(2k+3) \cdot (2k+4)!} \right| \leqslant$
$\dfrac{1}{(2k+3)(2k+4)!} < 0.001$, 则 $k \geqslant 1$, 所以取 $\displaystyle\int_0^1 \dfrac{1 - \cos x}{x^2}\, \mathrm{d}x \approx \dfrac{1}{2!} - \dfrac{1}{3 \cdot 4!} = 0.4861$.

(5) 由于 $\mathrm{e}^x = 1 + x + \dfrac{x^2}{2!} + \dfrac{x^3}{3!} + \cdots$, 所以 $\displaystyle\int_0^1 \mathrm{e}^{-x^2}\, \mathrm{d}x = 1 - \dfrac{1}{3} + \dfrac{1}{5 \cdot 2!} - \dfrac{1}{7 \cdot 3!} + \dfrac{1}{9 \cdot 4!} -$
$\cdots + \dfrac{(-1)^k}{(2k+1) \cdot k!} + \cdots$. 若 $\left| \dfrac{(-1)^{k+1}}{(2k+3) \cdot (k+1)!} \right| \leqslant \dfrac{1}{(2k+3) \cdot (k+1)!} < 0.001$, 则 $k \geqslant 4$, 所
以取 $\displaystyle\int_0^1 \mathrm{e}^{-x^2}\, \mathrm{d}x \approx 1 - \dfrac{1}{3} + \dfrac{1}{5 \cdot 2!} - \dfrac{1}{7 \cdot 3!} + \dfrac{1}{9 \cdot 4!} = 0.7474$.

9. 令 $f(x) = (1+x)^\alpha$, 则 $f'(x) = \alpha(1+x)^{\alpha-1}$, $f''(x) = \alpha(\alpha-1)(1+x)^{\alpha-2}$, $\cdots$,
得 $f(0) = 1$, $f'(0) = \alpha$, $f''(0) = \alpha(\alpha-1)$, $\cdots$. 所以 $(1+x)^\alpha$ 在 $x = 0$ 的泰勒级数为
$(1+x)^\alpha = 1 + \alpha x + \dfrac{\alpha(\alpha-1)}{2!} x^2 + \dfrac{\alpha(\alpha-1)(\alpha-2)}{3!} x^3 + \cdots$, $|x| < 1$.

习题 10.4

1. (1) $\displaystyle\sum_{n=1}^{\infty} \dfrac{(2x)^n}{n!} = \displaystyle\sum_{n=1}^{\infty} \dfrac{2^n}{n!} x^n$, $\displaystyle\lim_{n \to \infty} \left| \dfrac{2^{n+1}}{(n+1)!} \cdot \dfrac{n!}{2^n} \right| = \displaystyle\lim_{n \to \infty} \dfrac{2}{n+1} = 0$, 所以收敛半径
$R = +\infty$, 收敛区间为 $(-\infty, +\infty)$.

(3) 由于 $\lim\limits_{n\to\infty}\left|\dfrac{a_{n+1}}{a_n}\right| = \lim\limits_{n\to\infty}\left|\dfrac{3^{n+1}+(-2)^{n+1}}{n+1}\cdot\dfrac{n}{3^n+(-2)^n}\right| = \lim\limits_{n\to\infty}\dfrac{3n}{n+1}\cdot\left|\dfrac{1+\left(\dfrac{-2}{3}\right)^{n+1}}{1+\left(\dfrac{-2}{3}\right)^n}\right| =$

3, 所以收敛半径 $R = \dfrac{1}{3}$. 若 $x = \dfrac{-4}{3}$, $\sum\limits_{n=1}^{\infty}\dfrac{3^n+(-2)^n}{n}\left(\dfrac{-1}{3}\right)^n = \sum\limits_{n=1}^{\infty}\dfrac{(-1)^n}{n} + \sum\limits_{n=1}^{\infty}\dfrac{\left(\dfrac{2}{3}\right)^n}{n}$,

由于 $\lim\limits_{n\to\infty}\left|\dfrac{\left(\dfrac{2}{3}\right)^{n+1}}{n+1}\cdot\dfrac{n}{\left(\dfrac{2}{3}\right)^n}\right| = \dfrac{2}{3} < 1$, 得 $\sum\limits_{n=1}^{\infty}\dfrac{(-1)^n}{n}$ 和 $\sum\limits_{n=1}^{\infty}\dfrac{\left(\dfrac{2}{3}\right)^n}{n}$ 都收敛. 若 $x = \dfrac{-2}{3}$,

$\sum\limits_{n=1}^{\infty}\dfrac{3^n+(-2)^n}{n}\left(\dfrac{1}{3}\right)^n = \sum\limits_{n=1}^{\infty}\dfrac{1}{n} + \sum\limits_{n=1}^{\infty}\dfrac{\left(\dfrac{-2}{3}\right)^n}{n}$, 由于 $\sum\limits_{n=1}^{\infty}\dfrac{1}{n}$ 发散, 所以 $\sum\limits_{n=1}^{\infty}\dfrac{3^n+(-2)^n}{n}\left(\dfrac{1}{3}\right)^n$

发散. 因此收敛区间为 $\left[\dfrac{-4}{3}, \dfrac{-2}{3}\right)$.

3. 由于 $\dfrac{e^x-1}{x} = 1+\dfrac{x}{2!}+\dfrac{x^2}{3!}+\dfrac{x^3}{4!}+\cdots = \sum\limits_{n=0}^{\infty}\dfrac{x^n}{(n+1)!}$, 得 $\dfrac{\mathrm{d}}{\mathrm{d}x}\left(\dfrac{e^x-1}{x}\right) = \sum\limits_{n=1}^{\infty}\dfrac{nx^{n-1}}{(n+1)!}$,

所以 $\sum\limits_{n=1}^{\infty}\dfrac{n}{(n+1)!} = \dfrac{\mathrm{d}}{\mathrm{d}x}\left(\dfrac{e^x-1}{x}\right)\Big|_{x=1} = \dfrac{xe^x-e^x+1}{x^2}\Big|_{x=1} = 1$.

5. 由于 $f(x) = f(-x)$, 得 $\sum\limits_{n=0}^{\infty}a_nx^n = \sum\limits_{n=0}^{\infty}a_n(-x)^n$, 所以 $a_{2k+1} = 0$, $k = 0, 1, 2, \cdots$.

7. 由于 $(\arctan x)' = \dfrac{1}{1+x^2}$, 且 $\dfrac{1}{1+x^2} = \sum\limits_{n=0}^{\infty}(-x^2)^n = \sum\limits_{n=0}^{\infty}(-1)^n x^{2n}$, 所以 $\arctan x = \sum\limits_{n=0}^{\infty}(-1)^n\dfrac{x^{2n+1}}{2n+1}$.

9. 由于 $f(x) = a_0+a_1x+a_2x^2+a_3x^3+a_4x^4+\cdots$, $g(x) = b_0+b_1x+b_2x^2+b_3x^3+b_4x^4+\cdots$,

所以 $f(x)g(x) = (a_0+a_1x+a_2x^2+a_3x^3+a_4x^4+\cdots)(b_0+b_1x+b_2x^2+b_3x^3+b_4x^4+\cdots) = a_0b_0+(a_0b_1+a_1b_0)x+(a_0b_2+a_1b_1+a_2b_0)x^2+(a_0b_3+a_1b_2+a_2b_1+a_3b_0)x^3+\cdots = \sum\limits_{n=0}^{\infty}c_nx^n$,

其中 $c_n = \sum\limits_{k=0}^{n}a_kb_{n-k}$.

习题 10.5

1. (1) 若 $m \neq n$, $\displaystyle\int_{-\pi}^{\pi}\cos mx\cos nx\,\mathrm{d}x = \dfrac{1}{2}\int_{-\pi}^{\pi}(\cos(m-n)x+\cos(m+n)x)\,\mathrm{d}x = \left(\dfrac{1}{2(m-n)}\sin(m-n)x + \dfrac{1}{2(m+n)}\sin(m+n)x\right)\Big|_{-\pi}^{\pi} = 0$.

若 $m = n$, $\displaystyle\int_{-\pi}^{\pi}\cos mx\cos nx\,\mathrm{d}x = \dfrac{1}{2}\int_{-\pi}^{\pi}(1+\cos 2nx)\,\mathrm{d}x = \dfrac{1}{2}\left(x+\dfrac{1}{2n}\sin 2nx\right)\Big|_{-\pi}^{\pi} = \pi$.

(3) 若 $m \neq n$, $\displaystyle\int_{-\pi}^{\pi}\cos mx\sin nx\,\mathrm{d}x = \dfrac{1}{2}\int_{-\pi}^{\pi}[\sin(m+n)x-\sin(m-n)x]\,\mathrm{d}x = \dfrac{-1}{2(m+n)}$

$\times\left(\cos(m+n)x + \dfrac{1}{2(m-n)}\cos(m-n)x\right)\Big|_{-\pi}^{\pi} = 0$.

若 $m = n$, $\int_{-\pi}^{\pi} \cos mx \sin nx \, \mathrm{d}x = \frac{1}{2} \int_{-\pi}^{\pi} \sin 2nx \, \mathrm{d}x = \frac{-1}{4n} \cos 2nx \big|_{-\pi}^{\pi} = 0$.

3. 由于 $f(x+l) \sim \frac{a_0}{2} + \sum\limits_{n=1}^{\infty} [a_n \cos n(x+l) + b_n \sin n(x+l)] = \frac{a_0}{2} + \sum\limits_{n=1}^{\infty} [a_n(\cos nx \cos nl -$

$\sin nx \sin nl) + b_n(\sin nx \cos nl + \cos nx \sin nl)] = \frac{a_0}{2} + \sum\limits_{n=1}^{\infty} [(a_n \cos nl + b_n \sin nl) \cos nx +$

$(-a_n \sin nl + b_n \cos nl) \sin nx]$, 所以 $A_n = a_n \cos nl + b_n \sin nl$, $B_n = -a_n \sin nl + b_n \cos nl$.

5. 因为 f 的周期为 π, 所以 $l = \frac{\pi}{2}$, 又 f 为偶函数, 所以 $b_n = 0$, 有 $a_0 = \frac{2}{\pi} \int_{-\frac{\pi}{2}}^{\frac{\pi}{2}} |\cos x| \, \mathrm{d}x =$

$\frac{4}{\pi} \int_0^{\frac{\pi}{2}} \cos x \, \mathrm{d}x = \frac{4}{\pi} \sin x \big|_0^{\frac{\pi}{2}} = \frac{4}{\pi}$, $a_n = \frac{4}{\pi} \int_0^{\frac{\pi}{2}} \cos x \cos 2nx \, \mathrm{d}x = \frac{2}{\pi} \int_0^{\frac{\pi}{2}} [\cos(2n-1)x + \cos(2n+$

$1)x] \, \mathrm{d}x = \left(\frac{2}{\pi(2n-1)} \sin(2n-1)x + \frac{2}{\pi(2n+1)} \sin(2n+1)x \right) \Big|_0^{\frac{\pi}{2}} = \begin{cases} \dfrac{4}{\pi(4n^2-1)}, & n = 2k+1, \\ \dfrac{-4}{\pi(4n^2-1)}, & n = 2k, \end{cases}$

所以, $|\cos x| \sim \frac{2}{\pi} - \frac{4}{\pi} \sum\limits_{n=1}^{\infty} \frac{(-1)^n \cos 2nx}{4n^2 - 1}$.

7. (1) 由于 $x = 2 \sum\limits_{n=1}^{\infty} \frac{(-1)^{n+1} \sin nx}{n}$, $\frac{\pi^2}{3} = \frac{1}{2\pi} \int_{-\pi}^{\pi} x^2 \, \mathrm{d}x = \sum\limits_{n=1}^{\infty} \frac{1}{2\pi} \times$

$\int_{-\pi}^{\pi} \left[\frac{2(-1)^{n+1} \sin nx}{n} \right]^2 \, \mathrm{d}x = 2 \sum\limits_{n=1}^{\infty} \frac{1}{n^2}$, 所以, $\sum\limits_{n=1}^{\infty} \frac{1}{n^2} = \frac{\pi^2}{6}$.

(2) 由于 $|x| = \frac{\pi}{2} - \frac{4}{\pi} \sum\limits_{n=0}^{\infty} \frac{\cos(2n+1)x}{(2n+1)^2}$, $\frac{\pi^2}{3} = \frac{1}{2\pi} \int_{-\pi}^{\pi} x^2 \, \mathrm{d}x = \frac{1}{2\pi} \int_{-\pi}^{\pi} \frac{\pi^2}{4} \, \mathrm{d}x -$

$\frac{2}{\pi} \sum\limits_{n=0}^{\infty} \int_{-\pi}^{\pi} \frac{\cos(2n+1)x}{(2n+1)^2} \, \mathrm{d}x + \frac{8}{\pi^3} \sum\limits_{n=0}^{\infty} \int_{-\pi}^{\pi} \frac{\cos^2(2n+1)x}{(2n+1)^4} \, \mathrm{d}x = \frac{\pi^2}{4} + \frac{8}{\pi^2} \sum\limits_{n=0}^{\infty} \frac{1}{(2n+1)^4}$,

所以, $\sum\limits_{n=0}^{\infty} \frac{1}{(2n+1)^4} = \frac{\pi^4}{96}$.

9. 若 $f(x) = f(-x)$, 则 $\sum\limits_{n=1}^{\infty} (a_n \cos n\pi x + b_n \sin n\pi x) = \sum\limits_{n=1}^{\infty} (a_n \cos n\pi(-x) + b_n \sin n\pi(-x))$

$= \sum\limits_{n=1}^{\infty} (a_n \cos n\pi x - b_n \sin n\pi x)$, 所以 $b_n = 0$. 若 $f(x) = -f(-x)$, 则 $-\sum\limits_{n=1}^{\infty} (a_n \cos n\pi x +$

$b_n \sin n\pi x) = \sum\limits_{n=1}^{\infty} (a_n \cos n\pi(-x) + b_n \sin n\pi(-x)) = \sum\limits_{n=1}^{\infty} (a_n \cos n\pi x - b_n \sin n\pi x)$, 所以

$a_n = 0$.

11. (1) 由于 $\cos \alpha x$ 为偶函数, 所以 $b_n = 0$, 且 $a_0 = \frac{2}{\pi} \int_0^{\pi} \cos \alpha x \, \mathrm{d}x = \frac{2}{\alpha \pi} \sin \alpha \pi$,

$a_n = \frac{2}{\pi} \int_0^{\pi} \cos \alpha x \cos nx \, \mathrm{d}x = \frac{1}{\pi} \int_0^{\pi} [\cos(\alpha + n)x + \cos(n - \alpha)x] \, \mathrm{d}x = \frac{2 \sin \alpha \pi}{\pi} \frac{(-1)^{n+1} \alpha}{n^2 - \alpha^2}$, 所

以 $\cos \alpha x = \frac{2\alpha \sin \alpha \pi}{\pi} \left[\frac{1}{2\alpha^2} + \sum\limits_{n=1}^{\infty} \frac{(-1)^n \cos nx}{\alpha^2 - n^2} \right]$.

(3) 由于 $\left[\ln \frac{\sin \pi x}{\pi x} \right]' = \frac{\pi x \cot \pi x - 1}{x}$, 所以

$$\ln \frac{\sin \pi x}{\pi x} = \int_0^x \frac{\pi t \cot \pi t - 1}{t} \, \mathrm{d}t$$
$$= \int_0^x \left(\sum_{n=1}^{\infty} \frac{2t}{t^2 - n^2} \right) \mathrm{d}t$$

$$= \sum_{n=1}^{\infty} \int_0^x \frac{2t}{t^2 - n^2}\, \mathrm{d}t = \sum_{n=1}^{\infty} \ln \frac{n^2 - x^2}{n^2}$$

$$= \sum_{n=1}^{\infty} \ln \left(1 - \frac{x^2}{n^2}\right) = \ln \prod_{n=1}^{\infty} \left(1 - \frac{x^2}{n^2}\right).$$

因此 $\dfrac{\sin \pi x}{\pi x} = \prod_{n=1}^{\infty} \left(1 - \dfrac{x^2}{n^2}\right)$.

习题 10.6

1. (1) 由于 $\binom{n}{k} \geqslant 1$, $x^k \geqslant 0$, $(1-x)^{n-k} \geqslant 0$, 所以 $p_{nk}(x) = \binom{n}{k} x^k (1-x)^{n-k} \geqslant 0$.

(3) $\sum_{k=0}^{n} k p_{nk}(x) = \sum_{k=0}^{n} k \binom{n}{k} x^k (1-x)^{n-k} = \sum_{k=1}^{n} \frac{n!}{(k-1)!(n-k)!} x^k (1-x)^{n-k} = $
$nx \sum_{k=0}^{n} \frac{(n-1)!}{(k-1)!((n-1)-(k-1))!} x^{k-1} (1-x)^{(n-1)-(k-1)} = nx$.

3. 因为 f 是以 2π 为周期的连续可微函数, 由傅里叶级数的一致收敛定理, $f(x)$ 具有一致收敛的三角多项式 $T_n(x)$, 再由定理 10.5.10, $f'(x)$ 具有三角多项式逼近 $T_n'(x)$, 因为 f' 连续, 由魏尔斯特拉斯逼近定理, $T_n'(x)$ 在 $\mathbb{R}$ 上一致收敛到 f', 所以 f 具有一阶三角多项式逼近.

5. 因为 f 在 $[-a, a]$ 上为奇函数, 由魏尔斯特拉斯逼近定理, 存在奇多项式 $P_n(x) = a_{n1}x + a_{n3}x^3 + a_{n5}x^5 + \cdots + a_{n2k+1}x^{2k+1}$ 在 $[-a, a]$ 上一致收敛到 f, 所以

$$\int_{-a}^{a} |f(x)|^2\, \mathrm{d}x = \int_{-a}^{a} f(x)f(x)\, \mathrm{d}x = \lim_{n \to \infty} \int_{-a}^{a} P_n(x)f(x)\, \mathrm{d}x$$

$$= \lim_{n \to \infty} a_1 \int_{-a}^{a} f(x)x\, \mathrm{d}x + a_3 \int_{-a}^{a} f(x)x^3\, \mathrm{d}x + \cdots + a_{2k+1} \int_{-a}^{a} f(x)x^{2k+1}\, \mathrm{d}x = 0,$$

这样得 $f = 0$.

7. $B_n[x^2] = \sum_{k=0}^{\infty} \left(\frac{k}{n}\right)^2 \binom{n}{k} x^k (1-x)^{n-k} = x^2 + \frac{x(1-x)}{n}$, 当 $d(x^2, B_n[x^2]) = \sup_{0 \leqslant x \leqslant 1} \frac{x(1-x)}{n} < 0.001$ 时, 有 $n > 250$.

9. 令 $f(x) = \tan x : \left(\frac{-\pi}{2}, \frac{\pi}{2}\right) \to \mathbb{R}$, 则 $\mathrm{e}^{f(x)} = \mathrm{e}^{\tan x}$ 为连续函数, 但 $\mathrm{e}^{\tan x}$ 无法用多项式一致收敛到它.

习题 11

1. (1) 假设 f 在 A 的聚点 x_0 处连续, 且 $\boldsymbol{x}_m \to \boldsymbol{x}_0$. 对于任意的 $\varepsilon > 0$, 存在 $\delta > 0$ 使得 $\|\boldsymbol{x} - \boldsymbol{x}_0\| < \delta \implies |f(\boldsymbol{x}) - f(\boldsymbol{x}_0)| < \varepsilon$. 另一方面, 存在 N 使得 $m > N \implies \|\boldsymbol{x}_m - \boldsymbol{x}_0\| < \delta \implies |f(\boldsymbol{x}_m) - f(\boldsymbol{x}_0)| < \varepsilon$. 因此, $f(\boldsymbol{x}_m) \to f(\boldsymbol{x}_0)$. 反之, 若 f 在点 $\boldsymbol{x}_0$ 处不连续, 则存在着 $\varepsilon > 0$, 使得不论 $\delta = 1, 1/2, 1/3, \cdots, 1/m, \cdots$, 皆有 $\boldsymbol{x}_m \in A$ 使得虽然 $\|\boldsymbol{x}_m - \boldsymbol{x}_0\| < 1/m$, 但是 $|f(\boldsymbol{x}_m) - f(\boldsymbol{x}_0)| > \varepsilon$. 然而, 此时 $\boldsymbol{x}_m \to \boldsymbol{x}_0$. 由此得到矛盾 $f(\boldsymbol{x}_m) \nrightarrow f(\boldsymbol{x}_0)$.

(2) $\lim\limits_{x\to 0}\lim\limits_{y\to 0}\dfrac{x-y}{x+y}=1\neq -1=\lim\limits_{y\to 0}\lim\limits_{x\to 0}\dfrac{x-y}{x+y}$.

(3) 对于 $k=0$, $\lim\limits_{\substack{x\to 0\\y\to 0}}f(x,kx)=\dfrac{2k}{1+k^2}=0$; 对于 $k=1$, $\lim\limits_{\substack{x\to 0\\y\to 0}}f(x,kx)=\dfrac{2k}{1+k^2}=1\neq 0$. 所以, f 在点 $(0,0)$ 处不连续.

(4) $f(x,kx)=\dfrac{kx^3}{x^4+k^2x^2}=\dfrac{kx}{x^2+k^2}\xrightarrow{x\to 0}0$, $\forall k\neq 0$. 明显地, $f(x,0)=0$. 另一方面, $f(x,x^2)=\dfrac{x^4}{2x^4}=1/2\neq 0$. 所以, f 在点 $(0,0)$ 处不连续.

2. $\dfrac{\partial u}{\partial x}=\dfrac{\partial u}{\partial y}=\dfrac{\partial u}{\partial z}=2x+2y+2z$, $\dfrac{\partial^2 u}{\partial x^2}=\dfrac{\partial^2 u}{\partial y^2}=\dfrac{\partial^2 u}{\partial z^2}=\dfrac{\partial^2 u}{\partial y\partial x}=\dfrac{\partial^2 u}{\partial z\partial x}=\dfrac{\partial^2 u}{\partial y\partial z}=\dfrac{\partial^2 u}{\partial x\partial y}=\dfrac{\partial^2 u}{\partial z\partial y}=\dfrac{\partial^2 u}{\partial x\partial z}=2$.

3. 若 $(x,y)\neq(0,0)$, 则 $\dfrac{\partial f}{\partial x}=\dfrac{(3x^2y-y^3)(x^2+y^2)-2x(x^3y-xy^3)}{(x^2+y^2)^2}=\dfrac{x^4y+4x^2y^3-y^5}{(x^2+y^2)^2}$,

$\dfrac{\partial f}{\partial y}=\dfrac{(x^3-3xy^2)(x^2+y^2)-2y(x^3y-xy^3)}{(x^2+y^2)^2}=\dfrac{x^5-4x^3y^2-xy^4}{(x^2+y^2)^2}$. 若 $(x,y)=(0,0)$, 则

$\lim\limits_{h\to 0}\dfrac{f(0+h,0)-f(0,0)}{h}=0$, $\lim\limits_{h\to 0}\dfrac{f(0,0+h)-f(0,0)}{h}=0$. 因此 $\dfrac{\partial^2 f}{\partial y\partial x}\Big|_{(0,0)}=$

$\lim\limits_{h\to 0}\dfrac{\dfrac{\partial f}{\partial x}\Big|_{(0,h)}-\dfrac{\partial f}{\partial x}\Big|_{(0,0)}}{h}=\lim\limits_{h\to 0}\dfrac{-h^5}{h^5}=-1$, $\dfrac{\partial^2 f}{\partial x\partial y}\Big|_{(0,0)}=\lim\limits_{h\to 0}\dfrac{\dfrac{\partial f}{\partial y}\Big|_{(h,0)}-\dfrac{\partial f}{\partial y}\Big|_{(0,0)}}{h}=\lim\limits_{h\to 0}\dfrac{h^5}{h^5}=1$.

4. $f_x(0,0)=\lim\limits_{h\to 0}\dfrac{f(h,0)-f(0,0)}{h}=\lim\limits_{h\to 0}\dfrac{1-1}{h}=0$, $f_y(0,0)=\lim\limits_{h\to 0}\dfrac{f(0,h)-f(0,0)}{h}=\lim\limits_{h\to 0}\dfrac{1-1}{h}=0$. 对于 $k\neq 0$, $\lim\limits_{k\to 0}f(k,k)=\lim\limits_{k\to 0}0=0\neq 1=f(0,0)$. 所以, f 在点 $(0,0)$ 处不连续.

5. $D_{\boldsymbol{u}}f(x,y)=\dfrac{\partial f}{\partial x}\cos\theta+\dfrac{\partial f}{\partial y}\sin\theta=(2x-y)\cos\theta+(2y-x)\sin\theta$. $D_{\boldsymbol{u}}f(1,1)=\cos\theta+\sin\theta$. $\max\limits_u D_{\boldsymbol{u}}f(1,1)=\max\limits_\theta(\cos\theta+\sin\theta)=\cos\dfrac{\pi}{4}+\sin\dfrac{\pi}{4}=\sqrt{2}$. $\min\limits_u D_{\boldsymbol{u}}f(1,1)=\min\limits_\theta(\cos\theta+\sin\theta)=\cos\dfrac{5\pi}{4}+\sin\dfrac{5\pi}{4}=-\sqrt{2}$.

6. $\mathrm{d}u=\mathrm{d}x+\left(\dfrac{1}{2}\cos\dfrac{y}{2}-\dfrac{z}{y^2+z^2}\right)\mathrm{d}y+\dfrac{y}{y^2+z^2}\mathrm{d}z$.

7. (1) $\dfrac{\partial z}{\partial x}=\dfrac{\partial z}{\partial(x^2-y^2)}\dfrac{\partial(x^2-y^2)}{\partial x}+\dfrac{\partial z}{\partial(e^{xy})}\dfrac{\partial(e^{xy})}{\partial x}=2x\dfrac{\partial z}{\partial(x^2-y^2)}+ye^{xy}\dfrac{\partial z}{\partial(e^{xy})}$,

$\dfrac{\partial z}{\partial y}=\dfrac{\partial z}{\partial(x^2-y^2)}\dfrac{\partial(x^2-y^2)}{\partial y}+\dfrac{\partial z}{\partial(e^{xy})}\dfrac{\partial(e^{xy})}{\partial y}=-2y\dfrac{\partial z}{\partial(x^2-y^2)}+xe^{xy}\dfrac{\partial z}{\partial(e^{xy})}$.

(2) $\dfrac{\mathrm{d}z}{\mathrm{d}t}=e^t\cos t-e^t\sin t+\cos t$.

8. (1) 单位切方向 $\boldsymbol{t}(t)=(a,b,c)$, 单位法方向 $\boldsymbol{n}(t)=(0,0,0)$, 单位副法方向 $\boldsymbol{b}(t)=(0,0,0)$, 曲率 $k(t)=0$, 扭率 $\tau(t)=0$.

(3) 单位切方向 $\boldsymbol{t}(t)=\left(\dfrac{3-3t^2}{\sqrt{18}(t^2+1)},\dfrac{6t}{\sqrt{18}(t^2+1)},\dfrac{1}{\sqrt{2}}\right)$, 单位法方向 $\boldsymbol{n}(t)=\left(\dfrac{-2t}{1+t^2},\dfrac{1-t^2}{1+t^2},0\right)$, 单位副法方向 $\boldsymbol{b}(t)=\left(\dfrac{t^2-1}{\sqrt{2}(1+t^2)},\dfrac{-2t}{\sqrt{2}(1+t^2)},\dfrac{1+t^2}{\sqrt{2}(1+t^2)}\right)$, 曲率 $k(t)=$

$$\sqrt{\frac{2}{(1+t^2)^3}}, \text{ 扭率 } \tau(t) = \frac{\sqrt{2}}{1-t^4}.$$

9. 在点 $(1,1,1)$ 处的切线和法平面的方程, 分别为

$$\frac{x-1}{1} = \frac{y-1}{1} = \frac{z-1}{2}$$

和

$$x + y + 2z = 4.$$

10. $\overrightarrow{\boldsymbol{r}(s_0)\boldsymbol{r}(s)} = (x(s)-x(s_0), y(s)-y(s_0), z(s)-z(s_0)) = \left(x'(s_0)(s-s_0) + \frac{x''(s_0)}{2}(s-s_0)^2 \right.$

$+ o((s-s_0)^2), y'(s_0)(s-s_0) + \frac{y''(s_0)}{2}(s-s_0)^2 + o((s-s_0)^2), z'(s_0)(s-s_0) + \frac{z''(s_0)}{2}(s-$

$\left. s_0)^2 + o((s-s_0)^2) \right) = (s-s_0)\boldsymbol{r}'(s_0) + \frac{(s-s_0)^2}{2}\boldsymbol{r}''(s_0) + o((s-s_0)^2).$

11. 切平面为 $x + y + z = \frac{\pi}{2}$, 法线为 $x - \frac{\pi}{4} = y - \frac{\pi}{4} = z$.

12. 椭球面

$$\frac{x^2}{a^2} + \frac{y^2}{b^2} + \frac{z^2}{c^2} = 1$$

在点 (α, β, γ) 处的切平面和法线的方程, 分别为

$$\frac{\alpha x}{a^2} + \frac{\beta y}{b^2} + \frac{\gamma z}{c^2} = 1$$

和

$$\frac{x-\alpha}{\frac{\alpha}{a^2}} = \frac{y-\beta}{\frac{\beta}{b^2}} = \frac{z-\gamma}{\frac{\gamma}{c^2}}.$$

13. (1) 在 xy-平面上的投影为由椭圆 $x^2 + y^2 - xy = 1$ 所围成的区域,

(2) 在 yz-平面上的投影为由椭圆 $\frac{3}{4}y^2 + z^2 = 1$ 所围成的区域,

(3) 在 zx-平面上的投影为由椭圆 $\frac{3}{4}x^2 + z^2 = 1$ 所围成的区域.

14. 由于 $\frac{\partial z}{\partial x} = \frac{2x}{a^2}$, $\frac{\partial z}{\partial y} = \frac{-2y}{b^2}$, 所以在 $(x,y) = (0,0)$ 时可能为极值, 且 $\frac{\partial^2 z}{\partial x^2} = \frac{2}{a^2}$,

$\frac{\partial^2 z}{\partial x \partial y} = 0$, $\frac{\partial^2 z}{\partial y^2} = \frac{-2}{b^2}$, 得 $AC - B^2 < 0$, 所以 $(x,y) = (0,0)$ 为鞍点.

15. $a = \dfrac{\overline{x^2 x^2 y} - (\overline{x})^2 \overline{x^2 y} + \overline{x}\,\overline{x^2}\,\overline{xy} - \overline{x^3}\,\overline{xy} + \overline{x}\,\overline{x^3}\,\overline{y} - (\overline{x^2})^2\overline{y}}{2\overline{x}\,\overline{x^2}\,\overline{x^3} + \overline{x^2}\,\overline{x^4} - (\overline{x})^2\overline{x^4} - (\overline{x^3})^2 - (\overline{x^2})^3}$,

$b = \dfrac{\overline{x}\,\overline{x^2}\,\overline{x^2 y} - \overline{x^2 y}\,\overline{x^3} + \overline{x^4}\,\overline{xy} - (\overline{x^2})^2\overline{xy} + \overline{x^2}\,\overline{x^3 y} - \overline{x}\,\overline{x^4}\,\overline{y}}{2\overline{x}\,\overline{x^2}\,\overline{x^3} + \overline{x^2}\,\overline{x^4} - (\overline{x})^2\overline{x^4} - (\overline{x^3})^2 - (\overline{x^2})^3}$,

$c = \dfrac{-(\overline{x})^2\overline{x^2 y} + \overline{x}\,\overline{x^3}\,\overline{x^2 y} - \overline{x}\,\overline{x^4}\,\overline{xy} + \overline{x^2}\,\overline{x^3}\,\overline{xy} - (\overline{x^3})^2\overline{y} + \overline{x^2}\,\overline{x^4}\,\overline{y}}{2\overline{x}\,\overline{x^2}\,\overline{x^3} + \overline{x^2}\,\overline{x^4} - (\overline{x})^2\overline{x^4} - (\overline{x^3})^2 - (\overline{x^2})^3}.$

16. $\max = \sqrt{2}/2 + \sqrt{2}/2 = \sqrt{2}$, $\min = -\sqrt{2}/2 - \sqrt{2}/2 = -\sqrt{2}$.

17. $d = \dfrac{|Aa + Bb + Cc + D|}{\sqrt{A^2 + B^2 + C^2}}$.

18. 极值发生在 $(x, y, w) = (2, 2, 6)$, $z = 48$.

19. 令 $L(x_1, x_2, \cdots, x_n, \lambda) = \left(\sum\limits_{i=1}^{n} a_i^p \right)^{\frac{1}{p}} \left(\sum\limits_{i=1}^{n} x_i^q \right)^{\frac{1}{q}} - \lambda \left(\sum\limits_{i=1}^{n} a_i x_i - A \right)$. 解联立方程组:

$$\frac{\partial L}{\partial x_k} = \left(\sum_{i=1}^{n} a_i^p \right)^{\frac{1}{p}} \left(\sum_{i=1}^{n} x_i^q \right)^{-\frac{1}{p}} x_k^{\frac{q}{p}} - \lambda a_k = 0, \quad k = 1, 2 \cdots, n,$$

$$\frac{\partial L}{\partial \lambda} = -\left(\sum_{i=1}^{n} a_i x_i - A \right) = 0,$$

得 $\lambda = 1, x_k^q = a_k^p$, $k = 1, 2, \cdots, n$. 由于此是 u 唯一的临界点, 它给出了 $\min u = \sum\limits_{i=1}^{n} a_i^p$; 此时, 恰巧有 $A = \sum\limits_{i=1}^{n} a_i x_i = \sum\limits_{i=1}^{n} a_i \cdot a_i^{\frac{p}{q}} = \sum\limits_{i=1}^{n} a_i^{\frac{p+q}{q}} = \sum\limits_{i=1}^{n} a_i^p = \min u$. 因此, 一般地我们有 $\sum\limits_{i=1}^{n} a_i x_i \leqslant u = \left(\sum\limits_{i=1}^{n} a_i^p \right)^{\frac{1}{p}} \left(\sum\limits_{i=1}^{n} x_i^q \right)^{\frac{1}{q}}$.

习题 12

1. $\dfrac{1}{40}$.

2. $\dfrac{35}{12} a^4 \pi$.

3. (1) $\dfrac{\pi}{2}$.   (2) 40π.   (3) 发散.

4. $\dfrac{9\pi}{16}$.

5. $I = \displaystyle\int_0^4 \int_x^{2\sqrt{x}} f(x, y)\, \mathrm{d}y\mathrm{d}x = \int_0^4 \int_{\frac{y^2}{4}}^{y} f(x, y)\, \mathrm{d}x\mathrm{d}y$.

6. $\displaystyle\int_0^1 \int_{\sqrt{y}}^{\sqrt{2-y^2}} f(x, y)\, \mathrm{d}x\mathrm{d}y = \left[\int_0^1 \int_0^{x^2} + \int_1^{\sqrt{2}} \int_0^{\sqrt{2-x^2}} \right] f(x, y)\, \mathrm{d}x\mathrm{d}y$.

7. $\dfrac{1}{48}$.

8. 令 $D_z = \{(x, y) : x^2 + y^2 = z\}$. 则

$$\iiint_{\mathcal{V}} z \mathrm{d}V = \int_0^1 \left[\iint_{D_z} \mathrm{d}x\mathrm{d}y \right] z \mathrm{d}z = \int_0^1 \pi z^2\, \mathrm{d}z = \frac{\pi}{3}.$$

9. 令 $D = \{(x, y) : x^2 + y^2 = 1\}$. 则,

$$\iiint_{\mathcal{V}} (x^2 + y^2)\, \mathrm{d}V = \iint_D \left[\int_0^{x^2+y^2} (x^2 + y^2)\, \mathrm{d}z \right] \mathrm{d}x\mathrm{d}y$$

$$= \iint_D (x^2 + y^2)^2\, \mathrm{d}x\mathrm{d}y = \frac{\pi}{3}.$$

10. 直接验算.

11. 方法一：利用柱面坐标系，

$$\mathcal{V} = \left\{ (r,\theta,z) : 0 \leqslant r \leqslant 2, 0 \leqslant \theta \leqslant \frac{\pi}{2}, 0 \leqslant z \leqslant \sqrt{4 - r^2} \right\}.$$

由此，

$$\iiint_{\mathcal{V}} (x^2 + y^2)\, \mathrm{d}V = \int_0^{\frac{\pi}{2}} \mathrm{d}\theta \int_0^2 r^3 \mathrm{d}r \int_0^{\sqrt{4-r^2}} \mathrm{d}z = \frac{32\pi}{15}.$$

方法二：利用球面坐标系，

$$\mathcal{V} = \left\{ (\rho,\theta,\phi) : 0 \leqslant \rho \leqslant 2, 0 \leqslant \theta \leqslant \frac{\pi}{2}, 0 \leqslant \phi \leqslant \frac{\pi}{2} \right\}.$$

由此，

$$\iiint_{\mathcal{V}} (x^2 + y^2)\, \mathrm{d}V = \int_0^{\frac{\pi}{2}} \mathrm{d}\theta \int_0^{\frac{\pi}{2}} \sin\phi^3 \mathrm{d}\phi \int_0^2 \rho^4 \mathrm{d}\rho = \frac{32\pi}{15}.$$

12. $\dfrac{\pi a^5 (2 - \sqrt{2})}{5}$.

13. $V = \dfrac{\pi h^2}{2}$.

14. $V = \dfrac{\pi}{8}$.

15. $4a^2(\pi/2 - 1)$.

16. $I_y = \dfrac{32}{45}(15\pi - 32)a^3\mu$, $I_O = \dfrac{32}{9}(3\pi - 4)a^3\mu$.

17. $\sqrt{a^2 + k^2}\left(2\pi a^2 + \dfrac{8\pi^3 k^2}{3}\right)$.

18. $1 + \sqrt{2}$.

19. 应用格林定理，可以立得 (2) $\Longrightarrow$ (1). 再利用连续性，可得 (1) $\Longrightarrow$ (2).

20. (1) 0. (2) $\dfrac{-2}{3}$.

21. 因为 $\dfrac{\partial}{\partial y}\dfrac{-y}{x^2 + y^2} = \dfrac{y^2 - x^2}{(x^2 + y^2)^2}$, $\dfrac{\partial}{\partial x}\dfrac{x}{x^2 + y^2} = \dfrac{y^2 - x^2}{(x^2 + y^2)^2}$, 所以有位势函数.

22. $\dfrac{8\pi R^3 (a + b + c)}{3}$.

23. $I = 4\pi a$.

24. 8π.

25. $1/3$.

26. $3\mathrm{e} - 2 + \dfrac{\sin 1}{2}$.

27. 32π.

附录A 为什么 $1+1=2$?[①]

A.1 公理化方法和佩亚诺系统

为什么 $1+1=2$? 这里有 4 个符号要先弄清楚: "1" "2" "+" "=". 换句话说, 我们要先问: 什么是 "1"? 什么是 "2"? 什么是 "+"? 什么是 "="?

什么是 "1"? 这是个相当简单的问题. 不过也相当难回答. 小朋友们乐于竖起一只手指说: "这是 1!" 对! 这是 1! 小朋友们从握得团团的小手竖起一只手指, 就表示了 "1". 这里可能得先从 "0" 讲起. "0" 就是什么都没有的意思. 从 "什么都没有" 变成 "有", 这是很重要的一步. 这就相当于 "小朋友们从握得团团的小手竖起一只手指".

那么, "什么都没有", 即 "0", 又是什么呢? 这是问题的源头. 我们不能回答. 确切地说, 我们知道我们不可能对无休无止的问题一一回答. 因此, 数学家说, "0" 是没有定义的, 并且从 "没有" 到 "有" 这个过程也是没有定义的! 所谓 "知所进退", 这就是数学.

现在, 我们有了 "0" ("没有") 以及一种从 "没有" 到 "有" 的运算. 我们就有能力回答 "为什么 $1+1=2$" 这个问题了. 首先还是回到什么是 "1", 什么是 "2", 什么是 "+", 什么是 "=", 换句话说, 什么是 "自然数". 这个问题, 1879 年戴德金发表了著名的 佩亚诺 (Peano) 系统:

(P1) 0 是自然数;

(P2) 若 x 是自然数, 则其 "后继者" (successor) x' 存在;

(P3) 对任意的自然数 x, 其后继者 $x' \neq 0$;

(P4) 若 $x' = y'$, 则 $x = y$;

(P5) (数学归纳法原理) 若 $Q(x)$ 是有关自然数 x 的命题, 且

(1) $Q(0)$ 成立;

(2) $Q(x)$ 的成立 $\implies Q(x')$ 的成立,

则对于全体自然数 x, 命题 $Q(x)$ 皆成立.

佩亚诺系统告诉我们什么是自然数. 所有的自然数构成 自然数集 (set of natural number)

$$\mathbb{N} = \{0, 1, 2, 3, \cdots\}.$$

[①] 附录 A 原是黄毅青于 1994 年 12 月 18 日在高雄为中学生演讲的讲稿.

特别地, 它界定了 0 是一个自然数, 以及从 "没有" 到 "有", 以至于从 "已有" 到 "更加有" 这个过程并且记为 "后继者" 的运算 $x \longmapsto x'$. 于是, 可以定义:

$$1 = 0',$$
$$2 = 1' = 0'',$$
$$3 = 2' = 1'' = 0''',$$
$$\cdots\cdots$$
$$n = (n-1)',$$
$$\cdots\cdots$$

另外, 可以定义自然数的加法:

$$\begin{cases} x + 0 = x, \\ x + y' = (x + y)', \\ y + x = x + y. \end{cases}$$

特别地,

$$1 + 1 = 1 + 0' = (1 + 0)' = 1' = 2.$$

所以, $1+1$ 是被定义成 2 的.

佩亚诺系统奠基于两个没有定义的概念: "0" 及 "后继者". 这就是前面所提到的数学家没法定义的概念. 任何严谨的数学都会遇上源头无法定义的困境. 数学家不能借助于神秘, 或者宗教的力量, 因此只有 "知所进退". 数学家们总是选择最直观、最简单的概念作为 **未定义概念** (primitives).

一旦源头确定后, 其后的推理发展都是绝对严谨的. 至于源头的合理性也是一个大家关心的问题. 数学家也致力于:

(1) 寻找是否有更简单更直观的概念可以作为源头;

(2) 证明源头中各未定义概念不会互相矛盾.

我们将这种 "从一些未定义概念, 通过严格的推理, 然后发展出数学理论来" 的方法, 称为 **公理化方法**. 自然数的佩亚诺系统就是公理化方法的一个例子.

A.2 集合论的方法

从公理化方法得到的数学系统, 一般都十分抽象. 不过, 真正要解决的数学问题, 仍然是相当具体的. 对于自然数系统, 我们有一个简单的模型, 它满足了 (P1) 至 (P5) 的条件: 记 $\varnothing$ 为空集合, 即一个没有任何元素的集合. 定义

$$0 = \varnothing.$$

我们定义 "后继者" 运算为

$$x' = x \cup \{x\}.$$

于是

$$1 = 0' = \varnothing' = \varnothing \cup \{\varnothing\} = \{\varnothing\},$$

$$2 = 1' = \{\varnothing\}' = \{\varnothing\} \cup \{\{\varnothing\}\} = \{\varnothing, \{\varnothing\}\},$$

$$3 = 2' = \{\varnothing, \{\varnothing\}\}' = \{\varnothing, \{\varnothing\}\} \cup \{\{\varnothing, \{\varnothing\}\}\} = \{\varnothing, \{\varnothing\}, \{\varnothing, \{\varnothing\}\}\},$$

$$\cdots\cdots$$

因此,

0 是没有元素的集合,

1 是具有 1 个元素的集合,

2 是具有 2 个元素的集合,

3 是具有 3 个元素的集合,

$$\cdots\cdots$$

至于加法, 特别是 $1 + 1$ 又是什么呢? 我们当然希望是 2, 即

$$\{\varnothing\} + \{\varnothing\} = \{\varnothing, \{\varnothing\}\}.$$

若要这个等式成立, 我们得对 "+" 及 "=" 多下些功夫.

设 A, B 为集合. 定义

$$A + B = \{(a, 1), (b, 2) : a \in A, b \in B\}.$$

于是, 若 A 有 m 个元素, B 有 n 个元素, 则 $A + B$ 将有 $m + n$ 个元素. 例如, 若 $A = \{天, 地, 人\}$, $B = \{人, 兽, 鬼\}$, 则 $A + B = \{(天, 1), (地, 1), (人, 1), (人, 2), (鬼, 2), (兽, 2)\}$ 共有 $3 + 3 = 6$ 个元素.

若存在一对一的映成 (即满射) 函数 $f : A \longrightarrow B$, 则我们说 A, B 具有相同的 基数 (cardinality). 我们重新定义

[0] = 所有与 $\varnothing$ 具有相同基数的集合的类,

[1] = 所有与 $\{\varnothing\}$ 具有相同基数的集合的类,

[2] = 所有与 $\{\varnothing, \{\varnothing\}\}$ 具有相同基数的集合的类,

[3] = 所有与 $\{\varnothing, \{\varnothing\}, \{\{\varnothing\}\}\}$ 具有相同基数的集合的类,

$$\cdots\cdots$$

另外, 令

$$[m]' = [m'].$$

特别地,

$$[1] = [0'] = [0]',$$
$$[2] = [1'] = [1]',$$
$$[3] = [2'] = [2]',$$
$$\cdots\cdots$$

此时, 加法可以定义为

$$[m] + [n] = [m+n].$$

特别地,

$$[1] + [1] = [\{\varnothing\}] + [\{\varnothing\}] = [\{\varnothing\} + \{\varnothing\}]$$
$$= [\{(\varnothing,1),(\varnothing,2)\}] = [\{\varnothing,\{\varnothing\}\}] = [2].$$

在这里, 集合 $\{(\varnothing,1),(\varnothing,2)\}$ 与集合 $\{\varnothing,\{\varnothing\}\}$ 具有相同的基数. 事实上, 若令

$$f : \{(\varnothing,1),(\varnothing,2)\} \longrightarrow \{\varnothing,\{\varnothing\}\},$$

其中

$$f((\varnothing,1)) = \varnothing,$$
$$f((\varnothing,2)) = \{\varnothing\},$$

则 f 是从集合 $\{(\varnothing,1),(\varnothing,2)\}$ 到集合 $\{\varnothing,\{\varnothing\}\}$ 的一对一映射. 于是我们就证明了 "$1+1=2$" 这个命题了.

读者可能会问: 为什么要用佩亚诺公理系统? 直接用 $\varnothing,\{\varnothing\},\{\varnothing,\{\varnothing\}\},\cdots$ 不是很好吗? 这是个好问题. 不过, 什么是 $\varnothing$ (空集合)? 什么是 $\{\varnothing,\{\varnothing\}\} = \{\varnothing\}\cup\{\{\varnothing\}\}$? 这只不过是 "0" 及 "后继者" 的另一种说法而已! 然而, 我们可以由此看出数学形式可以很抽象, 也可以很具体. 但是本质却是一样的严谨缜密. 最后, 我们看看中国的老子怎样定义 $1,2,3,\cdots$:

"天下万物生于有, 有生于无";

"道生一, 一生二, 二生三, 三生万物";

"道法自然";

$\cdots\cdots$

习　题　A

1. 试证:

(1) $2+3=5$.

(2) $2 \times 3 = 6$ (本题的答案需包括自然数的乘法 "×" 的定义).

2. 试证自然数集 $\mathbb{N} = \{[1], [2], [3], \cdots\}$, 满足条件 (P1)—(P4).

3. 定义: 若存在从 A 到 B 的一对一函数 f (不一定映成), 则称 A 的基数不大于 B 的基数, 记为 $\#A \leqslant \#B$. 试证:

$$[1] \leqslant [2] \quad 及 \quad [3] \leqslant [5].$$

4. 试证: 若 A 是一些自然数的非空集合, 则存在 A 中的元素 a, 使得对于所有 A 中的元素 b, 我们都会有 $a \leqslant b$, 即 a 是 A 中的 "最小元素".

5. 试证: 如果自然数集 $\mathbb{N} = \{[1], [2], [3], \cdots\}$ 满足上题 4 中的 "最小元素" 的条件, 则也会满足条件 (P5).

提示: 假设不然. 令 a 是最小的一个自然数, 使得当 $x = a$ 时, 命题 $Q(a)$ 不真. 若 $a \neq [0]$, 则存在某自然数 b, 使得 $a = b'$ (即 a 是 b 的后继者). 由于 a 的最小性, 命题 $Q(b)$ 为真. 但是, 由归纳法假设 (2) 得知: $Q(a) = Q(b')$ 为真, 矛盾! 又若 $a = [0]$, 则又与归纳法假设 (1) 矛盾!

6. 试定义 **整数集** (set of integer)

$$\mathbb{Z} = \{0, \pm 1, \pm 2, \cdots\}$$

及其中的 "加、减、乘法".

提示: 我们可以用 (m, n) "代表" 自然数对 m 和 n 的 "差" $m - n$. 不过, 这样的话, (m, n) 和 $(m+1, n+1)$ 代表的是同一个差 $(m+1) - (n+1) = m - n$. 在乘积集合 $\mathbb{N} \times \mathbb{N}$ 上引入等价关系:

$$(m, n) \sim (m', n') \iff m + n' = m' + n.$$

于是, 等价类 $[(m, n)]$ 包含所有那些自然数对 (m, n), 它们的差都是 "整数" $m - n$. 由此, 可以定义 **整数** $z = [(m, n)]$, 其中 $m, n \in \mathbb{N}$. 两个整数的 "和" 及 "积" 可以定义为

$$[(m_1, n_1)] + [(m_2, n_2)] = [(m_1 + m_2, n_1 + n_2)],$$

$$[(m_1, n_1)] * [(m_2, n_2)] = [(m_1 m_2 + n_1 n_2, m_1 n_2 + m_2 n_1)],$$

其中 $m_1, n_1, m_2, n_2 \in \mathbb{N}$. 我们现在也可以定义 "减法"

$$[(m_1, n_1)] - [(m_2, n_2)] = [(m_1 + n_2, m_2 + n_1)].$$

7. 试定义 **有理数集** (set of rational number)

$$\mathbb{Q} = \left\{ \frac{p}{q} : p, q \ 为整数, 且 \ q \neq 0 \right\}$$

及其中的四则运算.

　　提示: 我们可以用 (m, n) "代表" 整数 m 和 n 的 "商" $\dfrac{m}{n}$. (当然我们此时要排除 $n = 0$ 的情形.) 不过, 这样的话, (m, n) 和 (km, kn) 代表的是同一个差 $\dfrac{km}{kn} = \dfrac{m}{n}$, 这里 k 是任意的非零整数. 考虑在乘积集合 $\mathbb{Z} \times (\mathbb{Z} \setminus \{0\})$ 上引入等价关系:

$$(m, n) \sim (m', n') \Longleftrightarrow mn' = m'n.$$

等价类 $[(m, n)]$ 包含所有那些整数对 (m, n), 它们的商都是 "有理数" m/n. 由此, 可以定义 有理数 $q = [(m, n)]$, 其中 $m, n \in \mathbb{Z}$ 及 $n \neq 0$. 我们定义两个有理数的 "和、差" 及 "积" 为

$$[(m_1, n_1)] \pm [(m_2, n_2)] = [(m_1 n_2 \pm m_2 n_1, n_1 n_2)],$$

$$[(m_1, n_1)][(m_2, n_2)] = [(m_1 m_2, n_1 n_2)],$$

其中, $m_1, n_1, m_2, n_2 \in \mathbb{Z}$ 且 $n_1, n_2 \neq 0$. 我们也可以定义 "除法":

$$[(m_1, n_1)] \div [(m_2, n_2)] = [(m_1 n_2, m_2 n_1)].$$

　　有人说: "有理数" 其实是 "比例数", 因为 "有理" 的英文 rational 一词, 似乎应该翻译成 "比例" 较妥. 或者, 我们可从图 A.3.1 得到一些启示.

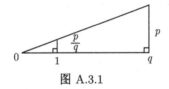

图 A.3.1

　　8. (比较困难的题目) 试定义实数集 $\mathbb{R}$ 和复数集 $\mathbb{C}$ 及其中的四则运算.

　　提示: 我们可以采用 戴德金分割 (Dedekind cut) 来定义实数 (real number).[1] 我们将实数集 $\mathbb{R}$ 看成 "实数线" (real line). 现在, 假设我们已经完全确定了在实数线上的有理数点. 换句话说, 我们现在有的是一条 "有理数线" $\mathbb{Q}$. 在 $\mathbb{Q}$ 上, 有很多空洞, 例如 $\sqrt{2}$ 就不在有理数线 $\mathbb{Q}$ 上. 但是, 在我们虚拟的实数线上, 还是可以确定 $\sqrt{2}$ 的位置. 事实上, 若令

$$A = \{q \in \mathbb{Q} : q \leqslant 0, \text{ 或 } q \geqslant 0 \text{ 且 } q^2 < 2\},$$

$$B = \{q \in \mathbb{Q} : q \geqslant 0 \text{ 且 } q^2 > 2\},$$

则易见,

$$\mathbb{Q} = A \cup B, \quad A \leqslant B.$$

这里, 我们以 $A \leqslant B$ 表示在数线上, 集合 A 在 B 的左方, 即对于所有 A 中的点 a 和 B 中的点 b, 皆有 $a \leqslant b$. 我们称 (A, B) 为 $\mathbb{Q}$ 的一个 "分割". A, B 是确定的, 而且 $\sqrt{2}$ 是唯一的一

---

　　[1] 另一种定义实数的方法 (柯西完备法), 是将实数 $x.x_1 x_2 \cdots = x + \sum\limits_{n} \dfrac{x_n}{10^n}$ 看成无限小数, 然后以收敛的有理数列 $\{x.x_1 x_2 \cdots x_n\}_n$ 代表这个实数.

个实数 c, 满足

$$A \leqslant c \leqslant B.$$

所以, 实数 $\sqrt{2}$ 可以用以上的分割 (A, B) 来表现, 如图 A.3.2 所示.

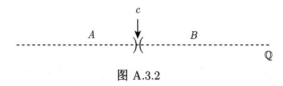

图 A.3.2

> **定义** 我们可以定义 **实数集** (set of real number)$\mathbb{R}$ 为 "有理数集 $\mathbb{Q}$ 的所有分割", 即
>
> $$\mathbb{R} = \{(A, B) : \mathbb{Q} = A \cup B, \varnothing \neq A \leqslant B \neq \varnothing\}.$$

(1) 试定义两个实数的 "和"、"差"、"积" 及 "商".

(2) 试证明: 如果我们对实数线 $\mathbb{R}$ 一样作分割, 由此将不会得到新的 "数" (此为 **实数的完备性公理**).

(3) 试继续定义 **复数集** (set of complex number) $\mathbb{C}$ 及其上的四则运算.

(4) 复数集以外, 就不存在着其他的 "数集" 了. 如果要再推广, 则尚有不可交换的 "四元数体" (set of quaternion) 和不满足结合律的 "八元数集" (set of octonion) 两种. 有兴趣的读者, 不妨自行继续研习.

附录B　对数函数与指数函数 [①]

B.1　什么是 10^x?

在中学的数学课里, 我们已经熟知: 若

$$f(x) = 10^x,$$

则

$$f^{-1}(x) = \log_{10} x,$$

其中, $f^{-1}: (0, +\infty) \to \mathbb{R}$ 为函数 $f: \mathbb{R} \to (0, +\infty)$ 的反函数. 不过, 10^x 究竟是什么数呢?

当 n 是自然数时, 显然有

$$10^n = \underbrace{10 \cdot 10 \cdot \cdots \cdot 10}_{n \text{ 个 } 10 \text{ 相乘}}.$$

当 $n = 0$ 时, 我们定义

$$10^0 = 1.$$

如果 n 是负的整数, 譬如 $n = -k$, 其中 k 是正的整数, 我们也可以通过计算:

$$10^{-k} \cdot 10^k = 10^{-k+k} = 10^0 = 1,$$

得到

$$10^{-k} = \frac{1}{10^k}.$$

另一方面, 由于

$$\left(10^{\frac{1}{n}}\right)^n = \underbrace{10^{\frac{1}{n}} \cdot 10^{\frac{1}{n}} \cdot \cdots \cdot 10^{\frac{1}{n}}}_{n \text{ 个 } 10^{\frac{1}{n}} \text{ 相乘}}$$

$$= 10^{\overbrace{\frac{1}{n} + \frac{1}{n} + \cdots + \frac{1}{n}}^{n \text{ 个 } \frac{1}{n} \text{ 相加}}}$$

$$= 10^1 = 10,$$

---

① 附录 B 原是黄毅青于 1992 年 4 月 19 日在高雄为中学生演讲的讲稿.

于是

$$10^{\frac{1}{n}} = \sqrt[n]{10}.$$

当然, 我们也可以定义

$$10^{\frac{m}{n}} = (10^{\frac{1}{n}})^m,$$

其中, m, n 皆看成整数, 且 $n \neq 0$.

   然而, 对于一般的非整数 x (特别当 x 是无理数, 即 x 不能被表示成两个整数的商时, 如 $x = \pi$), 我们对 10^x 是不大容易理解的.

   从函数的观点来看, 我们到现在为止, 只利用了函数 $f(x) = 10^x$ 以下的两个性质:

$$\begin{cases} f(x+y) = f(x)f(y), & \text{对所有的 } x \text{ 和 } y; \\ f(1) = 10. \end{cases} \tag{B.1.1}$$

我们希望能够从 (B.1.1) "解出" 函数 $f(x)$.

B.2   微积分的方法

   假设函数 $f : \mathbb{R} \to (0, +\infty)$ 满足条件 (B.1.1), 并且 f 和 f^{-1} 都是处处可微的. 我们尝试求出 $f(x)$ 的导数:

$$\begin{aligned} f'(x) &= \lim_{h \to 0} \frac{f(x+h) - f(x)}{h} \\ &= \lim_{h \to 0} \frac{f(x)f(h) - f(x)}{h} \\ &= f(x) \lim_{h \to 0} \frac{f(h) - 1}{h}. \end{aligned}$$

由于

$$10 = f(1) = f(1+0) = f(1)f(0) = 10f(0),$$

所以

$$f(0) = 1.$$

记常数

$$\alpha = f'(0) = \lim_{h \to 0} \frac{f(h) - 1}{h}.$$

于是, 对于所有在 $\mathbb{R}$ 中的 x, 我们有

$$f'(x) = \alpha f(x). \tag{B.2.1}$$

条件 (B.2.1) 对我们要解出 $f(x)$ 的帮助不大. 可是, 我们可以由此求出其反函数 f^{-1} 的导数

$$
\begin{aligned}
(\log_{10} x)' &= (f^{-1}(x))' \\
&= \frac{1}{f'(f^{-1}(x))} \quad \text{(反函数定理)} \\
&= \frac{1}{\alpha f(f^{-1}(x))} \quad \text{(由 (B.2.1))} \\
&= \frac{1}{\alpha x}.
\end{aligned}
$$

由微积分基本定理,

$$
\begin{aligned}
\log_{10} x - \log_{10} 1 &= \int_1^x (\log_{10} t)' \, \mathrm{d}t \\
&= \int_1^x \frac{1}{\alpha t} \, \mathrm{d}t = \frac{1}{\alpha} \int_1^x \frac{1}{t} \, \mathrm{d}t.
\end{aligned}
$$

由于 $\log_{10} 1 = 0$ (这是因为 $f(0) = 10^0 = 1$), 有

$$
\log_{10} x = \frac{1}{\alpha} \int_1^x \frac{1}{t} \, \mathrm{d}t. \tag{B.2.2}
$$

定积分

$$
\int_1^x \frac{1}{t} \, \mathrm{d}t
$$

的值不能由公式

$$
\int t^n \, \mathrm{d}t = \frac{t^{n+1}}{n+1} + C
$$

解出 (因为我们不能够代入 $n = -1$). 由定积分的意义, $\log_{10} x$ 是图 B.2.1 阴影图形的面积的 $1/\alpha$ 倍.

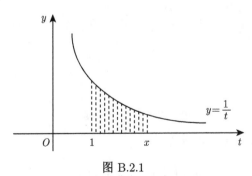

图 B.2.1

现在, 常数 $\alpha = f'(0)$ 还是个未知数. 不过, 由于 $\log_{10} 10 = 1$, 所以

$$\alpha = \int_1^{10} \frac{1}{t}\,\mathrm{d}t.$$

为了方便. 考虑函数

$$\log x = \int_1^x \frac{1}{t}\,\mathrm{d}t.$$

我们有时也会将 $\log x$ 写成 $\ln x$ (不是 $\mathrm{In}\,x$), 并且称 $\log$ (或 $\ln$) 为 自然对数函数 (natural logarithmic function). 特别地, 以上的常数

$$\alpha = \log 10.$$

由 (B.2.2), 我们有 换底公式

$$\log_{10} x = \frac{\log x}{\log 10}.$$

定理 B.2.1
$$\frac{\mathrm{d}}{\mathrm{d}x} \log x = \frac{1}{x}, \quad \forall x > 0.$$

证明   应用微积分基本定理.   □

定理 B.2.2   若 $x, y > 0$, 则

$$\log xy = \log x + \log y.$$

证明   由定义

$$\log xy = \int_1^{xy} \frac{1}{t}\,\mathrm{d}t = \int_1^x \frac{1}{t}\,\mathrm{d}t + \int_x^{xy} \frac{1}{t}\,\mathrm{d}t$$

$$= \log x + \int_x^{xy} \frac{1}{t}\,\mathrm{d}t,$$

其中, 积分

$$\int_x^{xy} \frac{1}{t}\,\mathrm{d}t = \int_1^y \frac{1}{ux} x\,\mathrm{d}u \quad (\text{作代换 } t = ux)$$

$$= \int_1^y \frac{1}{u}\,\mathrm{d}u = \log y.$$

所以

$$\log xy = \log x + \log y.$$ □

推论 B.2.3   若 $x, y > 0$, 则有

$$\log\left(\frac{x}{y}\right) = \log x - \log y.$$

证明

$$\log x = \log\left(y\left(\frac{x}{y}\right)\right) = \log y + \log\left(\frac{x}{y}\right).$$ □

推论 B.2.4 若 n 为整数, 且 $x > 0$, 则有

$$\log(x^n) = n\log x.$$

证明 应用数学归纳法. □

事实上, 我们有更一般的定理.

定理 B.2.5 对于所有实数 r 和正的实数 $x > 0$, 我们有

$$\log x^r = r\log x.$$

证明 由定义

$$\log x^r = \int_1^{x^r} \frac{1}{t}\,\mathrm{d}t = \int_1^x \frac{rs^{r-1}}{s^r}\,\mathrm{d}s \quad (\text{作代换 } t = s^r)$$
$$= r\int_1^x \frac{1}{s}\,\mathrm{d}s = r\log x.$$ □

定理 B.2.6 自然对数 $\log x : (0, +\infty) \to \mathbb{R}$ 具有可微的反函数 $\log^{-1} x : \mathbb{R} \to (0, +\infty)$.

证明 由定理 B.2.1

$$\frac{\mathrm{d}}{\mathrm{d}x}\log x = \frac{1}{x} > 0, \quad \forall x > 0.$$

所以, $\log x$ 在 $(0, +\infty)$ 上严格单调上升. 由反函数定理, $\log x$ 具有可微的反函数. □

定义 B.2.1 指数函数 (exponential function) $\exp x$ 就是函数 $\log^{-1} x$.

因为 $\log x : (0, +\infty) \to (-\infty, +\infty)$, 所以, 作为反函数, $\exp x : (-\infty, +\infty) \to (0, +\infty)$. 特别地, 对于所有 $\mathbb{R}$ 中的 x, 有 $\exp x > 0$. 指数函数 $\exp x$ 的图形如图 B.2.2 所示.

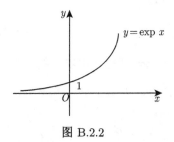

图 B.2.2

定理 B.2.7

$$(\exp x)' = \exp x, \quad \forall x \in \mathbb{R}.$$

证明 利用反函数定理, 有

$$(\exp x)' = (\log^{-1})'(x) = \frac{1}{\log'(\log^{-1} x)}$$

$$= \frac{1}{\dfrac{1}{\log^{-1} x}} = \log^{-1} x$$

$$= \exp x. \qquad \square$$

定理 B.2.8

$$\exp(x + y) = \exp x \exp y, \quad \forall x, y \in \mathbb{R}.$$

证明 设 $a = \exp x$ 和 $b = \exp y$. 由定义,

$$x = \log a \quad \text{和} \quad y = \log b.$$

因为

$$x + y = \log a + \log b = \log ab,$$

我们有

$$\exp(x + y) = \log^{-1}(x + y) = ab = \exp x \exp y. \qquad \square$$

有一个数字很重要, 我们称它为 自然常数 (natural constant). 它是

$$e = \exp 1.$$

换句话说,

$$1 = \log e = \int_1^e \frac{1}{t}\, dt.$$

自然常数 e 是无理数. 它的一个约值是 $e \approx 2.718281828$.

由定理 B.2.8, 我们可以得到

$$\exp(nx) = (\exp x)^n, \quad n \text{ 为自然数}.$$

事实上, 由定理 B.2.5, 我们可以合理地作出以下的定义.

定义 B.2.2 对于任意的实数 x, 令

$$e^x = \exp x.$$

对于其他的底数 $a > 0$, 通过计算

$$a = \log^{-1}(\log a) = \mathrm{e}^{\log a}.$$

由此, 我们可以得到如下定义.

定义 B.2.3 若常数 $a > 0$, 则对于任意的实数 x, 令

$$a^x = (\mathrm{e}^{\log a})^x = \mathrm{e}^{x \log a}.$$

然而, 若 $a < 0$, 则不见得可以定义 a^x; 如 $(-1)^{1/2}$ 就不是实数.

定理 B.2.9 设 $a > 0$. 对所有的实数 x, y, 我们有

(1) $a^1 = a$ 及 $a^0 = 1$.

(2) $(a^x)^y = a^{xy}$.

(3) $a^{x+y} = a^x \cdot a^y$.

证明留作习题 (见习题 B 第 1 题).   □

若取 $a = 10$, 我们就有了 (B.1.1) 的解:

$$f(x) = 10^x = \mathrm{e}^{x \log 10}.$$

在这里

$$\log 10 = \int_1^{10} \frac{1}{t}\, \mathrm{d}t = \alpha.$$

所以

$$(10^x)' = 10^x \log 10.$$

一般地, 有

$$(a^x)' = a^x \log a, \quad a > 0.$$

我们给出函数 a^x 和 $\log_a x$ 的图形. 如图 B.2.3 和图 B.2.4 所示.

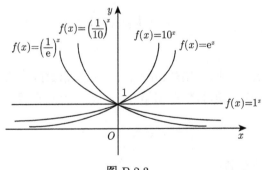

图 B.2.3

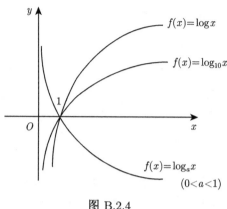

图 B.2.4

在这里, $\log_a x$ 是以 a 为底的对数函数, 其中, $0 < a < +\infty$, 但是 $a \neq 1$ (为什么?). 它的定义是: 对于任意的 $x > 0$, 有

$$\log_a x = y \quad 当且仅当 \quad x = a^y.$$

命题 B.2.10 (换底公式)   设常数 $a > 0$ 且 $a \neq 1$. 我们可以以自然对数函数 $\log x$ 表示以 a 为底的对数函数:

$$\log_a x = \frac{\log x}{\log a}, \quad \forall x > 0.$$

证明留作习题 (见习题 B 第 2 题).   □
应用换底公式, 我们得到

$$\log_a' x = \frac{1}{x \log a}, \quad a > 0, \ a \neq 1.$$

类似于定理 B.2.2, 我们也有

$$\log_a(xy) = \log_a x + \log_a y$$

及各种相关性质.
以下的定理, 指出一种利用解微分方程, 来定义指数函数的方法.
定理 B.2.11   若 g 是可微的, 且 $g'(x) = g(x)$, 则存在着一常数 c, 使得

$$g(x) = ce^x, \quad \forall x \in \mathbb{R}.$$

证明   我们观察函数

$$h(x) = \frac{g(x)}{e^x}$$

是不是在 $\mathbb{R}$ 上为常数函数. 这相当于问: $h'(x)$ 是不是恒为零 (为什么?). 事实上,

$$
\begin{aligned}
h'(x) &= \left(\frac{g(x)}{\mathrm{e}^x}\right)' = \frac{g'(x)\mathrm{e}^x - g(x)(\mathrm{e}^x)'}{(\mathrm{e}^x)^2} \\
&= \frac{g(x)\mathrm{e}^x - g(x)\mathrm{e}^x}{\mathrm{e}^{2x}} = 0.
\end{aligned}
$$ □

推论 B.2.12 对于任何的自然数 n, 我们有

$$
\lim_{x\to+\infty} \frac{\mathrm{e}^x}{x^n} = +\infty,
$$

$$
\lim_{x\to+\infty} \frac{x^n}{\log x} = +\infty.
$$

这个事实有时也被写成

$$
\mathrm{e}^x \gg x^n \gg \log x, \quad \text{当 } x \to +\infty.
$$

证明 反复应用洛必达法则, 我们有

$$
\begin{aligned}
\lim_{x\to+\infty} \frac{\mathrm{e}^x}{x^n} &= \lim_{x\to+\infty} \frac{(\mathrm{e}^x)'}{(x^n)'} = \lim_{x\to+\infty} \frac{\mathrm{e}^x}{nx^{n-1}} \\
&= \lim_{x\to+\infty} \frac{\mathrm{e}^x}{n(n-1)x^{n-2}} \\
&\quad \cdots\cdots \\
&= \lim_{x\to+\infty} \frac{\mathrm{e}^x}{n(n-1)(n-2)\cdot\,\cdots\,\cdot 3\cdot 2\cdot 1} = +\infty.
\end{aligned}
$$

我们将另外一个估计式, 留作习题 (见习题 B 第 6 题). □

习　题　B

1. 证明定理 B.2.9.

2. 证明换底公式:

$$
\log_a b = \frac{\log_c b}{\log_c a},
$$

其中, $a, b, c > 0$, $a \ne 1$ 和 $c \ne 1$.

3. 证明公式

$$
(a^x)' = a^x \log a, \quad \text{其中常数 } a > 0.
$$

4. 证明公式

$$
\log_a' x = \frac{1}{x\log a}, \quad \text{其中常数 } a > 0,\ a \ne 1.
$$

5. 假设在 $[a,b]$ 上的连续函数 h 满足条件 $h'(x) = 0$, $\forall x \in (a,b)$. 应用中值定理证明:
$h(x) = h(a)$, $\forall x \in [a,b]$.

6. 证明

$$x^n \gg \log x, \quad x \to +\infty.$$

7. (比较难的题目) 证明满足二阶微分方程

$$f''(x) + f(x) = 0,$$

以及边界条件 $f(0) = 0$ 和 $f'(0) = 1$ 的解为 $f(x) = \sin x$. 类似于本文的讨论, 本题的答案需要对三角函数的 "定义" 性质, 做一番详细的讨论.

索　引